U0158910

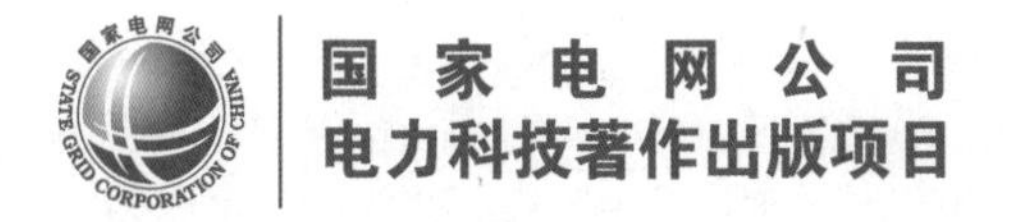

电力复合材料
（玻璃钢）

蔡炜 彭江 袁骏 罗兵 等 著

中国电力出版社
CHINA ELECTRIC POWER PRESS

内 容 提 要

本书围绕电力复合材料产品的材料技术、设计技术、制造技术、工程应用及评估技术等方面技术成果，详细总结复合材料杆塔、复合材料横担、复合材料风机叶片、复合绝缘子、干式套管及脱硫塔等复合材料电力设备相关最新技术成果。

本书共分为 8 章，分别为概述、复合材料杆塔、复合材料横担、复合绝缘子、胶浸纤维干式高压套管、风力发电复合材料叶片、火力发电复合材料脱硫塔和电力用复合材料的性能评估。

本专著介绍的方法与成果，涉及的方法、技术、设备和标准，适用于电力行业复合材料电工装备领域，可为从事输变电工程的规划中复合材料电力设备的选材、设计、安全运行等科研与生产人员提供参考，也可以作为相关专业教职人员、研究人员的参考资料。

图书在版编目（CIP）数据

电力复合材料（玻璃钢）/ 蔡炜等著. —北京：中国电力出版社，2023.1
ISBN 978-7-5198-6919-9

Ⅰ. ①电… Ⅱ. ①蔡… Ⅲ. ①玻璃钢 Ⅳ. ①TQ327.1

中国版本图书馆 CIP 数据核字（2022）第 149585 号

出版发行：中国电力出版社
地　　址：北京市东城区北京站西街 19 号（邮政编码 100005）
网　　址：http://www.cepp.sgcc.com.cn
责任编辑：罗　艳（010-63412315） 邓慧都　高　芬
责任校对：黄　蓓　朱丽芳
装帧设计：张俊霞
责任印制：石　雷

印　　刷：北京博海升彩色印刷有限公司
版　　次：2023 年 1 月第一版
印　　次：2023 年 1 月北京第一次印刷
开　　本：710 毫米×1000 毫米　16 开本
印　　张：19.25
字　　数：361 千字
印　　数：0001—1000 册
定　　价：158.00 元

序

随着我国电网建设规模不断扩大，提高输电线路的运行可靠性、降低维护成本成为目前输电技术需研究和解决的问题之一。统计数据表明，我国每年用于各类闪络事故和自然灾害导致的输配电线路检修、改造费用超千亿元。

复合材料是使用玻璃纤维增强树脂复合材料，具有重量轻（密度不到钢材1/3）、承载力大、耐腐蚀和绝缘等技术优势，相应玻璃钢复合材料技术及应用是我国重点发展的技术领域，其电力产品符合“环境友好”和“资源节约”的标准，是一种新材料、新工艺、新技术的“两型三新”产品，具有技术创新、安全可靠、经济合理、节约环保等优势。在此背景下，蔡炜教授级高级工程师、彭江教授级高级工程师等合著《电力复合材料（玻璃钢）》，在大量工程案例、科研项目的基础上，围绕电力复合材料产品的材料技术、设计技术、制造技术、工程应用及评估技术等方面技术成果，首次详细总结复合材料杆塔、复合材料横担、复合材料风机叶片、复合绝缘子、干式套管及脱硫塔等复合材料电力设备相关最新技术成果。

专著作者长期从事电力复合材料设备相关研究工作，完成了“复合材料杆塔输电技术研究”“复合材料杆塔研制及设计和工程应用关键技术研究”“特高压交流复合绝缘子关键技术”“交流 1100kV 复合空心新支柱绝缘子”等系列项目，积累了大量电力复合材料产品，包含杆塔、复合材料横担、复合绝缘子、干式套管等重要复合材料电力设备及相应电力复合材料设备的选材、设计、制造、评估及工程应用经验。其他参与专著编写的人员主要来自复合材料、设计、加工、高压测试、输变电运维及绝缘材料等专业的科研与生产一线，完成了包括复合材料杆塔、复合材料横担、高压复合绝缘子、干式复合套管等科技项目、产品研制、工程设计以及运行检修等系列工作，具备了编写该专著的专业基础。

本专著介绍的方法与成果，涉及的方法、技术、设备和标准，适用于整个电力系统，可为从事输变电工程的规划中复合材料电力设备的选材、设计、安全运行等科研与生产人员提供参考，具有很高的学术价值和工程参考价值，也可以作为相关专业教职人员、研究人员的参考资料。

雷清泉

中国工程院院士

2022 年 7 月 1 日

前　言

目前，电力行业中应用玻璃纤维复合材料及相应设备的案例十分丰富，但一直没有一本完整介绍电力用玻璃纤维复合材料的专著，也缺少系统介绍电力复合材料及装置的材料、设计、制造和检测的相关书籍。在此背景下，蔡炜教授级高级工程师、袁骏教授级高级工程师、彭江教授级高级工程师等合著《电力复合材料（玻璃钢）》，在大量工程案例、科研项目的基础上，围绕电力复合材料产品的材料技术、设计技术、制造技术、工程应用及评估技术等方面的技术成果，首次详细总结复合材料杆塔、复合材料横担、复合材料风机叶片、复合绝缘子、干式套管及脱硫塔等复合材料电力设备相关最新技术成果。本专著由吴雄负责统稿，由张广洲教授级高级工程师审核和校核。

本专著共分为 8 章，第 1 章为概述，介绍了复合材料的特点及成型工艺，并重点介绍了电力复合材料的应用现状及之后的发展趋势，由蔡炜、吴雄、闻集群、邢照亮、孟凡卓和胡虔执笔；第 2 章为复合材料杆塔，详细介绍了复合材料杆塔的特点、材料技术、电气及力学结构设计、复合材料杆塔设计和制造、成型工艺及工程应用的施工与运行维护技术等内容，由蔡炜、袁骏、李健、何昌林、邢海军、吴峰和梅端执笔；第 3 章为复合材料横担，介绍了配电网复合材料绝缘横担及高压绝缘横担的应用情况、技术特点、结构设计、生产制造及施工运维等内容，由彭江、朱晓东、何洋、周松松、孙启刚、沈帆和林峰执笔；第 4 章为复合绝缘子，详细讲述了复合绝缘子的特点、结构设计、生产制造、应用情况及未来发展趋势等内容，由蔡炜、彭江、田正波、罗兵、董中强和李强执笔；第 5 章为胶浸纤维干式高压套管，包括套管的特点、设计、制造、试验和应用情况介绍等内容，由彭江、孟刚、兰贞波、唐程和孟凡卓执笔；第 6 章为风力发电复合材料叶片，系统介绍了复合材料风力发电机叶片特点，叶片的设计、制造、应用及发展趋势等内容，由袁骏、李成良、罗兵、沈帆、胡虔和白波执笔；第 7 章为火力发电复合材料脱硫塔，详细介绍了火力发电复合材料脱硫塔的特点、设计、制造、应用和发展趋势等内容，由张小玉、袁骏、何昌林、彭亚凯和王春博执笔；第 8 章总结了电力用复合材料的性能评估，包括性能评估的基本方法、复合材料缺陷无损检测技术及运行寿命评估等内容，由罗兵、柯锐、孙晓斌、邹开刚和郭维执笔。

北京玻璃钢研究设计院有限公司胡平教授级高级工程师对本专著中复合材料杆塔及横担、风机叶片设计及制造部分，中国电力科学研究院有限公司邬雄教授级高级工程师对复合材料杆塔、横担电气绝缘设计部分，华中科技大学王可嘉教授对复合材料无损检测部分，国网辽宁省电力有限公司刘明慧教授级高级工程师对复合材料杆塔应用技术部分提出了宝贵意见；国网电力科学研究院武汉南瑞有限责任公司、中国电力科学研究院有限公司、全球能源互联网研究院有限公司、国网山东省电力公司、国网辽宁省电力有限公司、武汉理工大学、华中科技大学和北京玻璃钢研究设计院有限公司等单位对于本专著的编写给予了支持，在此一并表示感谢。

本专著介绍的方法与成果，涉及的方法、技术、设备和标准，适用于电力行业复合材料电工装备领域，可为从事输变电工程规划中复合材料电力设备的选材、设计、安全运行等科研与生产人员提供参考，也可以作为相关专业教职人员、研究人员的参考资料。

限于著者的水平和经验，书中难免有缺点或错误，敬请读者批评指正。

著　者
2022 年 12 月

目　录

第1章 概　　述

设备越来越先进，对材料的要求越来越向复合领域发展，不仅要具有一定的力学强度，还需要具有绝缘、超导、形状记忆等功能。本书介绍对象为应用于电力行业的玻璃钢复合材料，仅限于玻璃纤维增强树脂基复合材料，内容涉及多学科的综合技术，主要包括电气、高电压与绝缘、机械、化工等学科，需要用到的技术主要有力学结构设计、电气结构设计、材料配方组成、材料成型工艺、性能测试等，总结涵盖材料、设计、制造与应用的一整套电力复合材料及装备的相关技术成果。

1.1 复合材料介绍

1.1.1 复合材料分类

材料多种多样，分类方法没有统一的标准。从物理化学属性来分，可分为金属材料、无机非金属材料、有机高分子材料和复合材料。从用途来分，可分为电子材料、航空航天材料、核材料、建筑材料、能源材料、生物材料等。还有一种常见的分类方法是把材料分为结构材料与功能材料。结构材料是以力学性能为基础，以制造受力构件所用的材料。结构材料对物理或化学性能也有一定要求，如光泽、热导率、抗辐照、抗腐蚀、抗氧化等，主要包括钢铁材料、工程塑料、合金材料和结构陶瓷材料等。功能材料则主要是利用物质的独特物理、化学性质或生物功能等，如电子材料、形状记忆合金、金属玻璃、液晶材料、功能高分子材料、磁性材料、超导材料、功能陶瓷材料和生物医学材料等。也可以把材料分为传统材料和新型材料。传统材料是指那些已经成熟且在工业中已批量生产并大量应用的材料，如钢铁、水泥、塑料等。这类材料由于其量大、产值高、涉及面广泛，又是很多支柱产业的基础，所以又称为基础材料。新型材料是指那些正在发展且具有优异性能和应用前景的一类材料，一般也被称为先进材料。新型材料与传统材料之间并没有明显的界线，传统材料通过采用新技术，提高技术含量，提高性能，大幅度增加附加值而成为新型材料；新型材料在经过长期生产与应用之后逐渐成为传统材料。传统材料是发展新型材料和高技术的基础，而新型材料又往往能推动传统材料的进一步发展。

还可以按材料在空间的使用部位对材料进行分类，如内墙材料、外墙材料、顶棚材料、地面材料等。但有些材料既可以用到室内，也可以用到室外。在室内，一种材料既可以用于地面、墙面，又可以用于顶棚，如石材、涂料等。如果一块石片贴到顶棚、墙面、地面上，人们就会对这些材料的分类归属产生疑问。因此，要想把材料分清楚，只有从材料的物理化学组成上来分。

如前所述，从物理化学属性来分，材料可分为金属材料、无机非金属材料、有机高分子材料和复合材料。其中前两种是传统材料，有机高分子材料则属于新型材料，具有密度低、力学性能好、耐磨损、耐腐蚀、绝热和绝缘等性能，生产、生活中已经广泛应用。

无机非金属基复合材料的历史可以追溯到大约 100 万年前，当时古埃及人在黏土中加入植物纤维，制成土坯来建造房屋。黏土比较脆，在建造过程中容易受压而破裂，掺入其中的植物纤维有效地提高了黏土抗压的能力。现代广泛应用的钢筋混凝土是把植物纤维换成了钢筋、把黏土换成了混凝土。金属基复合材料和有机高分子基复合材料由于加工工艺复杂和基体材料本身出现就比较晚的原因，最近 100 年才开始发展。

关于复合材料，国际标准化组织给出的定义是：复合材料是由两种或两种以上物理和化学性质不同的物质组合而成的一种多相固体材料。国防科技大学胡振谓教授在 20 世纪 80 年代初期曾对复合材料做过较为简明的定义：复合材料是由两种或两种以上不同性质或不同形态的原材料，通过复合工艺组合而成的一种多相材料，它既保持了原组分材料的主要特点，又具备了原组分材料所没有的新性能。

由师昌绪院士主编 1994 年版的《材料大辞典》对复合材料给出了比较全面完整的定义：复合材料是由有机高分子、无机非金属或金属等几类不同材料通过复合工艺组合而成的新型材料，它既能保留原组分材料的主要特色，又通过复合效应获得原组分所不具备的性能。可以通过材料设计使各组分的性能相互补充并彼此关联，从而获得新的优越性能，与一般材料的简单混合有本质的区别。这个定义强调了复合材料与其他三大类材料最明显的不同：复合材料是可设计的！按照通识，材料就是材料，什么样的材料就具有什么样的性能，难道还能像工业产品那样进行设计吗？原来复合材料具有两种组分——基体材料和增强材料。基体材料是连续相，起黏结剂的作用；增强材料是分散相，以不同形式分散在基体中，起增加或提高基体特定功能的作用。通过选择不同种类的基体和增强材料、控制二者的相对比例、处理好界面关系和产品的整体设计，复合材料就可以发挥善于“复合”的特点，各种材料在性能上互相取长补短，产生协同效应，使复合材料的综合性能优于原组成材料而满足各种不同的要求。

按照基体材料分类，复合材料可分为有机高分子基复合材料、无机非金属基复合材料和金属基复合材料。按照增强材料形状分，复合材料可分为纤维增强复合材料、粒子增强复合材料、层状复合材料和混杂复合材料，其中纤维增强复合材料是将各种纤维增强体置于基体材料内复合而成，如纤维增强塑料、纤维增强金属等。粒子增强复合材料是将硬质细粒均匀分布于基体中，如弥散强化合金、金属陶瓷等。层状复合材料则由性质不同的表面材料和芯材组合而成。通常面材强度高、薄，芯材质轻、强度低，分为实心夹层和蜂窝夹层两种。而更为复杂的混杂复合材料是由两种或两种以上增强相材料混杂于一种基体相材料中构成。与普通单增强相复合材料比，其冲击强度、疲劳强度和断裂韧性显著提高，并具有特殊的热膨胀性能，分为层内混杂、层间混杂、夹芯混杂、层内/层间混杂和超混杂复合材料。作为基体材料，金属基体常用的有铝、镁、铜、钛及其合金，无机非金属基体主要有陶瓷、石墨和碳等，有机高分子基体一般是合成树脂和橡胶。增强材料主要有玻璃纤维、碳纤维、硼纤维、芳纶纤维、碳化硅纤维、石棉纤维、晶须和金属等。

复合材料的性质不同于它的组成材料（或称为相）。在复合材料中，各组分材料（原料）的成分和性质依然保留。复合材料中连续分布且数量往往占多数的组分材料称为基体，不连续分散的少量组成材料称为增强材料或增强剂。复合材料的基体可以是金属、陶瓷或高分子材料。从复合材料的组成与结构分析，其中有一相是连续的称为基体相；另一相为分散的、被基体包容的称为增强相。增强相与基体相之间有一个交界面称为复合材料界面。微观结构层次上的深入研究发现，复合材料界面附近的增强相和基体相由于在复合时的物理和化学原因，变得具有既不同于基体相又不同于增强相组分本体的复杂结构，同时这一结构和形态会对复合材料的宏观性能产生影响，所以界面附近这一结构与性能发生变化的微区也可作为复合材料的一项，称为界面相。因此确切地说，复合材料是由基体相、增强相和界面相三者组成。

玻璃钢以玻璃纤维及其制品（玻璃布、带、毡、纱等）作为增强材料，以合成树脂作为基体材料。单一种玻璃纤维，虽然强度很高，但纤维间是松散的，只能承受拉力，不能承受弯曲、剪切和压应力，还不易做成固定的几何形状，是松软体。如果用合成树脂把它们黏合在一起，可以做成各种具有固定形状的坚硬制品，既能承受拉应力，又可承受弯曲、压缩和剪切应力。这就组成了玻璃纤维增强塑料基复合材料。玻璃纤维的直径很小，一般在10μm以下，断裂应变约为千分之三十以内，是脆性材料，易损伤、断裂和受到腐蚀。树脂基体相对于玻璃纤维来说，强度、模量都要低得多，但可以经受住大的应变，把应力传给玻璃纤维的同时又保护了它自身不受腐蚀，是韧性材料。二者配合可取长补短。由于玻璃钢的强度相当于钢材，又含有玻璃组分，也具有玻璃那样的色泽、形体、耐腐蚀、电绝缘、隔热等性能，因此俗称“玻璃钢”。这个名词是由原国家建筑材料工业部部长赖际发于1958年提出的，由建材系统扩至全国，国外称玻璃纤维增强塑料，也称作GFRP（glass fiber reinforce plastic）。

1.1.2 玻璃纤维

玻璃纤维是一种性能优异的无机非金属材料，种类繁多。优点是绝缘性好，作为高级电绝缘材料应用于电力电子行业；机械强度高，一般作为结构材料使用，在很多方面可以代替钢材；耐热性强，温度达300℃时对强度没有影响，用于绝热材料和防火屏蔽材料；抗腐蚀性好，一般只被浓碱、氢氟酸和浓磷酸腐蚀。缺点是性脆，耐磨性较差。玻璃纤维有以下多种分类方法：

（1）按照玻璃纤维形态和长度，可分为连续纤维（长纤维）、定长纤维（短纤维）和玻璃织物。

（2）按照玻璃成分，可分为无碱、中碱、高碱、耐化学、高强度、高弹性模量和耐碱（抗碱）玻璃纤维等。

（3）按照玻璃纤维性质和用途，分为不同的级别，此种分类应用最广泛。

1）E-玻璃：也称无碱玻璃，是一种硼硅酸盐玻璃，目前应用最广泛的一种玻璃纤维，具有良好的电气绝缘性能及机械性能，广泛用于生产电绝缘用玻璃纤维。它的缺点是易被无机酸侵蚀，故不适于酸性环境。

2）C-玻璃：也称中碱玻璃，其特点是耐化学性特别是耐酸性优于无碱玻璃，但电气性能差，机械强度低于无碱玻璃纤维20%。在我国中碱玻璃纤维占据玻璃纤维产量的一大半（约 60%），广泛用于玻璃钢的增强以及过滤织物，因为其价格低于无碱玻璃纤维而有较强的竞争力。

3）高强玻璃纤维：其特点是高强度、高模量，它的单纤维抗拉强度为 2800MPa，比无碱玻璃纤维抗拉强度高 25%左右，弹性模量 86 000MPa，比 E–玻璃纤维的强度高。用它们生产的玻璃钢制品多用于军工、空间、防弹盔甲及运动器械。缺点是价格昂贵。

4）AR 玻璃纤维：也称耐碱玻璃纤维，特点是耐碱性好，弹性模量、抗冲击、抗拉、抗弯强度极高，不燃，抗冻，耐温度、湿度变化能力强，抗裂、抗渗性能卓越，是广泛应用在高性能混凝土中的一种增强材料。

5）A 玻璃：也称高碱玻璃，是一种典型的钠硅酸盐玻璃，因耐水性很差，很少用于生产玻璃纤维。

6）E–CR 玻璃：是一种改进的无硼无碱玻璃，用于生产耐酸耐水性好的玻璃纤维，其耐水性比无碱玻璃纤维改善 7～8 倍，耐酸性也比中碱玻璃纤维优越，是专为地下管道、储罐等开发的新品种。

7）D 玻璃：也称低介电玻璃，用于生产介电强度好的低介电玻璃纤维。

除了以上的玻璃纤维以外，如今还出现一种新的无碱玻璃纤维，它完全不含硼，从而减轻了环境污染，但其电绝缘性能及机械性能都与传统的 E–玻璃相似。另外，还有无氟玻璃纤维，是为环保要求而开发出来的改进型无碱玻璃纤维。

1.1.3 树脂基体材料

树脂是一种高分子材料，人们与高分子材料之间的联系非常紧密。生活中接触的很多天然材料是高分子材料，如天然橡胶、棉花等，而且衣食住行离不开的塑料、橡胶和化学纤维更是人工合成的高分子材料。高分子甚至是生命存在的形式，所有的生命体都可以看作是高分子的集合。在经历了 20 世纪的大发展之后，高分子材料对整个世界的面貌产生了重要的影响，还渗透到了文化领域和人类的生活方式方面，《时代》杂志认为塑料是 20 世纪人类最重要的发明。

合成树脂的蓬勃发展有力地推动了玻璃钢的发展。人们把合成树脂和玻璃纤维及其织物复合黏结，形成多相固体材料，发现这种新材料集各种组分之长，性能十分优异，比如轻质、高强、耐腐蚀、绝热、绝缘等性质。影响玻璃钢性能的主要因素见表 1–1。

表 1-1　　玻璃钢性能影响因素

序号	影响因素
1	基体材料的性能、含量
2	增强材料的性能、含量、分布情况
3	基体材料与增强材料的界面结合情况
4	成型工艺和结构设计

由于人们合成的高分子材料多种多样，以它们为基体的玻璃钢也种类繁多，主要分为热固性树脂和热塑性树脂，如图 1-1 所示。

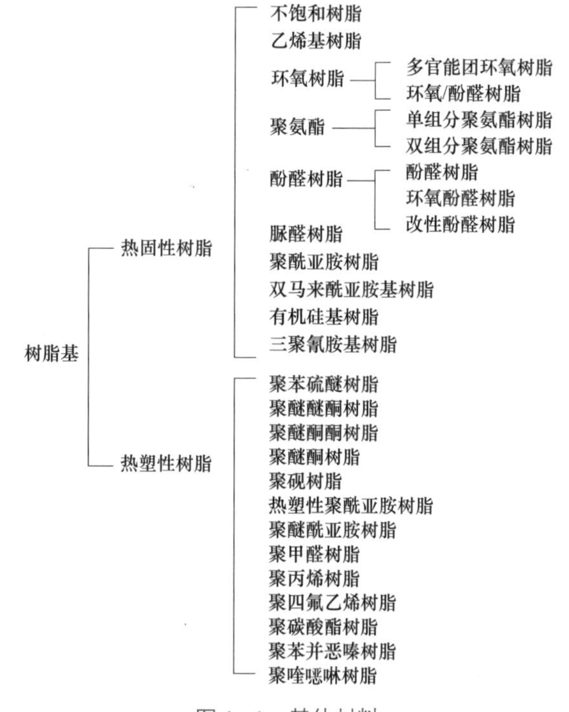

图 1-1　基体材料

1.1.4　复合材料命名

复合材料可根据增强材料与基体材料的名称来命名。可将增强材料的名称放在前面，基体树脂的名称放在后面，再加上“复合材料”即可，例如，玻璃纤维和环氧树脂复合材料称为“玻璃纤维环氧树脂复合材料”。为书写简便，也可以仅写增强材料和基体材料的缩写名称，中间加一斜线隔开，后面再加“复合材料”，如上述玻璃纤维和环氧树脂构成的复合材料也可以写成“玻璃纤维/环氧复合材料”。有时为了突出增强体材料和基体材料，视强调的组分不同，也可简称为“玻璃纤维复合材料”或“环氧树脂复合材料”。

1.2 玻璃钢的特点

玻璃钢是典型的各向异性的非均质材料，突出特点有：

（1）轻质高强、绝缘性好、耐腐蚀、隔热性好。

（2）比强度与比模量高。比强度、比模量是指材料的强度和模量与密度之比，比强度越高，零件自重越小；比模量越高，零件的刚性越大。因此对高速运转的结构件或需减轻自重的产品具有重要意义。图 1–2 为玻璃钢（玻璃纤维–树脂）与其他材料比强度、比模量对比图。

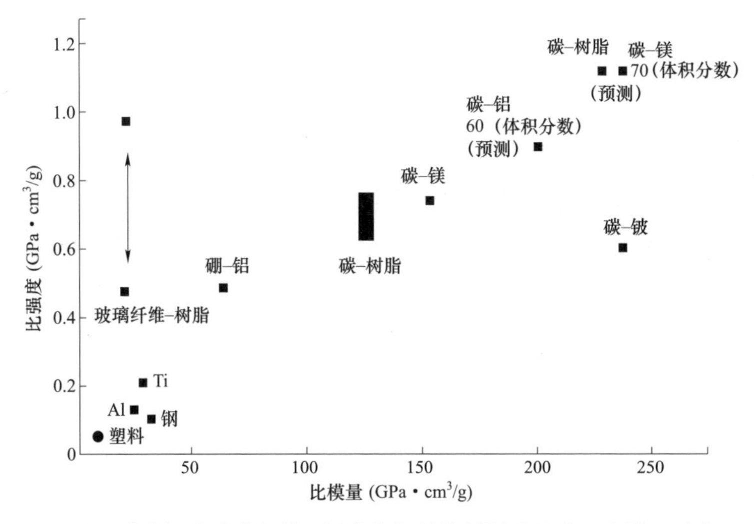

图 1–2 玻璃钢（玻璃纤维–树脂）与其他材料比强度、比模量对比图

（3）力学性能可设计性好。调整增强材料的形状、排布、含量以及产品结构设计，可使材料性能充分发挥，满足产品强度和刚度等性能要求。复合材料与传统材料相比的显著特点是它具有可设计性，材料设计是最近 20 年才提出的新概念，复合材料性能的可设计性是材料科学进展的一大成果。复合材料的力学性能及热、声、光、电、防腐蚀、抗老化等物理、化学性能都可按制件的使用要求和环境条件要求，通过组分材料的选择和匹配以及界面控制等材料设计手段，最大限度地达到预期目的，以满足工程设备的使用性能。

（4）工艺性好，成型简便。工艺方法种类繁多，据不完全统计，玻璃钢成型方法至少有二三十种，很容易制造出尺寸准确、结构复杂、外表美观的产品。而且材料与产品可一次成型，减少了零部件、紧固件和接头数目，材料利用率大大提高。

（5）复合材料杆塔符合“环境友好型”和“资源节约型”的标准，是一种新材料、新工艺、新技术的“两型三新”产品，具有技术创新、安全可靠、经济合理、节约环保等优势。电力复合材料的应用大大降低了钢材用量，钢铁的冶炼过程能耗高、污染重，且需要消耗大量煤炭、水资源。

（6）材料与结构的统一性。复合材料尤其是纤维增强复合材料，与其说它是材料倒不如说是结构更为恰当。传统材料的构件成型是对材料的再加工，在加工过程中材料组分不发生化学变化。而复合材料构件与材料是同时形成的，它由组成复合材料的组分材料在复合成型材料的同时就形成了构件，一般不再由复合材料加工成复合材料构件。复合材料的这一特点使其结构的整体性更好，可大幅度地减少零部件和连接件数量，从而缩短加工周期，降低成本，提高构件的可靠性。

（7）材料性能对复合工艺的依赖性。复合材料结构在形成的过程中有组分材料的物理和化学变化，过程非常复杂，因此构件的性能对工艺方法、工艺参数、工艺过程等因素依赖性较大，同时由于在成型过程中很难准确地控制工艺参数，所以一般来说玻璃钢的性能分散性也可能比较大。

（8）材料弹性模量低。玻璃钢的弹性模量比木材大两倍，但只有钢材料（E=210GPa）的 1/4，因此在产品结构中常感到刚性不足，容易变形。需要设计做成薄壳结构、夹层结构，或通过高模量纤维或者做加强筋等形式来弥补。

（9）材料开孔需要补强。玻璃钢材料因为各向异性，开孔后易出现局部应力集中、导致开孔周围局部受力压溃现象，所以需要对开孔局部进行有效补强，避免性能下降。

（10）长耐温性差。一般玻璃钢不能在高温下长期使用，通用聚酯基玻璃钢在 70℃以上强度就会明显下降，一般只在 100℃以下使用；为了满足高温试验环境，需要选择耐高温树脂，使长期工作温度在 200～300℃。

1.3 玻璃钢的加工工艺

玻璃钢的性能、应用和成本等在很大程度上取决于制备技术，发展有效的制备技术一直是玻璃钢研究中最重要的问题之一。

玻璃钢的成型方法较多，有手糊成型、模压成型、缠绕成型、拉挤成型、喷射成型、RTM 成型、热压罐成型、隔膜成型、迁移成型、反应注射成型、软膜膨胀成型、冲压成型等，所以具有加工方法多样、工艺条件简单、设备要求低等先天优势，在所有复合材料中发展最快、品种最多、应用最广。下面介绍玻璃钢的主要成型工艺。

1.3.1 手糊成型

手糊成型工艺是玻璃钢生产中最早使用和应用最普遍的一种成型方法。手糊成型工艺是在涂有脱模剂的模具上手工铺放玻璃纤维及其织物，然后在表面刷涂基体树脂，基体树脂浸透玻璃纤维后固化，用以制造玻璃钢产品的一种工艺方法。基体树脂通常采用不饱和聚酯树脂或环氧树脂，增强材料通常采用无碱或中碱玻璃纤维及其织物。在手糊成型工艺中，机械设备使用较少，它适于多品种、小批量制品的生产，而且不受制品种类和形状的限制。

1.3.2 模压成型

模压成型工艺是将模压料加入预热的模具内，经加热加压固化成型玻璃钢产品的方法。其基本过程是：将经预处理的模压料放入预热的模具内，施加较高的压力使模压料填充模腔。在压力和温度下使模压料逐渐固化，然后将制品从模具内取出，再进行必要的辅助加工即得产品。此种工艺生产效率高，便于实现自动化生产。产品尺寸精度高、重复性好，能一次成型结构复杂的产品，而且价格相对经济。

1.3.3 缠绕成型

缠绕成型工艺是玻璃钢的主要制造工艺之一，在控制张力和预定线型的条件下，应用专门的缠绕设备将连续纤维或布带浸渍树脂胶液后连续、均匀且有规律地缠绕在芯模或内衬上，然后在一定温度环境下使之固化，成为一定形状制品的玻璃钢产品。此种工艺自动化程度高、生产效率高、可控制树脂含量、节约原材料，可制造各种规格的玻璃钢管道和贮罐。

1.3.4 拉挤成型

拉挤成型工艺是一种自动化生产玻璃钢的成型工艺，通过牵引装置的连续牵引，使纱架上的玻璃纤维纱、毡、布等增强材料经胶液浸渍，通过具有固定截面形状的加热模具，在模具中固化成型，并实现连续出模。对于固定截面尺寸的玻璃钢制品而言，拉挤成型工艺具有明显的优越性。首先，由于拉挤成型工艺是一种自动化连续生产工艺，与其他玻璃钢生产工艺相比，拉挤成型工艺的生产效率最高；其次，拉挤成型制品的原材料利用率也是最高的，一般可在95%以上。另外，拉挤成型制品的成本较低、性能优良、质量稳定、外表美观。拉挤成型工艺生产的产品，可取代金属、塑料、木材、陶瓷等，广泛地应用于化工、石油、建筑、电力、交通、市政工程等领域。

1.3.5 RTM 成型

树脂灌注成型工艺（resin transfer molding，RTM）是从湿法铺层和注塑工艺演变而来的一种新的复合材料成型工艺。RTM 成型过程中，先在模腔内预先铺放增强材料预成型体、芯材和预埋件，然后在压力或真空作用力下将树脂注入闭合模腔，浸润纤维，固化后脱模，再进行二次加工等后处理程序。纤维预成型有手工铺放、手工纤维铺层加模具热压预成型、机械手喷射短切纤维加热压预成型、三维立体编织等多种形式，需要达到的效果就是纤维能够相对均匀地填充模腔，以利于接下来的树脂充模过程。在合模和锁紧模具的过程中，根据不同的生产形式，有的锁模机构安装在模具上，有的采用外置的合模锁紧设备，也可以在锁紧模具的同时利用真空辅助来提供锁紧力，模具抽真空的同时可以降低树脂充模产生的内压对模具变形的影响。在树脂注入阶段，要求树脂的黏度尽量不要发生变化，以保证树脂在模腔内的均匀流动和充分浸渍。在充模过程结束后，要求模具内各部分的树脂能够同步固化，以降低由于固化产生的热应力对产品变形的影响。这种工艺特点对于树脂的黏度和固化反应过程以及相应的固化体系都提出了比较高的要求。

1.4 玻璃钢的应用

玻璃钢工艺最早起源于美国，在最初的几年中，这种材料主要应用于军事领域。第二次世界大战以后，这种材料的应用范围开始从军用逐渐向民用扩展。之后以其轻质高强、绝缘性好、耐腐蚀好、隔热性好、可设计性好和工艺性优良，广泛应用于众多领域。据有关资料统计，世界各国开发的玻璃钢产品的种类已达 4 万种左右。玻璃纤维产量的 70%都是用来制造玻璃钢。虽然各国均根据本国的经济发展情况开发的方向各有侧重，但基本上均已涉及各个工业部门。我国玻璃钢工业经过 40 多年来的发展，也已在国民经济各个领域中取得了成功的应用，在经济建设中发挥了重要的作用。现将玻璃钢主要的应用领域粗略地概括如下。

（1）建筑行业：冷却塔、玻璃钢门窗、建筑结构、围护结构、室内设备及装饰件、卫生洁具及整体卫生间、建筑施工模板等。

（2）化学化工行业：耐腐蚀管道、储罐储槽、耐腐蚀输送泵及其附件、污水和废水的处理设备及其附件等。

（3）汽车及铁路交通运输行业：外形壳体、驾驶室及机器罩以及铁路通信设施等。

（4）公路建设方面：交通路标、隔离墩、标志桩、标志牌、公路护栏等。

（5）船艇及水上运输行业：内河客货船只、各类艇只以及航标浮鼓、浮筒等。

（6）电力工业：风力发电设备、太阳能发电设备、火力发电设备、灭弧设备、高压套管、高压绝缘子、绝缘横担、绝缘杆塔、发电行业脱硫塔等。

另外，玻璃钢还在航空航天、美化装饰、家居家具、广告展示、工艺礼品、体育用品、医疗卫生等多个行业中有着广泛应用。这些产品从无到有、从构想到应用，要付出很多努力，其中就包括研究理论基础、选择材料、设计产品、实现加工工艺和性能检测。

（1）选择材料要求材料成本低、性能高，同时还要考虑外观及耐久性，所以很难选择一种能满足所有性能要求的合适材料。一般在选择中应考虑以下内容：

1）力学性能、电学性能是否符合国家标准。

2）能否承受使用环境的温度、湿度和腐蚀老化。

3）外观及经济成本。

4）设计和生产制造的难度如何。对于长期使用的玻璃钢产品，必须考虑维修及保养费用，若能够大幅度削减维修费用，即使初期投资较大，但对材料整体看还是有利的。另外还要考虑成型加工及二次加工的难易程度。

（2）玻璃钢的特点之一是可设计性好。可以根据材料使用中受力的要求进行原材料选择、铺层结构设计，而且还可以进行产品结构设计，合理地满足需要并节约用材。

1.5 玻璃钢的发展趋势

复合材料对现代科学技术的发展有着十分重要的作用。复合材料的研究深度和应用广度及其生产发展的速度和规模，已成为衡量一个国家科学技术先进水平的重要标志之一。从 2010 年年初起，国家发改委、科技部、财政部、工信部四部委联合制定下发了《关于加快培育战略性新兴产业的决定》代拟稿，经过半年的意见征求，主要领域从 7 个扩为 9 个，其中“新材料”中分列了特种功能和高性能复合材料两项。所以，未来玻璃钢的发展方向主要为：① 高性能玻璃钢；② 特种功能玻璃钢；③ 节能环保型玻璃钢。

1.5.1 高性能玻璃钢

发展高性能玻璃钢需要从基体树脂、增强材料、生产工艺和产品设计应用几个方面入手。玻璃钢又被称为第一代复合材料，其增强材料玻璃纤维和基体材料不饱和聚酯、环氧树脂和酚醛树脂的性能，均在与后续出现的所谓先进复合材料的对比中慢慢落入下风。目前玻璃钢凭借较低的成本和成熟的工艺应用十分广泛，但市场趋势是对材料要求越来越高，如何把性能迎头赶上仍是亟需解决的问题。

1. 先进增强材料

中国玻璃纤维 70%以上用于增强基材，在国际市场上具有成本优势，但在品种规格和质量上与先进国家尚有差距，必须改进和发展纱类、机织物、无纺毡、编织物、缝编织物、复合毡，推进玻璃纤维与玻璃钢两行业密切合作，促进玻璃纤维增强材料的新发展。目前高性能的玻璃纤维主要有高强度玻璃纤维、耐辐照玻璃纤维、石英玻璃纤维、高硅氧玻璃纤维和连续玄武岩玻璃纤维等。由于高强度玻璃纤维性价比较高，因此增长率也比较快，年增长率达到 10%以上。高强度玻璃纤维复合材料不仅应用在军用方面，近年来民用产品也有广泛应用，如防弹头盔、防弹服、直升飞机机翼、各种高压压力容器、民用飞机直板、体育用品、各类耐高温制品等，还可以用于制造复合材料杆塔、横担和风机叶片，结合合理的产品设计，可以有效地降低产品的重量，节省原材料。石英玻璃纤维及高硅氧玻璃纤维属于耐高温的玻璃纤维，是比较理想的耐热防火材料，用其增强酚醛树脂可制成各种结构的耐高温、耐烧蚀的复合材料部件，大量应用于火箭、导弹的防热材料等。发展高性能玻璃纤维要解决的课题有：产业化制造技术、节能降耗绿色技术、浸润剂开发应用技术、多轴向多维编织物深加工技术。

2. 高性能基体树脂

热固性树脂基复合材料基体主要有环氧树脂、酚醛树脂和乙烯基树脂等。环氧树脂的特点是具有优良的化学稳定性、电绝缘性、耐腐蚀性、良好的黏接性能和较高的机械强度。酚醛树脂具有耐热性、耐摩擦性、机械强度高、电绝缘性优异、低发烟性和耐酸性优异等特点。乙烯基树脂是 20 世纪 60 年代发展起来的一类新型热固性树脂，其特点是耐腐蚀性好、耐溶剂性好、机械强度高、延伸率大、耐疲劳性能好、电性能佳、耐热老化、固化收缩率低，可常温固化也可加热固化。改性环氧树脂和改性双马来酰亚胺是重要的发展方向。

热塑性树脂基复合材料是 20 世纪 80 年代发展起来的，基体主要有 PP、PE、PA、PBT、PEI、PC、PES、PEEK、PI、PAI 等热塑性工程塑料。随着热塑性树脂基复合材料技术的不断成熟以及可回收利用的优势，该品种的复合材料发展较快，欧美发达国家热塑性树脂基复合材料已经占到树脂基复合材料总量的 30%以上。高性能热塑性树脂基复合材料以注射件居多，基体以 PP、PA 为主。

高性能基体树脂研究主要围绕提高强度、改善耐老化性能、提高工作温度这几个方面。

3. 先进成型技术

影响玻璃钢生产选择高性能基体和增强材料的障碍在于成本，其中生产制造成本占很大比重，因此发展成型技术、降低制造成本是高性能玻璃钢研究重点。主要技术见表 1–2。

表 1–2 先进成型技术

序号	成型技术	特点
1	热压罐成型技术	适合大型复杂外形构件成型，构件质量稳定、性能高
2	液体模塑成型技术	材料和构件同时成型，结束了高性能复合材料必然制造成本高的历史
3	纤维缠绕技术	多自由度准确、自动化控制技术，异形构件缠绕技术，降低制造成本
4	纤维铺放技术	自动化铺放成型，降低制造成本
5	先进固化技术	电子束、紫外光、可见光和微波固化，可节约制造成本 20%～60%

以纤维缠绕成型为例，缠绕机是主要设备，纤维缠绕制品的设计和性能要通过缠绕机来实现。按控制形式，缠绕机可分为机械式缠绕机、数字控制缠绕

机和计算机数控缠绕机，这实际上也是缠绕机发展的三个阶段。目前最常用的主要是机械式缠绕机，开发计算机数控缠绕机及其应用软件，实现自动化连续生产是研究方向之一。

4. 先进设计

设计产品使之与材料一起成型，减少了零部件、紧固件和接头数目，材料利用率大大提高，产品的性能和可靠性也随之提高。

1.5.2 特种功能玻璃钢

特种功能玻璃钢主要发展方向是：多功能玻璃钢、智能玻璃钢、可监测玻璃钢。

1. 多功能玻璃钢

一般由功能体组元和基体组元组成，基体不仅起到构成整体的作用，而且能产生协同或加强功能的作用。玻璃钢除机械性能以外，还能提供其他物理性能，如导电、超导、半导、磁性、压电、阻尼、吸波、透波、摩擦、屏蔽、阻燃、防热、吸声、隔热等。功能体可由一种或以上功能材料组成，多元功能体的玻璃钢可以具有多种功能，同时还有可能由于复合效应而产生新的功能。

2. 智能玻璃钢

智能材料又称为机敏材料，是 20 世纪 90 年代迅速发展起来的一类新型材料，因为具有高于一般材料的“智商”而备受青睐。智能材料的构想来源于仿生，它的目标是研制出一种材料，使它成为具有类似于生物的各种功能的“活”的材料。因此智能材料必须具备感知、驱动和控制这三个基本要素。智能材料一般由两种或两种以上的材料复合构成一个智能材料系统，主要功能有：传感功能、反馈功能、信息识别与积累功能、响应功能、自诊断能力、自修复能力、自调节能力。一般来说智能材料由基体材料、敏感材料、驱动材料和信息处理器四部分构成，用于光导纤维、形状记忆合金、压电、电流变体和电（磁）致伸缩材料等。

3. 可监测玻璃钢

相当一部分玻璃钢产品是在室外使用，服役周期往往又比较长，老化情况对产品性能的影响是广受关注的问题。在基体材料中预先植入传感器，就可以监测产品应变、温度、剩余刚度随时间的变化情况，还可以用光线传感器监测玻璃钢成型的过程。

1.5.3　节能环保型玻璃钢

随着近年来玻璃钢产品与人们接触越来越紧密以及人们对环保问题的日益重视，生产节能环保型玻璃钢的呼声越来越高。环境保护已成为可持续发展战略必不可少的条件，而玻璃钢的发展趋势正朝着延长使用期以及可再生的方向发展。为了全面评价玻璃钢的环境协调性能，需要采用生命周期评价方法（life cycle assessment，LCA）。生命周期评价方法是对材料整个生命周期中的环境污染、能源和资源消耗与资源影响大小进行评价的一种方法。日本学者三本良一教授总结了四类创新的方法和它们各自对环境协调性贡献大小的评价：产品改进、重新设计、功能创新和系统创新。系统创新对环境协调性的改进最大，花费的时间最长，不难理解，系统创新的难度也最大，而产品的改进相对简单，对环境协调性的提高也相对小些。但如果没有系统的观点，设计生产的玻璃钢有可能在一个方面反映出“绿色”而在其他方面则是“黑色”，评价时难免失之偏颇甚至出现误导。所以，在玻璃钢的整个生命周期中，每一环节都需要去改进。

（1）生产基体树脂和增强材料过程中，选择低能耗生产工艺、可降解回收的原材料。

（2）生产玻璃钢的过程中，注意减少“三废”的排放。

（3）使用高性能玻璃钢，以便可以设计出更加轻薄短小的产品，节省材料损耗。

在电力工程领域，用玻璃钢制作的输配电杆塔和横担，可以比传统铁塔和水泥杆减重 30%以上，在施工、运维和防灾减灾上有明显的优势。在汽车行业，玻璃钢性能适合车身轻量化的要求，降低油耗。汽车自重减少 50kg，1L 燃油行驶距离可增加 2km；若自重减少 10%，燃油经济性可提高约 5.5%，既能节省能源，又能减轻排放污染。

（1）提高玻璃钢的耐老化性能，延长产品的服役时间，在整个生命周期内节省资源。性能低的玻璃钢产品，其耐久性和使用功能势必受影响。如采用 LCA 方法评价，在生产环节中为节能、回收而牺牲性能并不一定能提高材料的环境协调性。玻璃钢产品的生产成本高于钢材，导致一次性投资往往高于对应的钢制件。但是由于玻璃钢耐腐蚀性能优异，使用寿命可明显长于钢制件，而且几乎无需维护，在整个生命周期内往往比钢材更加经济环保。

（2）服役期满的产品可以降解或回收再利用。玻璃钢的再生利用是非常困难的事，会对环境产生不利的影响。玻璃钢中绝大多数属易燃物，燃烧时会释放出大量有毒气体，污染环境；且在成型时，基体中的挥发成分即溶剂会扩散到空气中，造成污染。玻璃钢本身就是由多种组分材料构成，属多相材料，难以粉碎、磨细、熔融及降解。若要把玻璃钢分解成单一材料，分解工艺成本和再生成本较高暂且不说，要使材料恢复原有性能十分困难。基于上述情况考虑，热塑性基体材料的应用量还会增加，相反，热固性树脂的用量将受到限制。随着环保法规的相继出台，玻璃钢行业需要重点发展物理回收（粉碎回收）、化学回收（热裂解）和能量回收技术，加强综合处理技术、再生利用技术研究，拓展再生利用材料在玻璃钢产品中的应用，使玻璃钢朝着环境协调化的方向发展。例如玻璃纤维是由熔融玻璃拉成的纤维，它在高温熔化后非常容易重新凝固，这给回收处理带来了很大困难。为此，法国国家科学研究中心正在研究一种以大麻和聚氨酯为原料的合成材料，这种材料的特点是除具有金属和玻璃纤维各自的优点外，价格更便宜，质量更轻，韧度更强，而且可以生物降解。

（3）继续探索玻璃钢试用的领域，以便可以更多地替代木材、钢材等其他材料。例如北美用植物纤维与废塑料加工而成的玻璃钢，用作托盘和包装箱，以替代木制产品。在电力行业选择高强度的玻璃钢来制备杆塔和横担，减少了高能耗钢材的应用。

第2章 复合材料杆塔

2.1 复合材料杆塔介绍

国内外架空输电线路中使用较为广泛的杆塔主要有木质杆、混凝土或预应力混凝土杆、钢管混凝土杆、钢管杆和铁塔等几类。木质杆主要应用于加拿大和美国等国家森林资源丰富的地区，混凝土或预应力混凝土杆主要应用于南美洲、欧洲、非洲、亚洲等森林资源较为贫乏的地区或发展中国家，在美国只有俄勒冈州使用混凝土杆。铁塔是世界各国超高压输电线路中常用的杆塔型式。我国基本不再使用木质杆，混凝土杆以前在35～110kV线路上大量使用，在新建330kV及以下线路运输和施工条件较好的平原和丘陵地区也得到一定应用。钢管杆和钢管混凝土杆在近年城市电网建设和改造中应用较多，而在220kV以上的线路中，多采用格构式铁塔。

传统的输电杆塔普遍存在质量重、易腐烂、锈蚀或开裂等缺陷，严重影响其使用寿命，并且施工运输和运行维护困难，容易出现各种安全隐患。归纳起来主要有以下几个问题。

（1）易腐蚀。木杆受腐蚀因素影响，平均寿命为30年。木杆维修费用为每杆5年35美元，并且腐蚀一旦开始就会持续进行，直至木杆失去强度。木杆的维护主要用到杂芬油类的防腐剂，这种防腐剂被认为是一种危险的废料，对环境影响极大。在美国，每1根木杆造成污染的环保复原费用达1万美元。金属杆塔存在生锈腐蚀问题，减少了服役期，增加了全寿命周期内的维修成本。

（2）安装成本高。传统杆塔的安装费用问题在于山区、道路不便的偏远地区缺少运力和运输设备来搬运沉重的钢杆、木杆，水泥杆重量太大造成运输与安装费用比其他材料更高一筹。有时为了安装到位甚至还需要铺设专门的道路来运输，这使得费用进一步提高。

（3）事故与其他问题。长期运行经验表明，不同电压等级交、直流输电线路皆存在雷击事故和污闪事故，雷击事故和污闪事故在每年的输电线路跳闸事故中几乎各占 50%。大量使用复合绝缘子仍不能彻底解决这些事故。高寒地区混凝土杆常发生冻融循环破坏，而铁塔常发生低温冷脆破坏。钢杆还易被人为偷盗破坏。

随着电网的发展，输电线路工程呈现出长距离、规模化、大型化的发展趋势，其对钢材的需求量也在逐年上升，消耗了大量矿产资源，造成生态环境的污染。同时，大量采用钢材作为铁塔材料，也给杆塔的施工运输、运行维护带来了诸多困难。因此，采用新型环保材料代替钢材成为输电行业的一种发展趋势。

复合材料由于具有高强、轻质、耐腐蚀、易加工、可设计性强和绝缘性能好等优点，越来越为工程界所重视，已在石油、化工以及建筑行业得到广泛应用。随着复合材料技术及其制造工艺的发展，复合材料的物理力学性能已逐步提高，输电杆塔采用复合材料已成为可能。

复合材料因具有绝缘性、质量轻、强度高、耐腐蚀、疏水、可设计性、易加工等特点，是替代钢材、水泥、木材等传统材料的功能性工程结构材料，因此成为制备轻质复合材料杆塔的优选材料。使用复合材料制备的配电杆塔质量轻，耐腐蚀，机械性能优良，绝缘性能突出，能有效提高配电线路耐雷水平、防污能力，降低线路运行维护频率，提高线路运行可靠性，大幅降低配电线路的运维和检修成本。

由此可见，复合材料塔具有更好的综合性能，并且作为一种低碳、节能、环保以及符合工艺美学的新型结构，代表了输电杆塔结构的发展方向之一。因此在材料性能满足要求的基础上，通过合理的设计，将复合材料塔在输电线路工程上推广应用，具有重要的社会意义和经济效益。

2.2 复合材料杆塔的发展情况

2.2.1 国外复合材料杆塔的发展情况

复合材料杆塔相比传统材料杆塔较为明显的技术优势特性已被世界各国所认同，因而成为全球电网建设中被积极研发与推广应用的目标产品。国外复合材料杆塔的制造与应用主要集中在北美、欧洲等发达地区以及复合材料技术水平较高的国家。早在 20 世纪 50 年代，美国 Gar Wood 公司已经开展了玻璃纤维增强树脂基复合材料杆塔的研究，1960 年相应的复合材料杆塔开始投入到夏威夷海滩配电网中使用，该批复合材料杆塔虽遭飓风和高盐雾浓度的环境侵害，依然安全运行了 50 年。之后数十年，加拿大的 RS Technology 公司及美国的 Ebert Composites、Creative Powertrusion Composites、Shakespear、North Pacific、CTC 等公司都相继开发了自己的复合材料杆塔产品，其中，低电压等级产品开始替代传统木质杆塔得到大面积推广。

1993～1995 年，Shakespear 公司研制出输、配电用复合材料杆塔，产品符合美国公用电气工业所有机械和电气标准，其首批 5000 根产品应用于美国山区的主配电系统。1996 年美国公司与圣地亚哥煤气电力公司（SDGE）和南加利福尼亚爱迪生公司（SCE）合作，针对南加利福尼亚海滨奥蒙德比奇的 230kV 双回路线路，开发了三基复合材料格构式输电塔；2005 年荷兰 Movares 工程咨询公司完成了荷兰电网一条 1.5km 380/150kV 复合材料杆塔线路的设计与实施。

RS 公司研发的模块化组装复合材料杆塔在加拿大、美国、澳大利亚等国家广泛应用，并被南加利福尼亚州爱迪生公司的“未来电路”项目选中，该项目为美国较为先进和重要的架空线路工程，大量使用了复合材料杆塔产品，旨在增强线路运行的可靠性和持久性，被《纽约时报》于 2007 年 10 月 16 日头版报道，并强调了复合材料杆塔的轻便和高可靠性特点。2010 年加拿大安大略省最大的输配电公司 HydroOne 与 RS 签订了三年的 110kV 及 220kV 聚氨酯复合材料杆塔购买合同。可见，复合材料杆塔输电技术研究在国外较为成熟，尤其是在加拿大和美国。

美国复合材料供应商 Bedford 与美国的亚什兰公司合作，利用材料公司提供的聚酯及纤维材料制造了一批输电杆塔，这些复合材料是通过拉挤成型工艺制造，在 2008 年已经推广到市场，在电力行业有了广泛的应用。2010 年，CP 为美国最大的市政公用事业单位（LADWP）提供了 297 万美元的配电网复合材料杆塔和横担产品，应用在加利福尼亚州环境恶劣的地区，大大降低了复杂气候环境对线路造成的威胁，取得了良好的应用效果。

美国的内华达州 Las Vegas 所属的复合材料电力企业制造出的苯环聚合酯的复合材料杆塔比传统杆塔更具有发展前景。制造出的杆塔高约为 14m，杆重仅为 360kg。Amoco Chemical 公司为提高树脂的强度、耐腐蚀特性，采用苯二甲酸类的苯型拉挤树脂。这种树脂比传统的乙烯酯的造价低，更具有应用前景。

美国的 Ebert 公司与 Strongwell 公司联合研制的 SE-28 级复合材料电线杆，与同样电压等级下的木质、钢材和钢筋混凝土杆塔相比，重量约为木杆的

30%、铁杆的 60%、钢筋混凝土杆塔的 15%。产品已通过了美国材料与试验协会材料测试认证，具有耐腐蚀、耐酸、耐水浸、耐火、防紫外线、耐温度变化、防微生物、防虫害和鸟害等特性，基本上是免维护的。

美国的 MF 公司及 GS 公司提出了利用 FRP 制造的杆塔来代替传统木质杆塔，该公司先后对两种杆塔做了力学性能的比较，并在偏僻山区不利于后期维护保养的区域建设了 FRP 杆塔代替传统木质输电杆塔，几年后发现该材料杆塔的防腐性能要远胜于木质杆塔而且几乎不需要后期护理，这样使得线路正常运行的可靠性大大增加。

爱迪生公司在 1996 年末对复合材料的耐候性研究报告中提出：旱季时加剧了杆塔表面积污及材料老化，但是当雨季时雨水对杆塔冲刷后没有发现较明显的电气及机械方面的损伤，也没有发生放电留下的痕迹及紫外线对杆塔造成的腐蚀老化现象，这充分证明了复合材料输电杆塔具有较高的绝缘性能及防腐耐污的优良特性。

对于全复合节点连接，目前国外仅有美国通过精密的机械加工实现了格构式杆塔的全复合节点连接。从 1992 年起，美国在制定发展计划时提出了一项新的研究，由复合材料采用无螺栓装配构成杆塔，由 Ebert Composites 公司与加利福尼亚两家事业公司——圣地亚哥煤气电力公司（SDGE）和南加利福尼亚爱迪生公司（SCE）——共同开发，采用精确的五维机加工技术和切口韧化技术制备出高强复合材料结构构件。相应技术产品已安装并在加利福尼亚奥克斯纳德的奥蒙德比奇发电站运行。

在南美洲湿热地区如巴西、巴拿马等国家，复合材料杆塔也有着较为普遍的应用，商业信息显示，2011 年巴西电力公司仅一次招标就采购了 1.5 万根复合材料杆塔用于低压电网建设。日本的复合材料杆塔研究比美国稍晚些，在 20 世纪 60 年代开展了纤维类材料在输电塔横担方面的研究，有效地解决了绝缘子串的闪络事故。纵观国外，复合材料杆塔已经有了广泛应用，为了更广泛地推广这类杆塔，美国土木工程协会对复合材料 FRP 杆塔的相关标准做出了相关规定。

国外配电网复合材料杆塔在结构型式和生产工艺上也存在较大的差别，CP 公司复合材料杆塔使用拉挤成型工艺，为多边形结构（见图 2-1）；Shakespear 公司的配电网复合材料杆塔既有缠绕成型的带锥度的圆管，也有拉挤成型的多边形等径管（见图 2-2）；RS 公司的复合材料杆塔是使用小角度缠绕技术生产的模块化锥形圆管，并通过插接组装而成（见图 2-3），其套接组装结构在运输和搬运便捷性上表现突出。

图 2-1　CP 公司配电网复合材料杆塔

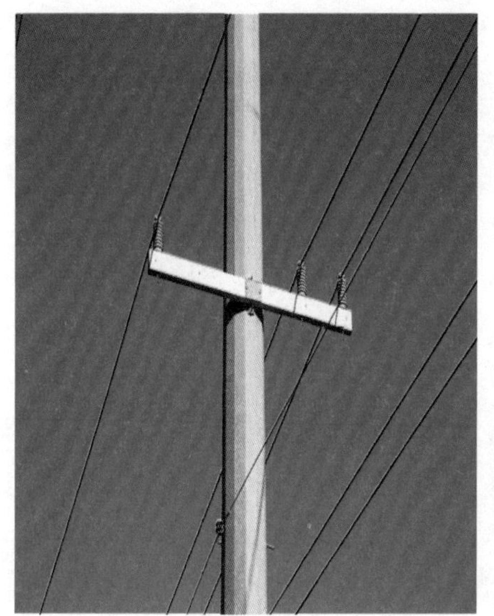

图 2-2　Shakespear 公司配电网复合材料杆塔

图 2-3　RS 公司复合材料杆塔

2.2.2　国内复合材料杆塔的发展情况

我国的复合材料研究始于 1958 年，但在改革开放后才有了长足的进步。由于当时的材料性能和制造工艺方面的原因，尚不能满足输电杆塔所要求的一些性能指标，因此未能得到推广使用，电力行业和各制品研究开发与生产单位也未对复合材料杆塔产品给予足够的重视。近年来，由于复合材料具有的明显优势逐步显露，尤其是其比强度和比模量高于金属钢材数倍，轻质特性非常适合山区的运输和组装，因此，对于复合材料杆塔工程实践的需求已经显得非常迫切。另外，复合材料的其他性能（结构本体质量轻、耐疲劳、加工成型方便、耐腐蚀、易维护等）也非常适合作为杆塔结构材料。随着复合材料成本的进一步降低和工艺的不断进步，国内的相关专业机构对复合材料杆塔研究的重视程度和积极性越来越高。

2006 年起，中国南方电网有限责任公司和国家电网有限公司先后立项组织相关科研单位及省公司开展复合材料杆塔工程应用技术研究。2007 年，国网武汉高压研究院研制成功了 10kV 线路防雷击及污闪的绝缘塔头和横担。该绝缘塔头与 P-10T 型号针式绝缘子配合，绝缘性能相比传统水泥杆及角钢横担有了大幅度提升。广东电网公司于 2007 年针对复合杆塔的应用研究进行了立项，项目选用了加拿大 RS 公司的复合杆塔，开展了包括电气性能、机械性能、老化性能等关键性问题在内的研究。

温岭市电力绝缘器材有限公司自 1995 年开始研究复合材料，研制成功了 220kV 及以下抢修塔（门形、带拉线）、110kV 复合材料横担和杆头，其中抢修塔已经进行了多项电气和物理性能试验，并在工程中得到应用。常熟市铁塔有限公司曾与加拿大 RS 公司洽谈合作复合材料杆塔项目，但因为 RS 公司要求过高而未能达成一致意见。鞍山铁塔开发研制中心与鞍山铁塔厂合作，于 2006 年在国网辽宁电力立项研制高强度复合材料杆塔。采用了两段插接八边形 20m 长杆，端部加载 3t 情况下，杆顶挠度为 2m。

2010 年 3 月，我国第一基格构式复合材料杆塔在加载 200%电压的情况下成功进行了真型试验，4 月该复合杆塔成功在银川东换流站—红柳沟接地极项目中投入使用，此项试点工程是国内首条采用格构式复合材料杆塔的 110kV 输电工程。

2012 年，上海 500kV 练塘变电站 220kV 出线工程是目前为止国内复合绝缘横担首次在 220kV 架空输电线路中的应用实例。该项目使用了复合材料横担，大大缩小了静态线路走廊宽度，同时使线路综合走廊宽度缩小 4m 多。

国网电力科学研究院武汉南瑞有限责任公司（以下简称武汉南瑞）自 2010 年开始开展复合材料杆塔的应用技术研究，承担多项国家电网公司科技项目，依托科技项目建设 10～220kV 复合材料杆塔应用工程 60 余项。2011～2015 年，在湖北襄阳、山东德州、西藏拉萨、辽宁丹东、四川眉山、福建漳州、青海西宁、江苏南京、广西桂林、山东日照等地建设 35、110、220kV 复合材料杆塔试点工程共 30 多项，杆塔类型涵盖直线杆、耐张杆和终端杆，结构型式包含单杆、门型杆和桁架式复合材料塔，目前运行良好。2013 年，在辽宁长凤线 220kV 输电线路试点工程中使用了多种结构的复合材料杆塔，首次取消悬垂绝缘子串，应用全复合节点连接结构，在输电防雷设计方面，采用引下线顺线方向悬空接地型式。2014 年，在辽宁宽凤线 220kV 输电线路试点工程中首次使用全复合节点连接桁架塔，大大缩减了走廊宽度，实现了大档距大导线下的应用，表现出复合材料优异的性能。另外，“220kV 及以下电力输送用新型复合材料杆塔”和“220kV、500kV 桁架式复合材料杆塔”通过了中国电力企业联合会和中国电机工程学会组织的产品技术鉴定。

目前，我国配电网复合材料杆塔已实现工业化生产与应用，在国家电网有限公司和中国南方电网有限责任公司大部分地区均有应用。配电网复合材料杆塔质量轻、强度高、绝缘性能好，在沿海地区防风加固工程项目中表现出了优异的抗风能力，在山区道路不便地区及洪涝灾害后电力工程抢修中实现了快速抢修通电的目标，在污秽严重区域、雷害较严重地区的工程项目中表现了优异的防雷性能，大大提高了配电网工程的可靠性。

北京房山首次在青龙湖10kV切改工程中应用复合材料杆塔，并取消了柱式绝缘子，表现出复合材料具有优异的绝缘性能。武汉南瑞自2012年开始依托科技项目在河北沧州试点应用配电网复合材料杆塔，解决线路防雷污闪问题；在内蒙古根河地区应用8基复合材料杆塔，验证复合材料杆塔在极寒环境下的应用；在湖北宜昌山区应用复合材料杆塔，解决山区交通不便、运输安装困难的问题；在湖北蕲春抗洪抢险救灾工程中应用复合材料杆塔，解决了常规水泥杆无法快速抢修的问题；在广东沿海台风频发地区应用近千根复合材料杆塔，解决了常规水泥杆承载力不足的问题，有效抵御了台风对配电网线路的侵害。

我国目前已经挂网运行的部分复合材料杆塔应用情况见表2-1，应用的结构型式如图2-4所示。

表2-1　　　　国内复合材料杆塔部分应用情况

序号	工程名称	电压等级	工程地点	结构型式
1	聊城光岳35kV送出工程	35kV	山东聊城	直线单回全复合材料单杆
2	山东德州35kV试点工程	35kV	山东德州	直线单回全复合材料单杆
3	湖北襄阳35kV试点工程	35kV	湖北襄阳	直线单回全复合材料单杆
4	西藏拉萨35kV试点工程	35kV	西藏拉萨	直线单回全复合材料单杆
5	福建平潭高山—前进110kV线路工程	110kV	福建平潭岛	直线单回格构式复合材料杆塔
6	±500kV荆门换流站接地极工程	接地极线	湖北荆门	全复合材料绝缘杆（单杆）
7	±660kV宁东换流站接地极工程	接地极线	宁夏银川	格构式复合材料杆塔
8	浙江丽水110kV工程	110kV	浙江丽水	格构式复合材料杆塔
9	江苏南京110kV试点工程	110kV	江苏南京	耐张小转角、终端双回复合材料单杆
10	四川眉山110kV试点工程	110kV	四川眉山	直线单回全复合材料单杆
11	青海西宁110kV试点工程	110kV	青海西宁	直线单回全复合材料单杆
12	福建漳州110kV试点工程	110kV	福建漳州	直线单回全复合材料门型双杆
13	山东莱芜110kV试点工程	110kV	山东莱芜	直线单回全复合材料桁架塔
14	辽宁220kV长风线工程	220kV	辽宁丹东	直线单回全复合材料单杆、门型双杆
15	山东日照220kV试点工程	220kV	山东日照	直线单回全复合材料单杆
16	辽宁220kV宽风线工程	220kV	辽宁丹东	直线单回全复合材料桁架塔
17	灵州—绍兴±800kV特高压直流输电线路工程	±800kV	宁夏	免横担组合绝缘子杆塔

图 2-4　国内试点运行的复合材料杆塔结构型式（一）

（a）直线单回复合材料单杆；（b）直线单回复合材料双杆；（c）双回小转角耐张复合材料单杆；（d）双回终端复合材料单杆

（e）

（f）

图 2-4 国内试点运行的复合材料杆塔结构型式（二）

（e）直线单回复合材料桁架塔；（f）配电网复合材料杆塔

2.3 复合材料杆塔的特点

复合材料具有强度高、质量轻、耐腐蚀以及耐疲劳性能、耐久性能和电绝缘性能好等特点，非常适于制造输电杆塔。目前国内外复合材料在输电杆塔上的应用形式主要有变截面单杆和直管装配式塔架两种。与木质、混凝土和钢质杆塔相比，复合材料杆塔具有以下特点：

（1）承载能力高。复合材料没有明显的屈服强度，其强度高，可达500MPa，抗拉强度、压缩强度和弯曲强度远高于普通钢材的屈服强度，同时具有优良的耐疲劳性能。材料性能对比见表 2-2。复合材料弹性模量较小，在外力作用下变形较大，但是在承载力范围内大弯曲变形可恢复，不影响后续性能，如图 2-5 所示。以梢径 190mm、杆长 12m 和 15m 配电网杆塔为例，承载能力相比混凝土杆塔提高了 70%以上（见表 2-3），用于沿海台风频发地区，表现出了良好的抗风能力，减小了因自然灾害引起的事故和经济损失，提高了配电网工程的运行安全可靠性。

表 2-2　　　　材料性能对比

项目 \ 类别	复合材料	钢材 Q235
密度	2000kg/m^3	7850kg/m^3
拉伸强度	500MPa	屈服强度：215MPa
压缩强度	300MPa	屈服强度：215MPa
弯曲强度	500MPa	屈服强度：215MPa

表 2-3　　　　复合材料杆塔和普通水泥杆对比

复合材料杆塔		
规格型号	ϕ190×12×P×FH	ϕ190×15×P×FH
杆长（m）	12	15
梢径（mm）	190	190
锥度	1/75	1/75
质量（kg）	190～200	250～260
承载弯矩（kN·m）	201.83	264.60
M 级水泥杆		
质量（kg）	≈1000	≈1300
承载弯矩（kN·m）	117	147

图 2-5　10kV 复合材料杆塔弯曲试验现场

复合材料杆塔不仅在配电网工程中有广泛应用，在 110kV 和 220kV 的架空线路中也有多项试点工程应用，结构型式有单杆结构、双杆结构、桁架结构，

图 2-6　110kV 复合材料终端杆塔头力学真型试验现场

杆塔类型有直线杆、耐张杆、终端杆。武汉南瑞研制的 110kV 复合材料终端杆塔，其力学真型试验超载 345%，并于 2012 年在南京江宁智能电网科研产业基地挂网运行至今，依然完好无损，表现出了优异的承载性能，如图 2-6 所示。

（2）质量轻。复合材料的密度小，约为 2000kg/m³，约为钢材的 1/4。复合材料强度高，设计时可以充分发挥其材料性能。以梢径 190mm、杆长 12m 和 15m 配电网杆塔为例，复合材料杆塔质量仅为混凝土杆塔质量的 1/5。

复合材料杆塔质量轻，仅使用小型车辆和人力即可实现装卸运输，无需起重机械，4 人即可进行无机械协助的现场搬运和安装。在大型机械设备难以进入，甚至徒步行走困难的山区、林区、沼泽地、田地中进行配电网工程施工，质量仅为混凝土杆塔 1/5 的复合材料杆塔体现出极大的便捷性和经济性，如图 2-7～图 2-9 所示。

图 2-7　复合材料杆塔人工搬运和安装

图 2-8 混凝土杆塔人工搬运场景

图 2-9 复合材料杆塔小型叉车装卸

以山区应用为例，将复合材料杆塔和混凝土杆塔立杆所需的人工工作量进行对比：复合材料杆塔每基需普工 0.44 工日，技术工 0.22 工日；混凝土杆塔每基需普工 1.37 工日，技术工 3.19 工日。即在人力安装杆塔过程中，复合材料杆塔所需普工和技术工的工作量分别为混凝土杆塔的 31%和 7%，并且还节省了大量机械及辅助材料。

表 2-4 和表 2-5 列举了复合材料杆塔和混凝土杆塔运输及人力搬运费用。可以看出，复合材料杆塔在运输和搬运上显示出较好的经济性，尤其是在山区、丘陵等交通不便地区使用时，其经济价值十分明显。

表 2-4　　10kV 杆塔运输情况对比表（12m 标准尺寸杆塔）

类型	运输地形			汽车运输*（根）	人力运输			
					人工（个/根）	费用［元/（t・km）］		
	平地	丘陵	山地			平地	丘陵	山地
混凝土杆塔	√	√	×	25	24	199.65	229.6	319.44
复合材料杆塔	√	√	√	40	4	48	55.2	76.8

* 大运输使用13m、15t 重运输货车，500m 以内的人力运输定额基价为224元/（t・km）。

表 2-5　复合材料杆塔与混凝土杆塔工地运输量比较（12m 标准尺寸杆塔，山地）

产品类别	数量（根）	运输质量（t）	人力运距（km）	人力运量（t·km）	汽车运距（km）	汽车运量（t·km）	定额基价 81.42 元
							费用合计
混凝土杆塔	20	23.115	0.2	4.623	3	69.345	6022.47（301.12 元/根）
复合材料杆塔	13	2.21	0.2	0.442	3	6.63	575.80（44.29 元/根）

注　复合材料杆塔强度大，档距可以适当增加，需要的杆塔数量减少。

（3）优异绝缘性。复合材料表面电阻率大于 $1.0\times10^{13}\Omega$，体积电阻率大于 $1.0\times10^{13}\Omega\cdot m$，具有优异的绝缘性能。复合材料杆塔整体绝缘，大幅增加了杆塔相地间隙及绝缘爬距，基本阻断了相地闪络通道，配合复合材料横担使用还可有效提升相间绝缘水平，从而大幅减少因雷击、覆冰、鸟害或污秽引起的线路闪络概率，全面提升线路运行安全。

国内某厂家对 110、220kV 复合材料杆塔进行电气真型试验，试验结果表明复合材料杆塔耐雷电冲击能力较传统杆塔显著提高。其中，110kV 复合材料杆塔正极性相地 50%雷电冲击放电电压相比 110kV 线路复合绝缘子（长 1150mm）50%闪络电压提高了 94.0%。220kV 复合材料杆塔正极性相地 50%雷电冲击放电电压相比 220kV 线路复合绝缘子（长 2350mm）50%闪络电压提高了 50.6%，如图 2-10 和图 2-11 所示。

图 2-10　雷电冲击导线-抱箍-引下线放电

图 2-11　雷电冲击导线-引下线放电

复合材料杆塔湿操作冲击试验结果：根据DL/T 620的推荐值，在最短相地距离情况下，110kV复合材料杆塔正极性相地50%湿态操作冲击放电电压比标准要求值提高163.6%，220kV复合材料杆塔正极性相地50%湿态操作冲击放电电压比标准要求值提高96.1%，如图2－12所示。

图2－12　湿操作试验布置

复合材料杆塔相间污秽特性试验结果：110kV复合材料杆塔耐受电压值比GB/T 156规定的110kV系统最高运行电压126kV高200.0%，220kV复合材料杆塔耐受电压值比GB/T 156规定的220kV系统最高运行电压252kV高110.3%，如图2－13和图2－14所示。

图2－13　相间污秽特性试验布置

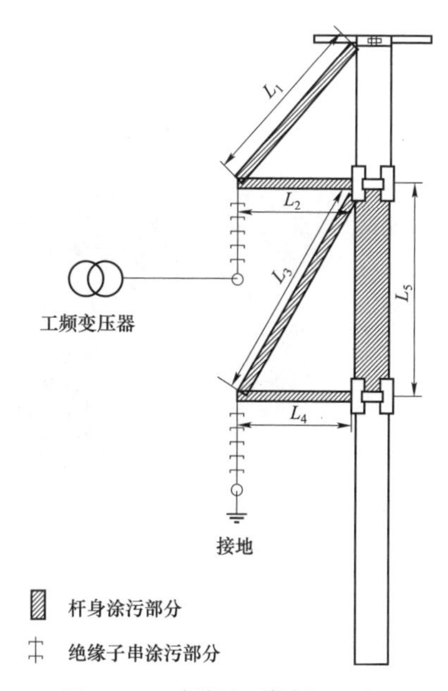

图2－14　相间污秽涂污示意图

复合材料杆塔相地污秽特性试验结果：110kV复合材料杆塔相地耐受电压值比110kV系统最高运行相电压73kV高338.1%，220kV复合材料杆塔相地耐受电压值比220kV系统最高运行相电压145kV高240.1%，如图2－15所示。

（4）耐化学腐蚀。玻璃纤维增强聚氨酯复合材料杆塔具有优异的耐腐蚀性能，对酸、碱、盐及有机溶剂等腐蚀介质的耐腐蚀性能和耐候性能优良，可在沿海盐雾、盐碱滩涂、化工污染、酸性气候、长期渍水等恶劣环境中长期稳定运行。2011 年安装于湛江沿海地区的复合材料杆塔（见图 2–16），长期经受海水的浸泡，未发生倒杆、断杆的情况。

图 2–15　相地污秽特性试验布置

图 2–16　10kV 复合材料杆塔浸泡于海水中

复合材料杆塔耐腐蚀，可直接埋地安装，根据地质情况也可直接浇筑混凝土进行加固（见图 2–17）。

图 2–17　复合材料杆塔直接埋地安装

（5）耐老化。玻璃纤维增强聚氨酯复合材料杆塔具有优异的耐紫外老化性能，正常工况条件下的使用寿命在 30 年以上（基于大量实验数据分析的结果，国外称可安全使用 80 年）。复合材料杆塔在生产过程中，基体树脂中添加了紫外光稳定剂和吸收剂，保证树脂基体的稳定，并在表层使用脂肪族聚氨酯树脂替代芳香族聚氨酯树脂，或在杆塔表面喷涂脂肪族聚氨酯涂层（此类涂层通常作为高端汽车表面油漆使用），形成厚度超过 1mm 的耐候层，且该耐候层具有优异的耐磨损性能（见图 2-18）。

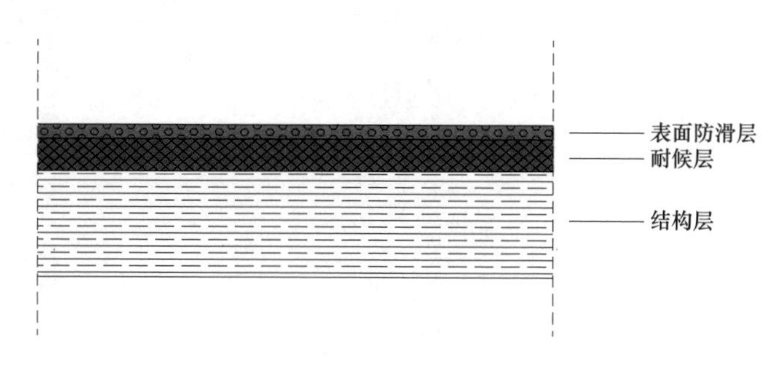

图 2-18　复合材料杆塔断面

（6）可设计性好。复合材料杆塔有别于其他杆塔的重要特点是其材料的可设计性，即可以根据结构性能要求选择不同的基体和纤维材料、两种材料相对百分比和铺层方向等进行合理的设计，以满足对杆塔强度、刚度、耐疲劳特性、产品色彩等多方面的要求，以充分发挥复合材料比强度高的优点。

充分利用复合材料的可设计性，复合材料单杆结构可以设计成整根形式，也可以采用分段形式。分段形式可以采用法兰连接和插接形式，如图 2-19 所示。复合材料杆塔也可采用桁架式结构，国内某厂家研制的 220kV 复合材料桁架结构杆塔于 2013 年在辽宁丹东挂网运行，至今运行良好，体现了复合材料丰富的可设计性，如图 2-4（e）所示。在国外，复合材料杆塔被应用于路灯杆，国内也有将其应用于配电台区，可以利用复合材料杆塔的绝缘性有效防止意外漏电伤害带电作业人员或牲畜事故的发生（见图 2-20）。

复合材料杆塔的弹性模量相对较低，相同载荷下的变形量比混凝土杆塔大，但由于韧性极好，较大的变形量不会产生内部损伤或开裂问题，当荷载卸除后大变形会恢复，且自身具有良好的耐腐蚀和耐老化性能，因此，复合材料杆塔在正常运行过程中不需要定期刷漆、清理表面污秽或填补裂缝，节省了大量的人工维护工作和费用。

复合材料杆塔在使用过程中无毒害作用，对环境影响小，报废后可回收利用。在树脂基体或涂层中加入颜料糊，可以生产出任意色彩的复合材料杆塔，不仅使得配电网线路更为美观，还可增强与周围环境的协调性，在有外观颜色要求的景区或特定地区具有实用性。另外，复合材料杆塔产品（含原材料）生产过程中的综合能耗与大气污染物排放量相比混凝土杆塔或钢管杆更低，属于低碳环保型产品，更加符合国家发展节能减排材料产业的政策。

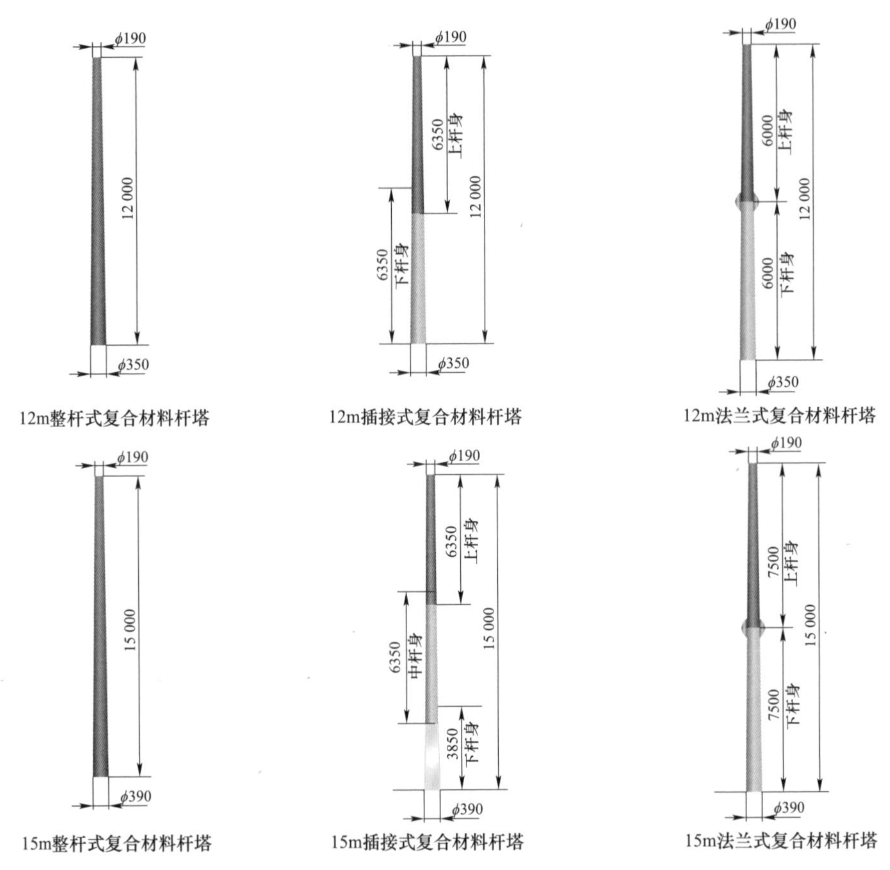

图 2-19　配电网复合材料杆塔不同结构型式

图 2-20　复合材料杆塔应用于配电台区

2.4　复合材料杆塔材料

2.4.1　树脂

树脂作为纤维的支撑、保护并传递载荷，其性能对复合材料与基体相关的力学物理性能如横向力学性能、压缩性能、韧性和耐湿热性能、湿热膨胀系数等有决定性的影响。

常用的树脂有环氧树脂、聚氨酯树脂、酚醛树脂、不饱和聚酯树脂、聚乙烯等。各种树脂具有不同的性质，比如耐温性、耐腐蚀性、电性能、光性能、机械强度性能等。所以选择树脂基的基本原则是：① 满足功能要求；② 易加工成型；③ 经济性好，成本低。其中，聚氨酯树脂表现出优异的力学性能和耐老化性能，受到广泛关注。

聚氨酯（PU，polyurethane）是指分子结构中含有氨基甲酸酯基团（—NH—COO—）的聚合物。氨基甲酸酯一般由多异氰酸酯（包括二异氰酸酯）和多元醇（包括二元醇）反应获得。图 2-21 为聚氨酯复合材料的反应和化学结构示意图，可以看出该种复合材料内部包含了一些特殊的基团结构和键合力，如氨酯基（urethane）和脲基（urea）的交联结构、氢键力（hydrogen bond force）以及极性基团的静电引力（electrostatic force）。首先，氨酯键和脲键提供了有效的化学交联，聚酯（polyester）、聚醚（polyehter）等一系列的端羟基聚合物（polyol）提供了可以调节的主链结构，能够根据不同的需要变化配方得到性能、功能各异的材料，如一定的强度和柔韧性、耐腐蚀、耐老化性能等；其次，体系中的富氢键结构进一步增强了体系的物理交联度，同时使树脂基材与玻璃纤维结合良好，保证树脂紧密地包覆于增强玻璃纤维之上，赋予复合材料优异的力学和电气性能；最后，氨酯基和脲基的极性产生的静电作用力，使材料具有较高的强度、模量、耐磨、耐冲击性能。

因此相比于其他复合材料，如通用环氧树脂、不饱和树脂、乙烯基树脂等，聚氨酯树脂复合材料具有如下几点优势：

（1）高模量和高韧性，使制品具有高强度、轻质特性，这为复合材料杆塔的防风偏性能研究提供了良好的支撑。在保证产品安全性的前提下缩短悬挂绝缘子串长度、适当增加横担长度，降低风偏闪络的概率。

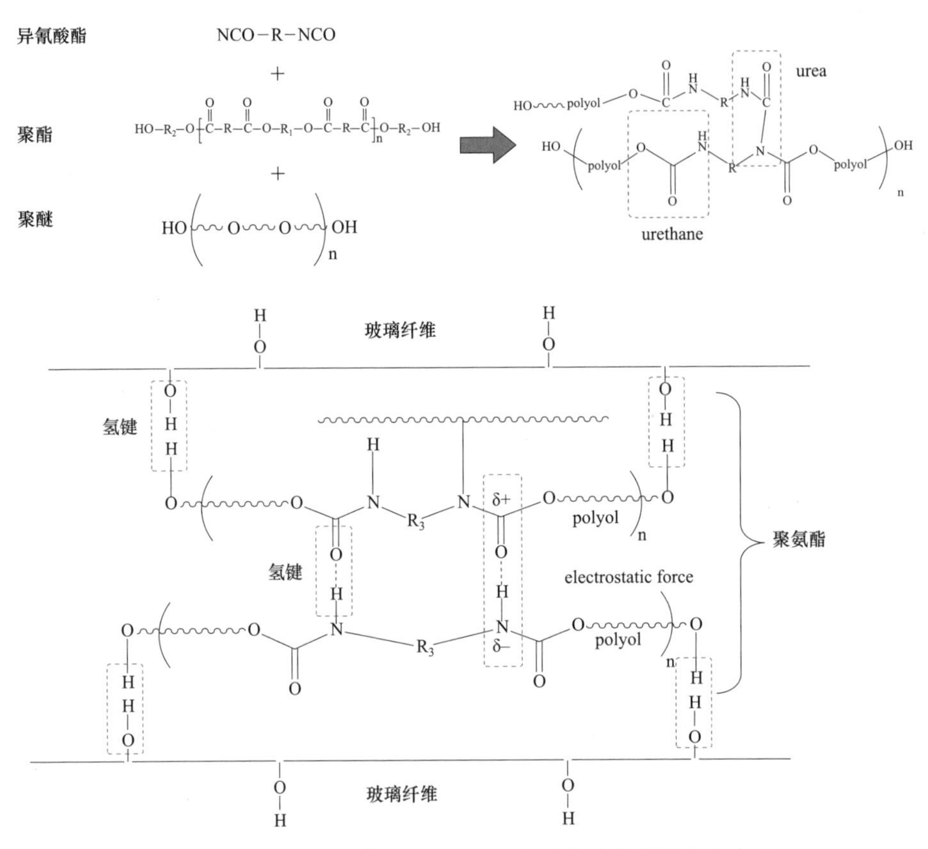

图 2－21　聚氨酯树脂反应机理和聚氨酯复合材料结构示意图

（2）高交联密度，使材料具有较高的致密度、氨酯键和脲键的化学稳定性等，保证了复合材料优异的耐介质腐蚀、耐候和绝缘特性，使聚氨酯复合材料作为输电线路杆塔制备材料时可有效提高产品的耐腐蚀、耐老化性能。

（3）聚氨酯原料配方和材料结构的可调节性使研究者能够根据特定的使用条件调节配方达到性能的优化，如可在体系中添加含反应官能团的低表面能材料，使制备出的复材具备一定的疏水、防污性能。

2.4.2　增强纤维

增强纤维是复合材料的承载主体，选定增强纤维品种及其体积含量，复合材料与纤维相关的基本力学性能（工程常数）就可估算确定。目前国内几种常用增强纤维有玻璃纤维、碳纤维、硼纤维和芳纶纤维等。不同纤维的性能差别很大。玻璃纤维强度高、延伸率较大，但是弹性模量较低，与铝接近。硼纤维模量比玻璃纤维高很多，其他性能相差不多，但是价格较高。碳纤维可分为普通、高强度、高模量、极高模量等几种，其密度比玻璃纤维小，模量比玻璃纤维高好几倍，极高模量碳纤维比硼纤维的模量还要高，价格却比硼纤维便宜很多，但是比玻璃纤维高，且电绝缘性能差。芳纶纤维是一种新的有机纤维，主要有三种：K–29，用于绳索；K–49，用于复合材料制造；K–49 强度更高，用于航天容器等。芳纶纤维比玻璃纤维强度高 45%，弹性模量约为碳纤维的一半，但价格较高。选择纤维的基本原则和树脂基相似，最主要的就是既能满足功能要求，又具有较好的经济性。由于玻璃纤维具有良好的绝缘性能和市场经济性，目前复合材料杆塔大多采用玻璃纤维作为增强材料。

2.4.3　胶黏剂

结构胶黏剂一般以热固性树脂为基料，以热塑性树脂或弹性体为增韧剂，配以固化剂等组成，有的还加有填料、溶剂、稀释剂、偶连剂、固化促进剂、抑制腐蚀剂和抗热氧化剂等。胶黏剂的性能主要取决于这些组分的结构、配比及其相容性。

早在 20 世纪 50 年代末期，国外开始把环氧树脂胶黏剂应用到航空航天产品的结构中，主要是以胶膜的形式用于航宇结构的钣金结构、蜂窝夹层结构和复合材料结构的胶接。在产品生产中胶膜施工较方便，胶接缺陷的控制比使用胶液容易。

胶黏剂按应力—应变特性可分为韧性胶黏剂和脆性胶黏剂。通常脆性胶黏剂的剪切强度高于韧性胶黏剂，但在胶层剥离应力可忽略的情况下，胶接连接静剪切强度不仅仅取决于某一个特征参数，而是由剪切应变能所决定的，因此韧性胶黏剂的连接静强度较高。从疲劳特性来看，脆性胶黏剂在拐点附近即断裂，寿命较短。韧性胶黏剂极限应变较大，可降低胶层应力的峰值，缓解应力集中程度，提高疲劳寿命。

复合材料杆塔连接部位，如横担根部节点、杆端法兰等，经常会用到胶黏剂，通常采用环氧树脂胶黏剂。环氧树脂是复合材料结构中用得最多的一种胶黏剂。其供应方式是树脂和固化剂分别包装，使用时把它们混合，室温固化，或者只是需热固化的树脂。

对于不用固化剂的环氧树脂，只要将胶接件置于固化所需的温度，保持规定的时间，无需加压就可实现固化。在这种情况下，固化温度大约为 180℃，且固化时间很长。

利用固化剂和催化剂，不仅可以使胶接结构在高温时具有较高的强度，且可以使胶黏剂在较低温度、较短时间内固化，如在 145℃和 0.7MPa 的压力下 20min 内即可固化。

另一种类型是改性环氧树脂，即环氧聚酚醛和环氧酰胺。这类胶黏剂在 130～175℃下约 60min 即可固化。

2.4.4 复合材料性能

1. 机械性能

聚氨酯树脂是由聚酯、聚醚等柔性链段与二异氰酸酯和低分子扩链剂形成的刚性链段构成的嵌段高分子。相比于传统树脂，新型热固性树脂由氨基甲酸酯基、脲基等化学键形成交联网络结构，这种交联化学键具有良好的稳定性和耐老化性能。同时，该树脂中的高内聚能极性基团能够相互形成大量的氢键作用，因此有大的分子间作用力，可有效束缚聚合物链段间的滑移，使材料表现出良好的强度和一定的韧性。表 2-6～表 2-8 列出了缠绕成型和拉挤成型工艺制备的聚氨酯树脂复合材料试样的物理性能和机械性能试验数据。数据表明，聚氨酯复合材料表现出优良的机械性能。

表 2-6　复合材料基本物理性能

试验项目	聚氨酯复合材料
密度（g/cm^3）	1.96
固化度（%）	94.5
纤维体积含量（%）	58.4
氧指数（%）	39
吸水率（%）	0.04
平均线膨胀系数（10^{-5}/℃，轴向）	0.91

表 2-7　缠绕成型工艺制备杆塔复合材料力学性能

试验项目		聚氨酯复合材料
拉伸强度（MPa）	纵向	601
	横向	272
拉伸弹性模量（GPa）	纵向	43
	横向	13.5

续表

试验项目		聚氨酯复合材料
弯曲强度（MPa）	纵向	614
	横向	98.6
弯曲弹性模量（GPa）	纵向	23.5
	横向	7.87
层间剪切强度（MPa）	—	29.9
压缩强度（MPa）	纵向	264
	横向	82
压缩弹性模量（GPa）	纵向	36.1
	横向	8.36

表2-8　拉挤成型工艺制备聚氨酯复合材料的力学性能

试验项目		聚氨酯复合材料
拉伸强度（MPa）	纵向	728
	横向	39.1
拉伸弹性模量（GPa）	纵向	53.5
	横向	17
弯曲强度（MPa）	纵向	1040
	横向	125
弯曲弹性模量（GPa）	纵向	42.9
	横向	16.3
层间剪切强度（MPa）	—	20.8
压缩强度（MPa）	纵向	536
	横向	100
压缩弹性模量（GPa）	纵向	43.8
	横向	7.12

2. 电气性能

复合材料的绝缘性大大提高了杆塔的绝缘水平。由于输电线路运行环境气象条件复杂，因此，除了检测电阻率、介质损耗等基本电气性能，还需要对复合材料染料渗透性能、耐漏电起痕性能、水扩散性能等各项相关性能进行检测。

根据绝缘功能的不同，复合材料的电气特性可分为以下三类。

（1）电阻特性。主要是指在理想环境和模拟实际运行不利条件下复合材料阻隔电流的能力。对应的测试试验有以下三种。

1）干态、湿态条件下的体电阻率和表面电阻率试验。主要测试复合材料标准件样品（100mm×100mm×3mm 板件）在干态、去离子水（电导率为 4μS/cm）中浸泡 96h 以及浸泡 96h 后室温存放 24h 等条件下，体积电阻率、表面电阻率的大小是否满足绝缘材料标准要求。

2）染色渗透试验。用于测试复合材料内部气隙通道耐小分子的渗透能力，因为异物分子的渗入可导致材料电气性能或力学性能的劣化。

3）水扩散试验。用于测试复合材料在水煮后是否能保持绝缘性，即耐水解性。

（2）耐污特性。指材料表面耐受污秽闪络的能力，包括阻止材料表面在不同条件下形成连贯水膜的能力，以及耐受污秽闪络电弧烧蚀的能力。对应的测试试验有以下两种。

1）憎水性试验。根据模拟运行环境不同，可分为憎水性、憎水减弱特性、憎水恢复特性以及憎水迁移性等 4 个试验分别测试。憎水性状态用静态接触角和憎水性（HC）分级来表示。

2）耐电痕化试验。通过试验测试复合材料在严酷环境下的耐电痕化特性，为研究复合材料耐受爬电的能力提供依据。

（3）介电特性。主要是指复合材料作为内绝缘介质的一些基本电介质特性参数。

1）介质损耗因数（$\tan\varphi$）。可以灵敏地反映电气设备绝缘整体受潮、劣化变质、局部缺陷以及绝缘内含气泡的游离和绝缘分层等故障。

2）介质相对介电常数。反映介质极化特性的参数，可用于下文杆塔的电场仿真计算。

3）电气强度。指材料耐受工频电压的临界击穿强度。

复合材料只有具备了良好的电阻特性，其制备的复合材料杆塔才能称为绝缘杆塔。复合材料耐污特性将决定杆塔防污设计方案。复合材料杆塔中，复合材料并不是作为内绝缘介电介质使用，因为杆塔绝缘薄弱点是在空气介质和复合材料表面。材料介电特性没有标准要求，试验结果仅供参考，根据杆塔今后实际运行情况再做研究规定。

表 2-9 为聚氨酯复合材料和国内外环氧复合材料试样的各项电气性能对比。复合材料样品电阻特性完全满足绝缘材料要求的标准，该复合材料可用于制备绝缘杆塔；耐污特性中的憎水迁移性及耐漏电起痕能力未能达到硅橡胶耐污特性试验要求，即不能直接当做复合绝缘子材料使用；介电特性较为优良。

表 2-9　缠绕成型工艺制备杆塔材料电气性能试验结果

试验项目	聚氨酯复合材料	国外某厂家环氧复合材料	性能指标	依据标准
表面电阻率	$1.58\times10^{15}\Omega$	$>1.0\times10^{16}\Omega$	$\geqslant1.0\times10^{13}\Omega$	GB/T 1410
体积电阻率	$5.40\times10^{15}\Omega\cdot cm$	$>1.0\times10^{17}\Omega\cdot cm$	$\geqslant1.0\times10^{13}\Omega\cdot cm$	GB/T 1410
介质损耗因素	0.002 52	0.003	≤0.02	GB/T 1409
耐电痕化	≥2.5 级	2.5 级未通过	≥2.5 级	GB/T 6553
染料渗透	>15min	>15min	>15min	GB/T 19519
水扩散	0.154～0.319mA	<0.01mA	<1mA	GB/T 19519
憎水性	HC2	HC3	喷水分级法 HC1～HC2 级	DL/T 864
工频淋雨性能	61.0kV		50kV	GB 13398
工频污秽性能	12.5kV		>12kV	GB/T 4585

3. 耐老化性能

聚合物复合材料在自然环境下使用，性能会受到许多环境因素（如紫外辐射、氧、臭氧、水、温度、湿度、化学介质、微生物等）的影响。这些环境因素通过不同机制作用于复合材料，导致其性能下降、结构改变，直至损坏变质，通常称为“腐蚀”或“老化”。环境因素对复合材料性能的影响主要是通过树脂基体、增强纤维以及树脂/纤维界面的破坏而引起性能的改变。目前，环境作用下的聚合物复合材料性能研究内容可归结为湿热老化、化学侵蚀、大气老化 3 个主要方面。乙烯基树脂和聚氨酯树脂是目前市面上耐腐蚀、耐老化性能较高的一种树脂。

聚合物基复合材料在湿度和温度的协同作用下形态、质量、力学性能等指标发生改变的过程称为复合材料的湿热老化。湿热老化过程中聚合物基复合材料的吸湿主要涉及 4 个方面：① 水分子在树脂基体中的扩散；② 水分子沿纤维基体界面的毛细作用；③ 水在孔隙、微裂纹和界面脱黏等缺陷中的聚集；④ 水向增强纤维微裂纹的吸附、渗透。温度的变化会显著影响吸湿过程，吸湿的水分在温度协同下与复合材料各组分相互作用，发生一系列物理和化学反应，在宏观上表现为复合材料性能的改变。表 2-10 所示为聚氨酯复合材料与通用乙烯基树脂耐湿热老化性能的实验数据对比。可以看出聚氨酯机械性能在 60℃、93%的湿热环境下一个月无模量损失；聚氨酯的恒温、交变湿热老化性能均优于乙烯基树脂。

表 2-10　　各种复合材料耐老化性能实验数据

复合材料样品		聚氨酯复合材料（拉挤成型工艺）		聚氨酯复合材料（缠绕成型工艺）		乙烯基树脂复合材料	
初始弯曲强度（MPa）		1087.2		487.8		326.1	
初始弯曲模量（MPa）		52 777.4	剩余率（%）	19 508.5	剩余率（%）	18 307.6	剩余率（%）
恒温老化测试（60℃/93%相对湿度）	1d	54 310.3	102.9	19 484.3	99.9	17 992.0	98.3
	3d	53 249.7	100.9	19 103.9	97.9	17 770.6	97.1
	6d	53 661.7	101.7	19 272.7	98.8	17 804.6	97.3
	14d	53 646.7	101.6	19 145.8	98.1	17 759.0	97.0
	21d	53 775.3	101.9	19 099.1	97.9	17 721.6	96.8
	28d	53 743.5	101.8	19 881.2	101.9		
交变湿热老化测试（60℃/93%相对湿度，12h>25℃/93%相对湿度，12h）	0d	53 586.6		19 508.5		18 315.1	
	1d	55 049.9	102.7	19 981.0	102.4	17 051.4	93.1
	4d	54 833.3	102.3	19 674.0	100.8	16 683.0	91.1
	7d	55 499.4	103.6	19 771.6	101.3	16 656.5	91.0
	14d	54 714.0	102.1	19 786.2	101.4	17 064.1	93.2
	21d	55 065.9	102.8	19 499.5	100.0	16 911.7	92.4
	28d	55 304.1	103.2	19 778.2	101.4		

注　d 为天，数据由国外某树脂厂家提供。

4. 耐化学腐蚀性能

聚合物基复合材料在化学介质（酸、碱、盐、有机化学溶剂等）环境中使用，性能会受到显著影响。与湿热老化对复合材料的作用相比，酸、碱、盐对复合材料的作用要强烈得多，表现为使复合材料受腐蚀的程度高、速度快。化学介质对复合材料的作用除向材料内部扩散、渗透引起聚合物基体溶胀增塑外，还主要体现在与复合材料各组分发生化学反应导致材料结构、性能的破坏。目前研究复合材料化学侵蚀的加速试验方法主要有盐雾老化、酸雾老化、海水浸泡、碱液腐蚀、周期浸润、周期喷雾等。表2-11所示为聚氨酯复合材料与通用乙烯基树脂耐酸、碱、盐腐蚀性能的实验数据对比，可以看出聚氨酯复合材料的耐化学腐蚀能力要高于通用乙烯基树脂复合材料。高温下的耐强酸、盐腐蚀性能优异，完全达到标准；在高温下的耐强碱性能稍逊，但在输电杆塔的实际应用中高温强碱环境极少。

表2-11　复合材料耐化学腐蚀性能实验数据

复合材料样品			聚氨酯复合材料（拉挤成型工艺）		聚氨酯复合材料（缠绕成型工艺）		乙烯基树脂复合材料	
初始弯曲模量（MPa）			52 686.0	剩余率（%）	19 508.5	剩余率（%）	18 307.6	剩余率（%）
耐酸性	80℃ 5%HCl	1d	53 362.2	101.3	18 068.2	92.6	15 807.0	86.3
		4d	54 220.0	102.9	17 563.1	90.0	15 182.1	82.9
		7d	54 573.5	103.6	17 490.8	89.7	15 289.2	83.5
		14d	53 623.4	101.8	17 216.6	88.3	15 156.1	82.8
		21d	53 016.3	100.6	17 346.9	88.9	14 844.3	81.1
		28d	52 957.3	100.5	17 174.1	88.0	14 862.9	81.2
耐碱性	80℃ 10%NaOH	0d	52 208.7		19 502.83		18 289.11	
		1d	52 612.5	100.8	16 460.39	84.4	7187.62	39.3
		4d	52 254.6	100.1	15 202.18	77.9		
		7d	50 715.8	97.1	12 643.69	64.8		
		14d	42 710.1	81.8				
		21d	34 606.3	66.3				
		28d	31 108.9	59.6				
耐盐性	80℃饱和 Na_2CO_3	0d	53 104.1		19 497.79		18 318.56	
		1d	53 682.3	101.1	17 684.5	90.7	14 508.3	79.2
		4d	54 397.0	102.4	17 376.7	89.1	13 751.5	75.1
		7d	54 992.7	103.6	17 262.5	88.5	13 892.4	75.9
		14d	54 250.1	102.2	17 441.9	89.4	13 540.1	74.0
		21d	53 794.3	101.3	17 265.2	88.5	13 359.1	73.0
		28d	53 685.5	101.1	17 027.1	87.3		

注　d为天，数据由国外某树脂厂家提供。

5. 耐紫外老化性能

聚合物基复合材料在大气环境中使用，除受到温度、湿度协同作用和化学介质的侵蚀作用外，还主要受到紫外辐射、降水、氧和臭氧、温度、微生物等的作用，统称为复合材料的大气老化。从某种意义上来说，大气老化是湿热老化、化学侵蚀、紫外老化、热氧老化和微生物降解的综合。目前，对聚合物基复合材料大气老化的研究主要采用人工气候加速老化试验方法，见表 2–12。

表 2–12　紫外老化试验

试样	聚氨酯复合材料	
弹性模量（MPa）	57 614.4	剩余率（%）
1d	57 840.5	100.4
4d	56 827.6	98.6
7d	57 312.6	99.5
14d	57 463.2	99.7
21d	57 080.5	99.1
28d	56 756.2	98.5

注　d 为天，数据由国外某树脂厂家提供。

2.5　复合材料杆塔的设计

架空线路高发率的雷闪和污闪跳闸长期困扰着线路运行管理工作者。随着复合材料研发水平和生产工艺的发展，玻璃纤维增强树脂基类复合材料具有强度质量比高、耐腐蚀性以及绝缘性能好等优点，已在 10～220kV 的架空线路中应用。我国已在雷电活动强烈、污秽严重地区的架空线路中应用复合材料绝缘杆塔，以提高相对地爬电距离和空气间隙距离，从而降低污秽闪络和雷电闪络跳闸率。我国也在沿海盐雾腐蚀地区、高海拔环境恶劣地区的架空线路中应用复合材料杆塔，以提高输电杆塔应对恶劣环境的能力，提高线路运行的年限。我国在沿海台风频发地区、交通不便的山区，以及抗洪抢险工程中应用复合材料杆塔，以其质量轻、强度高的特点提高杆塔的抗自然灾害的能力，提高运维抢修速度，降低施工安装成本。可见，复合材料杆塔在输电线路中不仅要作为结构件承载各种作用力，也要起到绝缘防雷的作用。

2.5.1 电气结构设计

从电气角度来说，复合材料杆塔的绝缘配合设计，应在工频电压、操作过电压和雷电过电压三种电压作用下可靠地运行。对于 110kV 及以上电压等级架空线路，杆塔电气绝缘由工频电压作用下的爬电距离要求和雷电过电压作用下的空气间隙距离要求决定，操作过电压下的绝缘要求不起控制作用。

复合材料虽然是绝缘性材料，但是其有效爬电距离没有充足的试验数据作为支撑，复合材料杆塔绝缘设计时暂不考虑复合材料提供的爬电距离，仍采用陶瓷、玻璃及硅橡胶材料设计爬电距离。爬电距离依照规程按工频电压的泄漏距离要求来确定。

复合材料杆塔的绝缘爬电距离按照 GB 50061《66kV 及以下架空电力线路设计规范》、GB 50545《110kV～750kV 架空输电线路设计规范》和 DL/T 620—1997《交流电气装置的过电压保护和绝缘配合》中的要求进行，设计可采用爬电比距法，也可采用污耐压法选择合适的绝缘爬距。

在海拔不超过 1000m 的地区，在相应风偏条件下，复合材料杆塔带电部分与杆塔构件接地部分的最小空气间隙应符合表 2-13 的规定。

表 2-13　10～500kV 带电部分与杆塔构件接地部分的最小空气间隙　（单位：m）

标称电压（kV）	10	35	66	110	220	330	500	
工频电压	—	0.10	0.20	0.25	0.55	0.90	1.20	1.30
操作过电压	0.5×最大风速（不低于 15m/s）	0.25	0.50	0.70	1.45	1.95	2.50	2.70
雷电过电压	0.10	0.45	0.65	1.00	1.90	2.30	3.30	3.30
带电作业	0.40	0.60	0.70	1.00	1.80	2.2	3.2	

注 1. 按运行电压情况校验间隙时风速采用基本风速修正至相应导线平均高度处的值及相应气温。
2. 校验带电作业的间隙时，应采用下列计算条件：气温+15℃，风速10m/s。
3. 带电作业时对操作人员需要停留工作的部位，还应考虑人体活动范围0.5m。
4. 500kV 空气间隙栏，左侧数据适合于海拔不超过500m 地区；右侧是用于超过500m 但不超过1000m 的地区。

海拔不超过 1000m 的地区，复合材料杆塔在塔头结构布置时，相间操作过电压相间最小间隙和档距中考虑导线风偏工频电压和操作过电压相间最小空气间隙，110kV 及以上电压等级不宜小于表 2-14 所列数值，66kV 及以下可结合运行经验确定。

表 2－14　工频电压、操作过电压相间最小空气间隙　（单位：m）

标称电压（kV）		110	220	330	500
工频电压		0.50	0.90	1.60	2.20
操作过电压	塔头	1.20	2.40	3.40	5.20
	档距中	1.10	2.10	3.00	4.60

如果复合材料杆塔采用悬垂绝缘子串，需考虑悬垂绝缘子串风偏后不会对地电位构件异常放电。如果采用绝缘横担取消悬垂绝缘子串，导线仅通过线夹与横担挂点相连，无需考虑悬垂绝缘子串的风偏影响。对接地引下线的外过间隙需要考虑在正常运行电压、操作过电压、雷电过电压和带电检修四种条件下满足规程要求作为最小间隙控制。

地线按有地线和无地线两种情况考虑。无地线杆塔无需接地，有地线杆塔宜逐基接地，对雷电活动不频繁、运行经验丰富的地区可以不接地。

防雷保护角、地线与导线和相邻导线间的水平偏移、档距中央导地线之间距离和最小线间距离按照 GB 50061《66kV 及以下架空电力线路设计规范》和 GB 50545《110kV～750kV 架空输电线路设计规范》进行。

2.5.2　力学结构设计

2.5.2.1　复合材料结构设计的特点

复合材料杆塔的设计较木质杆和混凝土杆复杂，一般应满足强度、抗变形、抗剪、抗疲劳等综合力学性能要求。变形量大小决定于复合材料中纤维方向和纤维用量的大小，而强度则通过纵向纤维满足抗弯曲荷载和抗压屈曲失稳的要求，抗剪性能通过以一定倾斜角度进行缠绕的纤维来满足，抗疲劳性能可以通过减小内应力和纤维之间的相互作用来实现。

从结构的角度来讲，复合材料杆塔的承载能力主要由结构刚度决定，而不由结构强度决定。因此，增强纤维的缠绕角度对杆的刚度影响较大，杆体的刚度由占 80%的纵向纤维提供。横担、拉线、金具等附件增大了结构荷载，在杆内产生较大的纵向压力。因此，应增加斜向的纤维以满足抗压屈曲失稳的要求。

复合材料具有一系列令人瞩目的优点。但作为结构材料，其弹性模量较低，剪切强度和层间强度也偏低，因此，在进行结构设计时，必须遵循“扬长避短”的原则，以充分发挥基体材料和增强材料所特有的性能。设计时要遵循以下的原则：

（1）在使用复合材料时，由于材料性能设计与结构设计是同时进行的，必须严格进行设计才能充分利用复合材料特性。对于金属材料，只要将预先制成的市售材料经过加工，就可以制得所需的构件，在设计金属结构时只需按要求合理地选择定型化的标准材料。而复合材料的构件，是用树脂基体材料和增强材料经过一次性加工而制成的，因此它具有自身的原材料系统。

复合材料的这一特点使其设计工作获得了更大的自由度。如：① 在保证不损害结构物性能的前提下，尽量减轻结构质量，如采用空心结构，在电力工程中，质量轻可以减少支撑件的投资。② 大型结构物最大的问题是刚性不足，单纯增加板的厚度可弥补，但这不是一个经济合理的方法，应考虑制成骨架等较复杂的结构形式，在制作骨架时有必要与结构考虑成整体，对附有刚性大的肋，要考虑避免因刚度突变而容易产生的局部损伤，因此在刚度突变处要使其缓慢过渡或在其背面加一小的防挠材。③ 厚度可以按需要任意变动，不受成型材料规格的限制，它可以在应力大的部位局部增加厚度，使制品达到等强度。但厚度不能突然变化，否则会发生刚度突变使树脂过多或过少而影响强度。局部改变厚度应平滑过渡，厚度变化最好限制在 50%以下。

（2）复合材料是各向异性的非均质材料，设计时可以充分利用这一特点，经过恰当的安排，制成在强度和刚度上都比较合理的构件。另外，在设计思想、设计准则、计算方法和试验方法方面，都不能沿袭对各向同性材料已经确定的设计体系。只要设计合理，运用得当，就可以更好地发挥出复合材料的特长，并获得各种性能的复合材料制品，使复合材料不断开拓出崭新的应用领域。

（3）技术的综合性。复合材料结构从原材料选择直至产品的形成，是在同一个工艺流程中完成的，因此在技术上更具有综合性。材料设计、结构设计、工艺设计，应当统一在一个设计方案中。复合材料结构设计，必须考虑工艺的可实现性与合理性，目前虽然已经建立起一定数量的增强材料和基体材料标准，但在工艺流程中制成复合材料时，其性能仍然千差万别，因此复合材料的材料试验对于结构设计显得格外重要，通过宏观试验来获得设计参数，是复合材料结构设计的重要步骤，而且，在结构形成之后仍需要进行结构试验，有些还需要逐个进行试验。

（4）性能的可设计性。复合材料结构的多层次性，为设计工作提供了更大的自由度。正确地运用性能可设计性，能达到理想的结构设计，而理想的结构将体现出安全和经济的统一。如应使制品尽可能设计成一个整体，这是因为连接点一般是结构的薄弱点，也是费料的所在，利用复合材料的易成型性可以把大量的部件作为一个组合的整体成型，省工、省料并保证质量，这是复合材料的显著特点之一。从结构形状考虑，复合材料有能成型复杂曲面的特点，如可以成型外形复杂的绝缘罩、多伞裙的绝缘件等。

（5）复合观念的必要性。复合材料既然是在微观层次和宏观层次上的复合物质，人们在设计时需要兼顾微观力学和宏观力学，同时也可以运用非均质力学方法，尽可能详细描述各相中的真实应力场和应变场，以预测复合材料的宏观力学性能。合理地选用各种原材料，以用其所长，避其所短。使所设计的产品符合各种性能要求。所谓“复合观念”，就是“因材施用”“物尽其用”的观念。这个观念应当充分体现于复合材料的设计工作之中。如在电力工程中，产品越来越趋向于刚性和韧性的统一，可以采用多种组合材料达到此目的；如发电机定子线圈端部固定件所采用的材料大多数为热态高强度环氧玻璃层压板，满足绝缘、高强和耐热的要求。

（6）强度极限。必须清楚了解产品的使用条件、荷载条件和使用期限等，并要求确保结构的安全性和可靠性。复合材料的强度极限并不像定型化的标准那样，有明确的数据或狭窄的数据范围。习惯上，可参照两种标准来定义强度极限：① 以材料的破坏强度为标准；② 以结构的刚度为标准。强度极限最好通过试验获得，通常应在相同的作用环境条件下进行试验。

（7）安全系数。目前，仍需要借鉴传统材料的规范和经验。当按各向同性材料的计算公式和静态特性考虑时，强度用的安全系数 k 值建议参考下列数据：

正常情况　$k=2$

短期静荷　$k=2\sim3$

长期静荷　$k=4$

交变荷载　$k=4\sim6$（随循环特征、频率和振幅而异）

重复冲击荷载　$k=10$

由于复合材料的弹性模量较小，刚度安全系数应当尽可能小，以免构件过重。正因弹性模量比金属低很多，所以对于复杂的大型结构物，常常要设法防止过大的变形。另外还应注意材料性能的离散性。

（8）材料置换原则。在设计新的复合材料制品时，由于是新的设计，所以制品的形状、尺寸等可根据复合材料的特点进行设计，但在把常规材料的制品用复合材料取代时，不改变形状尺寸，完全按照原来形状置换成复合材料往往会出问题。用复合材料置换其他材料时，一般有等强度置换和等刚度置换。所谓等强度置换是指构件用复合材料制作后，其强度与原来相当。而等刚度置换是指置换前后，构件具有同样大小的刚度。由于复合材料具有强度高、模量低的特点，所以当满足等刚度条件时，强度就富裕。

（9）角隅要和顺。弯角部位应采取较大的半径，以避免形成锐角。曲率半径最好为板厚的 2 倍以上，最小也应与板厚相同。半径越大，越容易成型，特别是在使用玻璃纤维的情况下，若半径小则玻璃纤维易折断，造成强度不连续，这一点必须引起注意。在电力工程中，经常采用复合材料包封导电性的材料，被包封件（如铜头、嵌件等）也要尽量采取较大的曲率半径，以免造成复合材料因内应力大而出现开裂现象。

（10）尺寸公差。复合材料制品的尺寸要求一般比金属材料高，这是因为树脂类复合材料没有屈服点，不像金属制品那样，可以利用塑性变形来校型。在电力工程中产品都不是独立使用的，而是与其他配套安装使用的，安装尺寸是一项重要参数，所以要经过材料成型试验，测出复合材料按设计的工艺成型时的收缩率，再进行产品尺寸的设计。

（11）合理设计模具。复合材料制品与常规材料相比，其不同之处是材料和结构可以一次成型。从一个模具可成型许多个制品，因而即使把模具制成复杂的形状，制品的单价也不高。另外，用金属材料制造零件时，做成曲面或变截面要增加很多工时，但复合材料却能做成各种形状。要有效地利用复合材料能成型复杂形状的自由度，但要避免形成富树脂区域。结构设计程序：复合材料的结构设计一般是很复杂的。下图绘出了设计程序框图。从上述设计程序可看出：① 各设计环节互相联系、互相影响。② 某一环节发生差错，就需要重新设计；方案论证尤为重要，对于重要产品，应当进行详尽的论证工作，通常需要写出方案论证等技术文件；每个设计环节都要有机地配合，并注意经常与用户协商。

2.5.2.2　复合材料杆塔设计

1. 设计要求

复合材料杆塔的结构设计要求基本与金属杆塔结构相同，在满足相关规范的前提下，还应考虑下列各项要求，必要时需进行力学真型测试。

（1）复合材料杆塔设计时应注意复合材料在性能、失效模式、耐久性、制造工艺、质量控制等方面与金属材料有较大差异，都应保证结构在使用载荷下有足够的强度和刚度，在设计荷载下安全裕度应大于零。

（2）复合材料无屈服极限，在确定复合材料结构设计许用值时，必须考虑环境对材料性能影响，一般不直接采用无损试样得到的极限破坏强度。

（3）复合材料结构的安全水平，不能低于同类金属结构。

（4）应尽量将复合材料结构设计成整体件，并采用共固化或二次固化、二次胶接技术，以利减重和提高产品质量，但应注意共固化引起的结构畸变和胶接质量问题。

2. 设计方法

杆塔结构设计采用以概率理论为基础的极限状态设计方法，结构的极限状态是指结构或构件在规定的各种荷载组合作用下或在各种变形或裂缝的限值条件下，满足线路安全的临界状态。极限状态分为承载力极限状态和正常使用极限状态。

（1）承载力极限状态。结构或构件的强度、稳定和连接强度，应按承载力极限状态的要求，按荷载效应的基本组合进行荷载组合，并应采用下列设计表达式进行设计

$$\gamma_0 S \leqslant R \tag{2-1}$$

式中 γ_0——结构重要性系数；

S——荷载效应组合的设计值；

R——结构构件抗力的设计值。

对于基本组合，荷载效应组合的设计值 S 按下列设计表达式进行设计

$$S = \gamma_G C_G G_K + \psi \sum \gamma_{Qi} C_{Qi} Q_{iK} \tag{2-2}$$

式中 γ_G——永久荷载分项系数，对结构受力有利时，取 1.0，不利时取 1.2；

γ_{Qi}——第 i 项可变荷载的分项系数，应取 1.4；

G_K——永久荷载标准值；

Q_{iK}——第 i 项可变荷载标准值；

ψ——可变荷载组合系数，正常工况取 1.0，断线工况和安装工况取 0.9，验算工况取 0.75。

（2）正常使用极限状态。结构或构件的变形或裂缝，应按正常使用极限状态的要求，采用荷载的标准组合

$$C_G G_K + \psi \sum C_{Qi} Q_{iK} \leqslant \delta \tag{2-3}$$

式中 δ——结构或构件的裂缝宽度或变形的规定限制值，mm。

（3）CAE 有限元仿真技术。复合材料属于各向异性材料，传统杆塔设计工具无法准确地进行设计计算，可以借助有限软件进行设计。在现代工程制造领域中，计算机辅助工程（computer aided engineering，CAE）数字化虚拟技术已成为关键的核心技术。采用该技术可以模拟产品工作状态的边界和载荷条件，分析构件的内部剪切应力分布共性规律，通过计算和分析方法，编制参数化结构设计程序。建立科学准确的模型，并掌握在载荷作用下的缺陷、损伤状态、各项应力分布规律，使实物的形状、特征、边界条件及载荷情况的计算结果真实可靠。同时利用理论计算来确定工艺参数，指导工艺过程，为制品的使用安全和制造工艺提供设计理论依据。

以研制的 110kV 同塔双回复合材料塔头为例。如图 2-22 所示，在产品设计工作中建立 110kV 终端杆塔塔头的有限元分析模型，模拟了终端杆塔塔头及横担在 30m/s，0° 大风工况下的受力情况。该塔设计使用条件为：① 水平档距：125m；② 垂直档距：150m；③ 呼高：24m；④ 导线型号：LGJ-400/35；⑤ 地线型号：LBJ-150；⑥ 最大覆冰厚度：5mm；⑦ 最大风速：30m/s。

基于上述设计方案，进行杆塔产品的试制，并在中国电力科学研究院良乡试验基地进行了力学真型试验。实验结果数据与计算数据对比，两者相对误差小，如图 2-23 和图 2-24 所示。塔头位移计算值与实验值误差范围为 0.04%～7.8%，横担位移计算值与实验值误差范围为 0.13%～7.44%。塔身应力计算误差范围为 2～3MPa，横担应力计算误差范围为 2%～10%，达到设计预期，也验证了建立的有限元模型能够很好地模拟复合材料杆塔的力学行为。

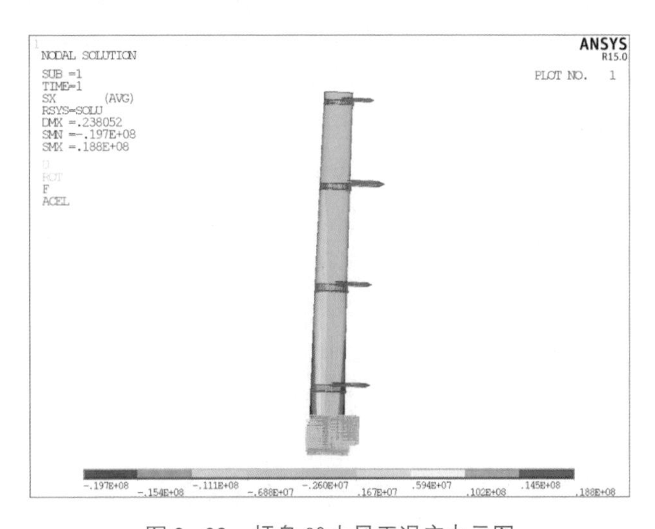

图 2-22　杆身 0° 大风工况应力云图

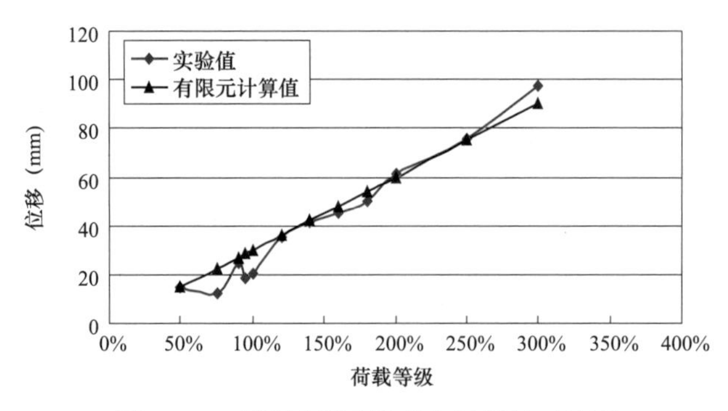

图 2–23　横担位移实验值与计算值对比图

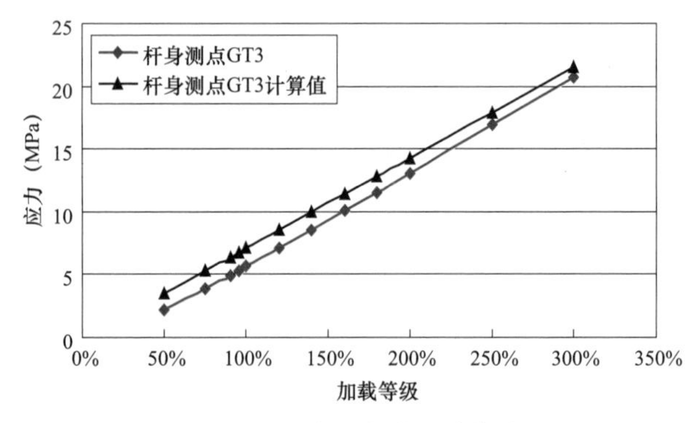

图 2–24　杆身测点应力值与计算值对比图

（4）杆塔轻量化优化设计。通过参数化建模，可以实现结构的优化设计，这是一种确定结构最优设计方案的技术。所谓最优设计，指的是一种方案可以满足所有的设计要求，并且所需的支出（如质量、体积、应力、费用等）最合理。优化算法的种类很多，其中零阶方法是一个很完善的处理方法，可以有效地处理大多数工程问题。以一个分三段的复合材料杆塔为例，其设计变量包括底径 D，各段锥度 θ_1、θ_2、θ_3，各段壁厚 t_1、t_2、t_3，共 7 个变量。此外还要引入状态变量，即约束设计的数值，如应力 σ 小于设计强度，位移 u 小于挠度限值。通过计算机程序不断地迭代计算，寻找一组最优的设计序列，即当设计变量取特定的数值时，既满足设计要求同时目标函数杆塔质量最轻。

以某一试点应用的 110kV 复合材料杆塔为例，通过优化设计计算得到了一系列设计序列，如图 2–25 所示。根据设计序列可以找到当采用尺寸 4 时，杆塔满足设计要求且质量最轻，可见采用这种优化算法能够极大地降低研发成本。

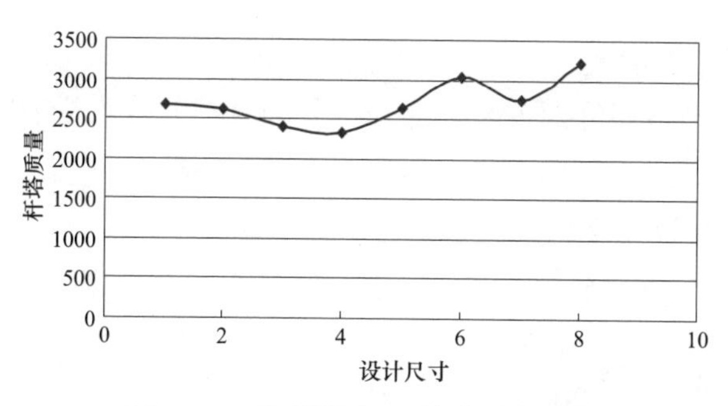

图 2-25　杆塔设计尺寸与杆身质量图

3. 杆塔材料

复合材料的材料参数跟基体材料、成型工艺、铺层等均有关系。材料参数可以按照单层材料性能进行铺层设计得到构件材料参数，也可综合试样和构件的测试数据进行选取，最后通过力学真型试验进行验证，如果不一致进行校核和修正。表 2-15 为某配电网复合材料杆塔的测试数据，根据测试数据计算出杆塔的极限应力和弹性模量，从而验算是否满足线路使用要求。

表 2-15　配电网复合材料杆塔力学参数

报告编号	CEPRI－JS1－2017－T104－02	CEPRI－JS1－2017－T104－01
样品型号	ϕ190×12×P×FH	ϕ190×15×P×FH
杆长（m）	12	15
梢部壁厚（mm）	12（+2.5～+0.5）	13（+2.0～+1.0）
根部壁厚（mm）	8（+2.0～+1.0）	8（+2.5～+1.5）
梢部内径（mm）	163	160
根部内径（mm）	333	370
挠度（mm）	1330（87.75kN·m）	1951（110.25kN·m）
极限弯矩（kN·m）	201.83	264.60
根部固定长度（mm）	2000	2500
加载力臂长（m）	9.75	12.25
最大应力（MPa）	272.13	278.73
反算弹模值（GPa）	25	25

以 12m 配电网复合材料杆塔为例，经分析，配电网杆塔在 90° 大风工况下

受力最大，即杆塔的承载力工况为 90°大风工况。90°大风工况挂点荷载设计值为 2856N。杆塔埋设深度为 1.9m，根部弯矩设计值计算点位于距地面以下杆塔埋深 1/3 处。

杆塔底部弯矩设计值计算

$M=2856\times(0.35+0.65+9.1+1.9/3)+2856\times(0.65+9.1+1.9/3)\times2+$

$968\times(0.190+0.325)/2\times10.1\times[(0.190+2\times0.325)/$

$(3\times0.190+3\times0.325)\times10.1+1.9/3]=105\,383$（N·m）=105.38（kN·m）

经计算杆塔底部弯矩设计值为 105.38kN·m，标准值为 75.27kN·m。12m 杆塔的抗弯强度在设计条件内，满足要求。

复合材料没有屈服极限，进行强度设计时一般采用安全系数法。复合材料的强度设计值根据材料的强度按照下式计算所得

$$f=\frac{\sigma_b}{n} \tag{2-4}$$

式中 f ——复合材料的强度设计值；

σ_b ——复合材料的破坏强度可根据试验测得，参照相关标准；

n ——安全系数。

复合材料杆塔连接部件采用金属材料，钢材材质采用 GB/T 700《碳素结构钢》中规定的 Q235 系列、GB/T 1591《低合金高强度结构钢》中规定的 Q345 系列。按实际使用条件确定钢材级别。

螺栓和螺母的材质及其特性应分别符合 GB/T 3098.1—2010《紧固件机械性能 螺栓、螺钉和螺柱》和 GB/T 3098.2—2015《紧固件机械性能 螺母》的规定。

4. 荷载统计

复合材料杆塔的荷载统计跟钢质杆塔一样，按照规程进行，见表 2-16～表 2-19。

表 2-16　导线型号及张力

电压等级	35kV	导线型号	LGJ-240/30	导线最大使用张力（N）	28 732	导线不平衡张力取值（%）	50
		地线型号	GJ-50	地线最大使用张力（N）	18 350	地线不平衡张力取值（%）	50

表2–17　　使用条件

使用条件	水平档距（m）	垂直档距（m）	代表档距（m）	转角度数（°）	计算高度（m）	档距系数 K_V
数值	300	450	250	0	29.266	0.80

表2–18　　荷重表　　（单位：N）

项目			正常运行情况			事故情况		安装情况	不均匀冰	长期
			基本风速	覆冰	最低气温	未断线	断线			
气象条件（T/V/B）			−5/25.00/0	−5/10.00/10	−20/0.00/0	−20/0.00/0	−20/0.00/0	−10/10.00/0	−20/10.00/5	5/5.00/0
水平荷载	导线		2367	936	0	0	0	446	711	111
	绝缘子及金具		109	18	0	0	0	18	18	4
	跳线串									
	地线		1076	878	0	0	0	203	653	51
垂直荷载	导线		4063	8006	4063	4063	4063	4063	5723	4063
	绝缘子及金具		648	745	648	648	648	648	697	648
	跳线串									
	地线		1930	6447	1930	1930	1930	1930	4317	1930
张力	导线	一侧	22 502	28 572	22 204	14 286	0	22 335		17 557
		另一侧	22 502	28 572	22 204	14 286	14 286	22 335		17 557
		张力差	0	0	0	0	14 286	0	0	0
	地线	一侧	14 634	21 737	14 753	9031	0	14 793		12 736
		另一侧	14 634	21 737	14 753	9031	9031	14 793		12 736
		张力差	0	0	0	0	9031	0	0	0

表2–19　　杆塔风荷载表

V（m/s）	μ_s，风压体型系数	μ_z，风压高度变化系数	β_z风荷载调整系数	ω_0，基本风压（kN/m²）	风压（N/m²）
25	0.9	1.25	1.25	0.391	549
10	0.9	1.25	1.25	0.063	88
5	0.9	1.25	1.25	0.016	22

5. 结构计算

杆塔截面为圆形，受力比较均匀，避免了应力集中现象。复合材料的可设计性很强，理论上可以将底径、锥度、壁厚作为设计变量，将应力和位移作为约束条件，进行不断的迭代计算，设计出质量最轻的杆塔。实际上复合材料杆塔是依托缠绕模具进行设计，对杆塔的壁厚进行设计，从而满足规定的应力安全系数、稳定安全系数和挠度限制。

建立复合材料杆塔有限元模型，施加荷载，计算出杆塔的最大应力、最大挠度及稳定安全系数，参照规程，是否满足规程要求，若不满足规程要求，继续进行优化。复合材料杆塔的有限元模型、应力云图及稳定性分析云图示例如图 2-26～图 2-28 所示。

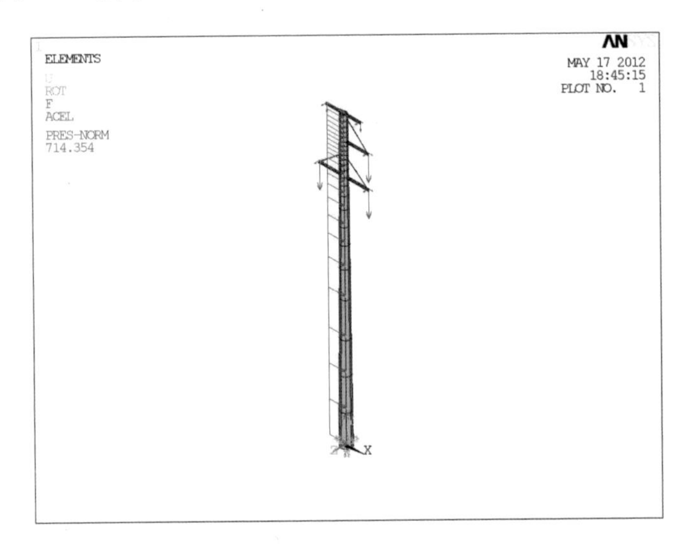

图 2-26　复合材料杆塔有限元模型图

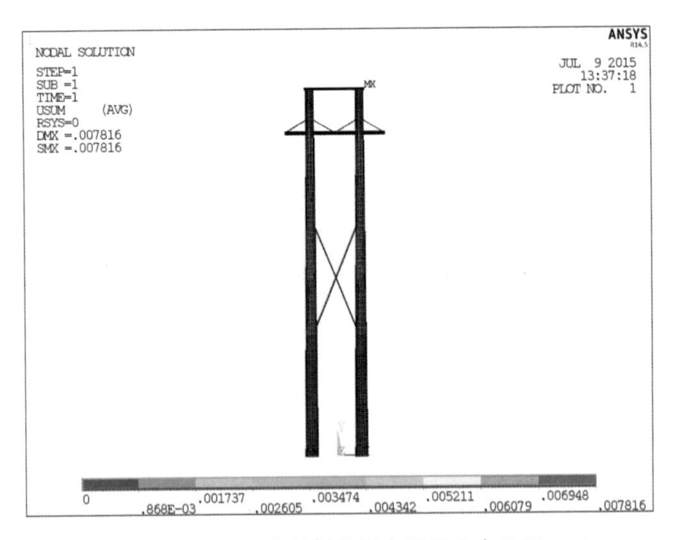

图 2-27　复合材料杆塔有限元应力云图

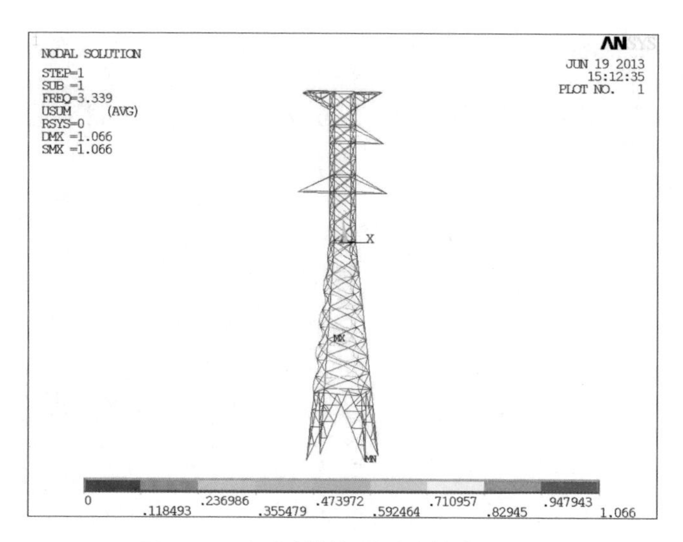

图 2-28　复合材料杆塔稳定性分析云图

复合材料杆塔轻型化设计应从材料、生产工艺、结构优化、节点连接等方面考虑。复合材料杆塔结构优化设计应对截面进行自动优选，以求得重量最小、用料最省或造价最低的设计方案。

以配电网复合材料杆塔设计为例，复合材料杆塔采用小角度缠绕工艺制备而成，模具尺寸为 163mm（梢部外径）×12 000mm（长度）×333mm（底部外径）。小角度缠绕工艺弯曲强度可达到 250MPa 以上。

杆塔经荷载统计及受力计算要求，杆塔标准检验弯矩不小于 75.27kN·m，承载力检验弯矩不小于 150.54kN·m，承载力检验弯矩与标准检验弯矩的比值为 2.0。

假设杆塔底部缠绕厚度为 9.0mm，由于杆件是带锥度的，缠绕后的制品梢部厚度会大于 9.0mm，根据计算梢部厚度约为 17.09mm。杆塔的设计图如图 2-29 所示。

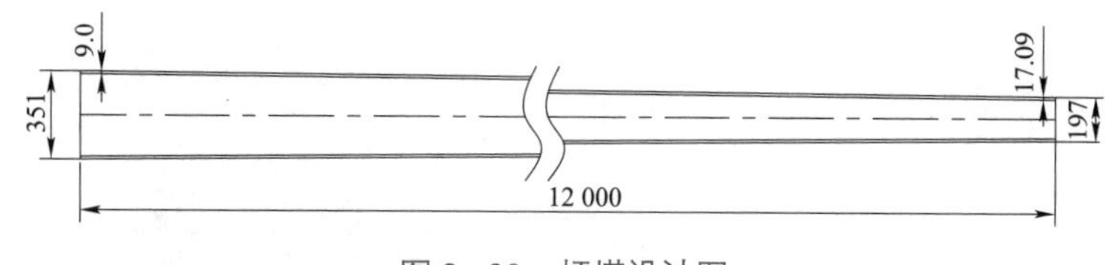

图 2-29　杆塔设计图

根部弯矩计算点位于距地面以下杆塔埋深 1/3 处，计算位置的杆件外径为 334.74mm，壁厚为 9.84mm。

计算位置的惯性矩

$$I_y = \frac{3.14}{64}[334.74^4 - (334.74 - 2\times 9.84)^4] = 132\,581\,238\ (\text{mm}^4) \quad (2-5)$$

计算位置的弯曲应力

$$\sigma = \frac{My_{\max}}{I_y} = \frac{150.54\times 10^6 \times 334.74/2}{132\,581\,238} = 190.0\ (\text{MPa}) \quad (2-6)$$

强度安全系数为 250/190.0=1.32，强度满足要求。

6. 工装设计

复合材料杆塔节点连接设计应在确保安全可靠的前提下，减轻节点连接的重量。低电压等级杆塔的杆身宜采用整节，避免节点连接增加重量。复合材料杆塔杆身连接宜采用钢套筒法兰型式、插接型式、桁架型式。桁架型式杆塔宜采用全复合连接。

杆身采用钢套筒法兰连接的复合材料杆塔钢套筒法兰的深度，锥形防拔法兰不得小于复合材料构件套入段的最大外径的 1.0 倍，柱形法兰不得小于复合材料构件套入段的最大外径的 1.0 倍，复合材料杆身和法兰间以固体胶黏接。复合材料杆塔在应力集中部位（如连接部位、抱箍部位、法兰部位等）应补强，结构示意图如图 2-30 所示。

复合材料杆塔插接结构与钢管杆类似，插接方式相同，插接深度可参考钢管杆的要求，复合材料杆塔插接部位应设置补强，防止纵向和横向强度不等，导致环向开裂。由于复合材料杆塔截面为圆形，为了防止扭转，插接部位杆身根部管壁上都开有对穿的圆孔。圆孔在出厂时可完成加工，施工时待插接到位后，安装螺杆防止扭转，插接结构示意图如图 2-31、图 2-32 所示。

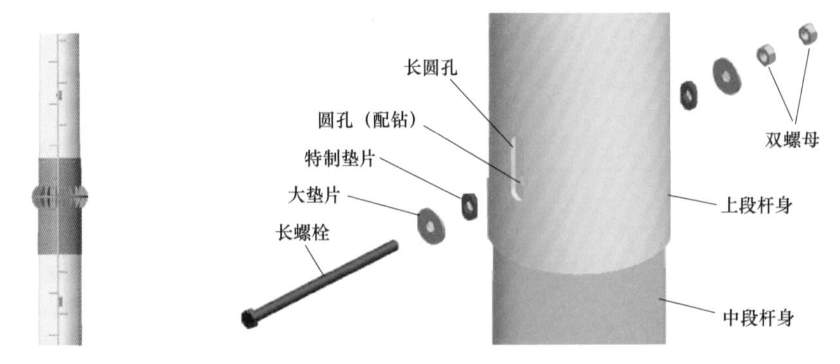

图 2-30　复合材料杆塔法兰式连接

图 2-31　插接结构示意图

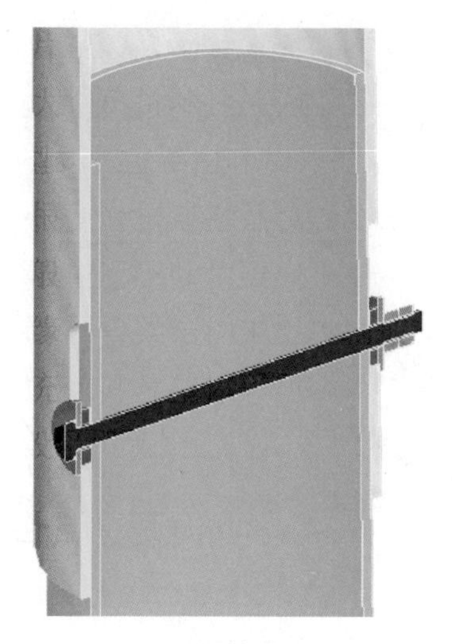

图 2–32　插接结构剖面图

复合材料桁架塔采用复合材料型材拼接而成，型材尽量使用闭合截面，节点开孔处需做好加强处理。复合材料桁架塔可以设计成由多个基本结构单元格拼接而成，图 2–33 所示即为一个典型的基本结构单元格。采用该种结构，各受力杆件之间形成一个稳定的三角结构，以解决复合材料弹性模量低易变形屈曲的问题。

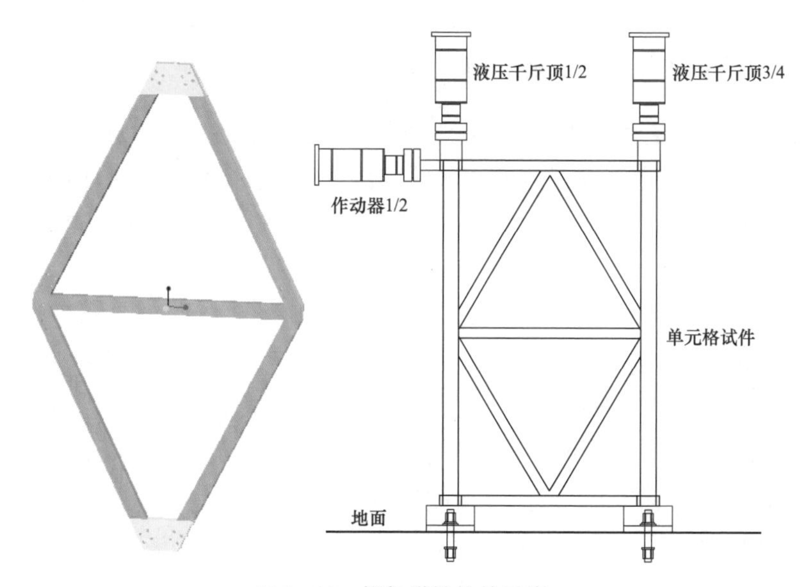

图 2–33　桁架塔结构单元格

节点处采用复合材料夹板连接，以组成 K 形节点，如图 2–34 所示，复合材料螺栓孔连接应避免单板连接，否则会形成较严重的应力集中。节点连接可通过内外夹板的形式连接固定，采用双板连接结构较稳定。

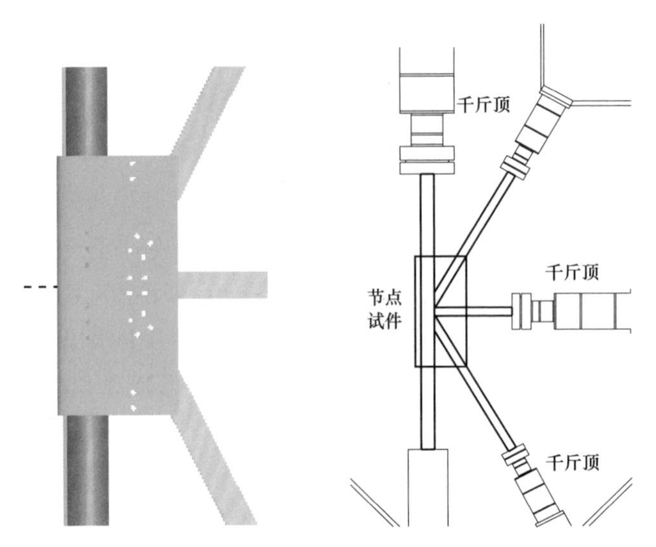

图 2－34　桁架输电塔中 K 形连接节点

2.5.3　防雷接地

2.5.3.1　10kV 复合材料杆塔的防雷措施

我国 10kV 架空线路绝大多数无避雷线保护，绝缘水平较低，容易遭受雷击。对 10kV 架空线路的绝缘形成威胁的雷过电压有两种：① 直击雷过电压：雷击于线路引起的直击雷过电压；② 感应雷过电压：由于电磁感应所引起的感应雷过电压。

10kV 架空配电线路的高度一般不大于 15m，受到大地以及线路周围树木和建筑的屏蔽，导线直接遭受雷电直击的概率并不大，大多数雷击故障是由感应雷造成，提高线路对感应雷的抵御能力是改善其防雷性能的关键。配电网雷害的主要原因是感应过电压，经实测，过电压峰值最大可达 300～400kV，对 35kV 及以下钢筋混凝土杆线路易造成绝缘闪络。

10kV 配电网线路雷击防护的主要措施有安装传统避雷装置或者使用绝缘导线。安装避雷器的防护原理是利用避雷器电阻片的非线性特性来钳制绝缘子两端的电压，其防护效果较理想，但成本较高，一般用于防护绝缘导线断线这种较严重的故障。感应雷发生概率高，但过电压水平较低，适当提高线路的绝缘水平，可大幅减少线路感应雷闪络次数。

多雷区、雷害严重地区，选用复合材料绝缘杆塔、绝缘横担以及10kV针式复合绝缘子配合。复合材料横担与复合材料杆塔配合使用，进一步加大了雷击闪络路径与雷击闪络电压，提升耐雷水平，达到防雷效果。

以感应雷危害为主的地区：

（1）对于在城镇、市区等屏蔽物较多的主地区，感应雷过电压为主要雷害类型，推荐采用杆塔不接地模型。

（2）当需要考虑可能发生的直击雷时，推荐采用50%放电电压为180kV以上的绝缘子，使绝缘路径转移至空气间隙，并提高顶相与边相间的绝缘强度，同时防止燃弧灼烧复合材料杆塔。

（3）增加横担的长度能够同时提高雷击边相、雷击顶相两种情况的绝缘水平。

以直击雷危害为主的地区建议采用杆塔逐基接地。

2.5.3.2 35kV及以上复合材料杆塔的防雷措施

根据现行的国家规程，复合材料杆塔架空线路的防雷设计，应根据线路电压、负荷性质和系统运行方式，结合当地已有线路的运行经验，地区雷电活动的强弱、地形地貌特点及土壤电阻率高低等情况，在计算耐雷水平后，通过技术经济比较，采用合理的防雷方式。一般情况下，35kV及以下架空输电线路杆塔并不需要架设避雷线，对于35～110kV线路，在年平均雷暴日数少或雷电活动轻微的地区可不架设地线，需在变电站或发电厂的进线段架设1～2km地线，对于220kV及以上线路，应全线架设地线。复合材料杆塔是否架设地线，可以根据地区雷电活动强弱以及区域网架强弱或负荷级别来确定。对于雷电活动不强的地区且网架坚强或负荷级别低的区域，可以不架设避雷线；而对于雷电活动强烈地区且网架薄弱或负荷级别高的区域，应当采取架设避雷线等加强线路防雷性能的措施，以降低线路发生雷击的故障或事故率。

1. 雷电活动弱的地区

对于雷电活动不强的地区且网架坚强或负荷级别低的区域的复合材料杆塔，可以不架设避雷线。因为在网架坚强或负荷级别低的区域，发生线路故障跳闸对电网的冲击较小。而且35kV系统一般中性点不直接接地，发生相对地雷击闪络时不易形成工频续流，雷闪电弧会很快熄灭；加上一般35～110kV架空输电线路杆塔绝缘子多采用玻璃或陶瓷悬垂绝缘子，其防电弧能力较强，所以雷击闪络造成的危害并不大。但是复合材料杆塔有其自身的特殊性——不能承受电弧烧蚀，即发生雷击闪络易使得复合材料杆塔带来不可恢复的损伤而未被发掘，给杆塔强度带来隐患，长时间累积后易发生杆塔事故。

架空输电线路杆塔从本质上来说，有两个作用：一是支撑导线，使相导线与大地绝缘；二是作为地线以及导线对地的能量泄放通道。

因此，针对不架设避雷线的复合材料杆塔线路，根据杆塔自身的特点采取一定的防雷措施为：杆塔横担采用横担绝缘子加金属绝缘线夹，且横担绝缘子设计对应的招弧角（尺寸结构根据防雷试验确定）；塔身使用顺塔引下的接地引下线。

对于这种情况下应用的复合材料杆塔，塔身使用了顺塔引下的接地引下线将塔身短接，复合材料杆塔塔身的绝缘性并未得到充分的利用和开发。因此，这种条件下使用复合材料杆塔只能是将其作为一种结构材料使用，利用其良好的结构性能或性价比优势（密度小、结构简单——运输方便、便于安装，强度高——不宜倒塔，耐腐蚀——运行维护费用低）来取代部分常规架空输电线路杆塔。

2. 雷电活动强的地区

我国一些地理环境特殊的地区，雷害比较严重，并呈逐年增加的趋势，35kV及以下复合材料杆塔与如前所述的其他电压等级复合材料杆塔一样，需利用复合材料塔身的绝缘性，以在不增加线路走廊宽度的前提下提高线路防雷水平。

通过对比复合材料杆塔的三种接地方式——不接地（即每基杆塔均不架设避雷线，且不架设接地引下线）、分段接地（即线路架设避雷线，且一个耐张段内两端的耐张塔架设接地引下线，中间的复合材料杆塔不架设接地引下线）和逐塔接地（即线路架设避雷线，且每基复合材料杆塔架设接地引下线），发现只有采用逐塔接地方式才是复合材料杆塔最安全、最经济的防雷手段，因为这种防雷措施和方式，有利于雷电的“引”和“疏”。

架设避雷线且避雷线逐塔接地引下，这种方式是高压乃至超高压输电线路最基本的防雷措施。其中架设避雷线有以下主要目的：

（1）屏蔽雷直击于导线（引雷）。

（2）分流作用，可以减小流经杆塔入地的雷电流，从而降低塔顶电位（疏导雷电流）。

（3）耦合作用，即通过对导线的耦合作用，可以减小线路绝缘所承受的电压（抑制过电压）。

（4）屏蔽导线上雷电感应过电压的作用（雷击线路附近大地情况）。

在架设避雷线的同时，只有将避雷线逐塔接地引下，才能够使得架设的避雷线更加有效地实现上述作用。而且避雷线逐塔接地引下，能够有效地将雷击塔顶或避雷线上的能量释放至大地，从而大大降低塔顶或避雷线上的雷电过电压，因而增加了线路的耐雷水平。另外，对于一般高度的杆塔，降低杆塔接地电阻是提高线路耐雷水平、降低雷击跳闸率的有效措施，因此避雷线逐塔接地引下可以通过降低杆塔接地电阻来实现塔顶或避雷线上的雷电过电压的进一步抑制，线路的耐雷水平也得到了进一步提高，雷击跳闸率也得到了进一步降低。

然而，对于塔身绝缘的复合材料杆塔，避雷线逐塔经接地引下线接地面临一个新的问题——若接地引下线沿杆身表面竖直引下，将会使得绝缘塔身短接，即塔身绝缘优势失去了作用，这样就无法利用复合材料杆塔塔身的绝缘性对线路防雷性能甚至防污性能进行优化。因此，需合理设计避雷线接地引下方式才能有效地发挥复合材料塔身绝缘性。

由于逐塔接地方式下，还将涉及多种不同的接地引下方式，而各种接地引下方式将会有不同的雷电性能和其他特性，下面对不同接地引下方式的防雷设计方案进行详细讨论：杆体采用复合材料时，对于接地引下线的要求，一是要保持杆体的绝缘性能；二是要为雷电流提供有效的释放通道；三是防止雷击闪络后的工频续流对绝缘子以及复合材料的烧伤。根据以往 110kV 电压等级复合材料杆塔的防雷经验，从空间上讲，同塔双回复合材料杆塔线路有如下三种可选择的防雷接地引下方式。

（1）杆塔线路内侧竖直接地引下方式——地线从杆顶顺线路方向悬空垂直引下沿线路方向内侧悬空垂直引下。

如图 2-35、图 2-36 所示，在地线横担的中心引出一段一定长度 d_1 的沿导线方向的接地引下线上金属横担，在此接地引下线上金属横担的末端竖直引下接地引下线，该接地引下线在下相导线下方一定距离 d_2 通过另一接地引下线下金属横担连接到杆塔上。增加此接地引下线上金属横担和接地引下线下金属横担，可以实现接地引下线与塔头的塔身部分之间隔开了一定的距离 d_1。从防雷的角度来说，此距离 d_1 可以避免导线横担金具对雷电冲击绝缘强度的不利影响，确保了导线对地的最小空气间隙距离由导线对接地引下线的最小距离来决定。

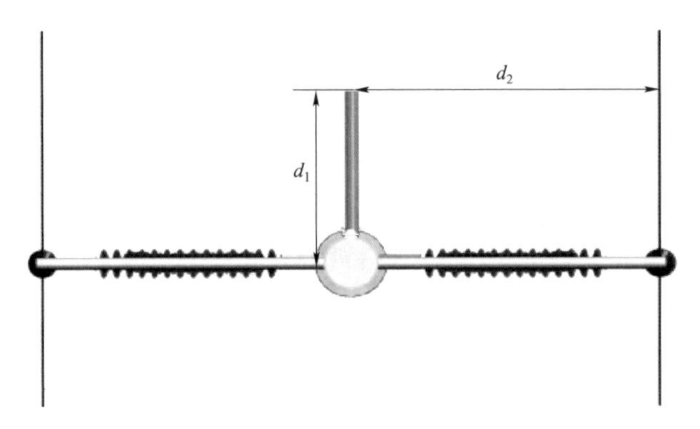

图 2－35　复合材料杆塔采用接地引下线沿线路方向内侧竖直悬垂接地引下方式图

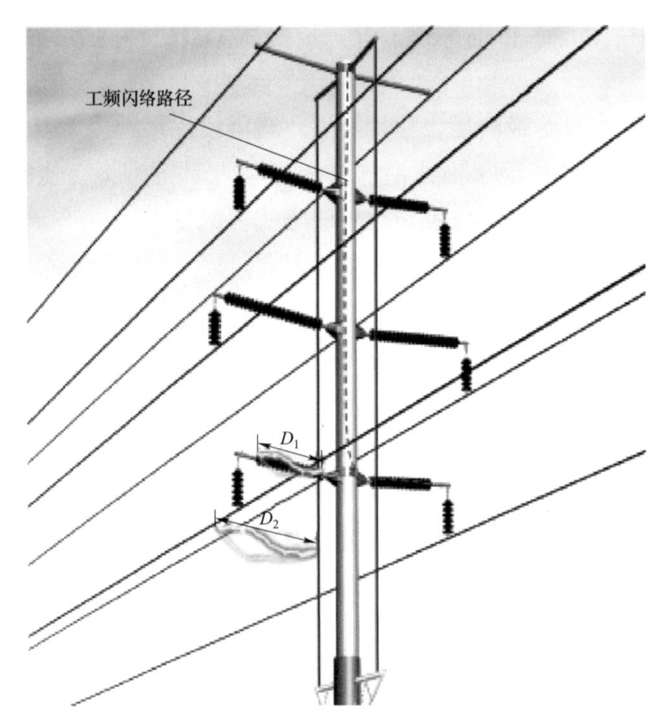

图 2－36　内侧竖直悬垂接地引下方式的复合材料杆塔不同电气闪络路径图

特点：

1）避免了接地引下线短接复合材料杆塔塔身，发挥了复合材料塔身的绝缘作用，使得导线对地的爬电距离加大，增强了其耐工频污闪的能力。

2）避免了横担金具对雷电冲击绝缘强度的不利影响，确保了雷电导线对地的最小空气间隙距离由导线对接地引下线的最小距离来决定，从而加大了导线对地的绝缘距离，增强了其耐雷电冲击绝缘强度。

3）避免了雷电闪络后的工频续流对复合绝缘子的烧伤问题。

4）避免了接地引下线拉到地面上时，对生活的不便影响。

5）结构简便，易于实现。

（2）杆塔线路外侧竖直接地引下方式——地线从杆顶垂直线路方向从导线外侧悬空垂直引下沿垂直线路方向外侧悬空垂直引下。

如图 2-37 所示，在地线横担的某一边或两边延长线上架设一段接地引下线上金属横担，在此金属横担的末端竖直引下接地引下线，接地引下线与近侧导线的最小空气间隙距离为 *D*，此接地引下线在下相导线下方一定距离通过对应的接地引下线下金属横担连接到杆塔上。

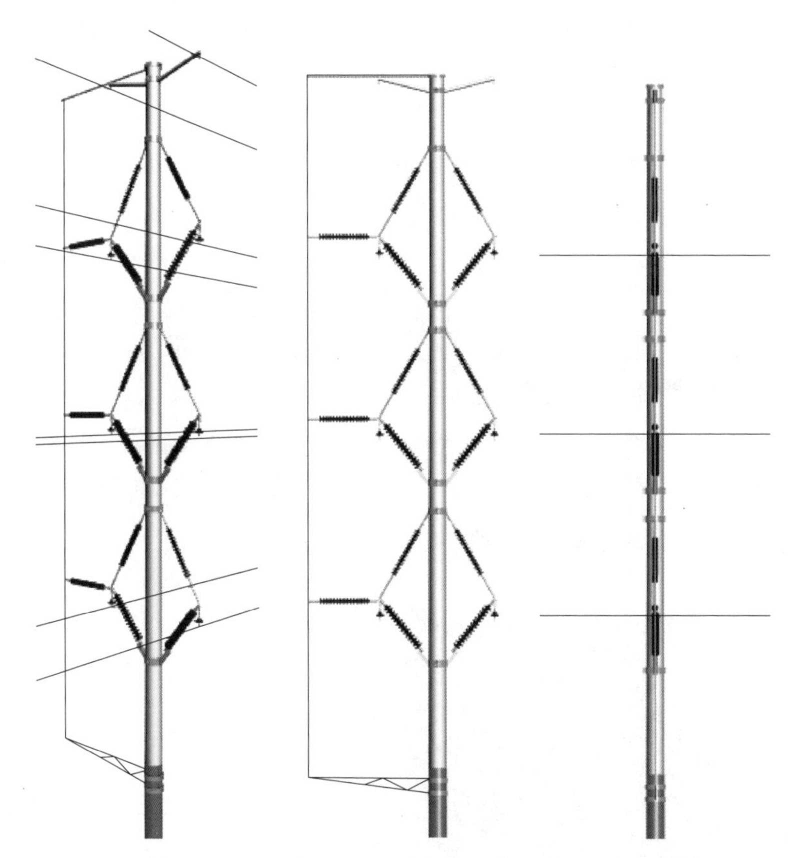

图 2-37　复合材料杆塔采用接地引下线沿垂直线路方向外侧竖直悬垂接地引下方式图

特点：

1）利于压缩输电走廊宽度，线路的输电走廊宽度影响着线路的相间雷击闪络跳闸率或双回同时雷击跳闸率。

2）利于防雷设计，可以通过调节接地引下线与近侧导线间的最小间隙距离来控制线路一回导线对地的雷电冲击绝缘强度，以此来控制线路雷击跳闸率，又由于此种单边接地引下方式使得线路的两回为不平衡绝缘，线路的双回同时雷击跳闸率也大大降低。

3）避免了接地引下线短接复合材料杆塔塔身，发挥了复合材料塔身的绝缘作用，使得导线对地的爬电距离加大，增强了其耐工频污闪的能力。

4）避免了接地引下线拉到地面上时，对生活的不便影响。

5）由于线路采用了单边接地引下线，更加省材、经济。

6）结构简便，易于实现。

（3）杆塔中心竖直接地引下方式——接地引下线地线从管型杆身内部中心垂直塔内部引下，在杆身增加雷电释放通道。

如图 2－38 所示，地线横担采用金属材料，在地线横担的中心引出接地引下线，接地引下线从复合材料杆塔的正中心穿过竖直引下，并在塔头的塔身部分增设闪络点，闪络点的位置在每一相导线的下方一定距离，最后接地引下线竖直引下接入大地，如果塔身下部分是钢管，接地引下线可直接连接在钢管上来接地。

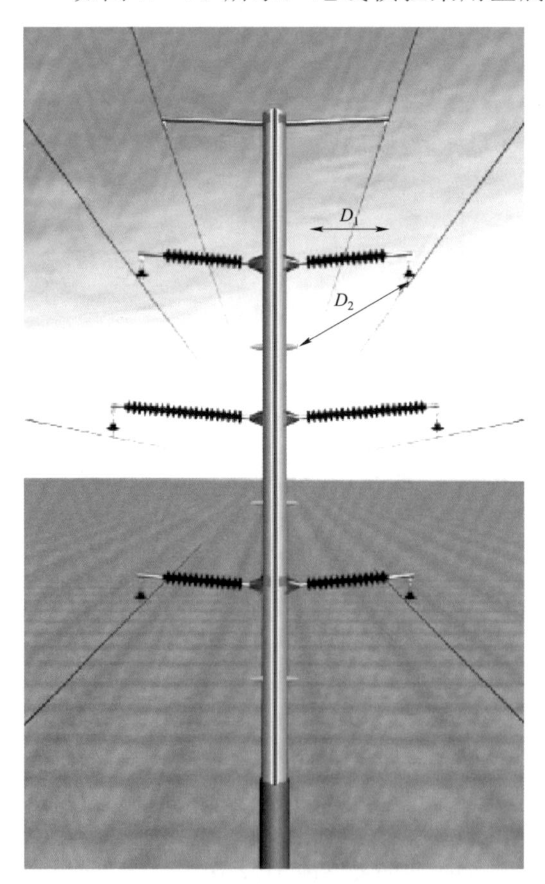

图 2－38　杆塔中心竖直接地引下方式图

特点：

1）增设闪络点可以使得线路雷击闪络时，闪络路径是由导线对闪络点放电，从而防止线路雷击闪络时对复合材料杆塔塔壁的烧损、破坏。

2）接地引下线从杆塔管内穿引，利用了复合材料杆塔塔壁的绝缘强度，从而增强了线路耐雷电冲击的绝缘强度。

3）如果接地引下线上加一层绝缘材料，并使用绝缘材料做连接和支撑复合绝缘子的连接部件，可以加大导线对地的绝缘距离，进一步增强线路耐雷电冲击绝缘强度。

4）避免了接地引下线短接复合材料杆塔塔身，发挥了复合材料塔身的绝缘作用，使得导线对地的爬电距离加大，增强了其耐工频污闪的能力。

5）避免了接地引下线暴露在外面受大风等外力的破坏，结构简单，易于实现。

6）避免了接地引下线对生活的不便影响。

但是从结构实现的角度来说，其中“杆塔线路外侧竖直接地引下方式”，从结构上来说，是较为难以实现的防雷接地引下方案。而“杆塔线路内侧竖直接地引下方式”是较为容易实现的防雷接地引下方案。因此，对架设避雷线的35kV 复合材料杆塔提出的防雷措施就是采用上述的“杆塔线路内侧竖直接地引下方式”，如图2–39和图2–40所示。

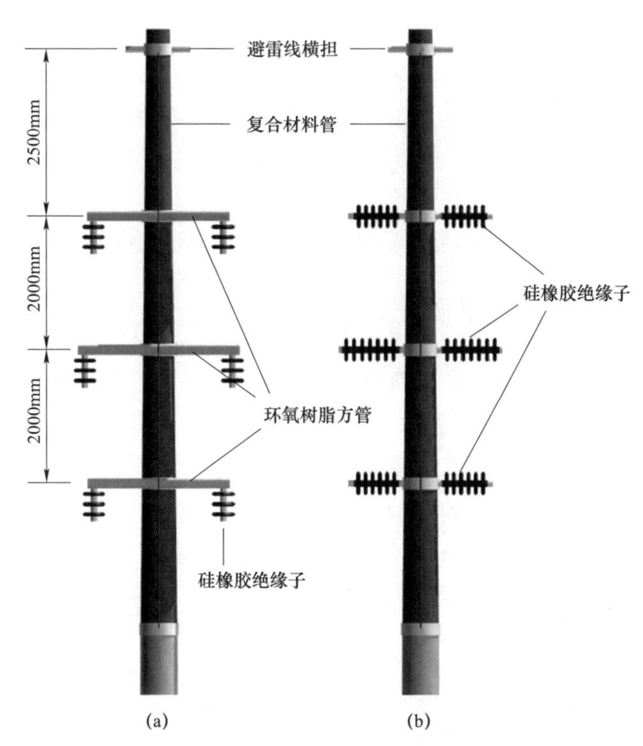

图2–39 复合材料杆塔推荐防雷接地方案正视图

（a）横担采用裸横担悬挂绝缘子结构；（b）横担采用复合横担绝缘子

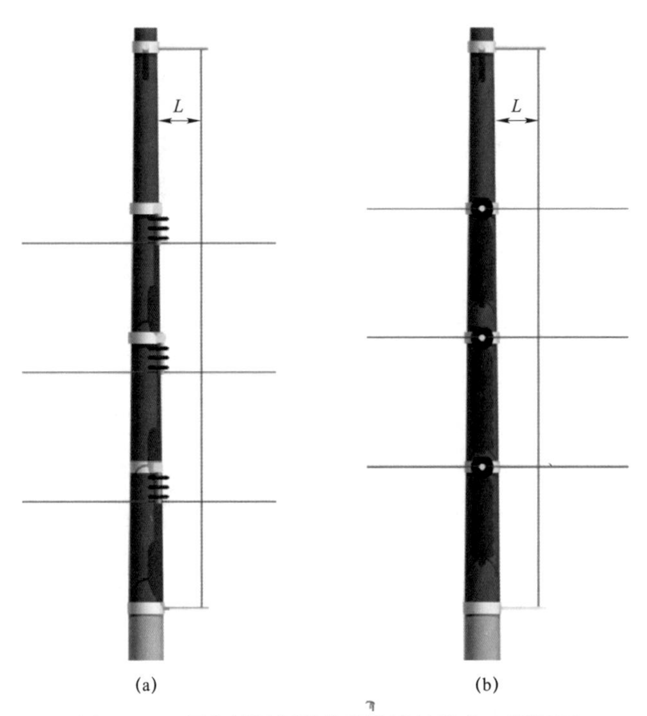

图 2-40　复合材料杆塔推荐防雷接地方案侧视图

（a）横担采用裸横担悬挂绝缘子结构；（b）横担采用复合横担绝缘子

2.6　复合材料杆塔的制造

树脂基复合材料的成型工艺方法有几十种，常用的有手糊成型法；喷射成型法；层压成型法（层压板、卷管）；模压成型法（团状模塑料 BMC、片状模塑料 SMC）；缠绕成型法；拉挤成型法；树脂传递模塑法（RTM）；离心成型法；袋压成型法；连续成型法（波纹板、平板连续成型和连续拉挤成型）；注射成型法。每种工艺都有各自的优缺点，并且每种工艺生产出来的复合材料产品性能差异显著。

2.6.1　小角度缠绕工艺

由于复合材料杆塔属于承受载荷较大的大型管材，且在不同的工况环境下有特殊的应力要求，因此选择可满足设计要求及功能要求的成型工艺，对复合材料杆塔在挂网运行中的安全稳定性具有重要意义。

纤维缠绕工艺是一种在控制张力和预定线型的条件下，应用专门的缠绕设备将连续纤维或布带浸渍树脂胶液后连续、均匀且有规律地缠绕在芯模或内衬上，然后在一定温度环境下使之固化，成为一定形状制品的复合材料成型方法。这种复合材料成型工艺可极大满足复合材料大型管材在输电线路复合材料杆塔挂网运行中的应用要求，如图2-41所示。

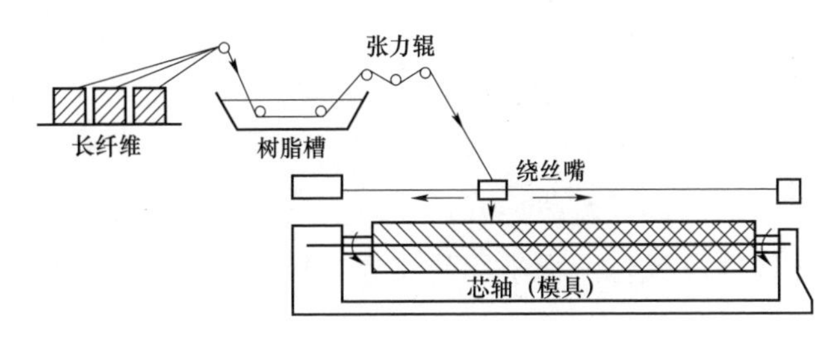

图2-41 纤维缠绕成型工艺示意图

输电线路用复合材料杆塔由于高度较高，为控制杆身挠度，通常分节制备，再通过某种连接方式对其进行节间组装，形成一基整塔。每节杆塔的制备流程如图2-42所示，其中影响复合材料缠绕管材性能的主要工艺步骤有：胶液配制、浸胶、缠绕速度和环境温度。

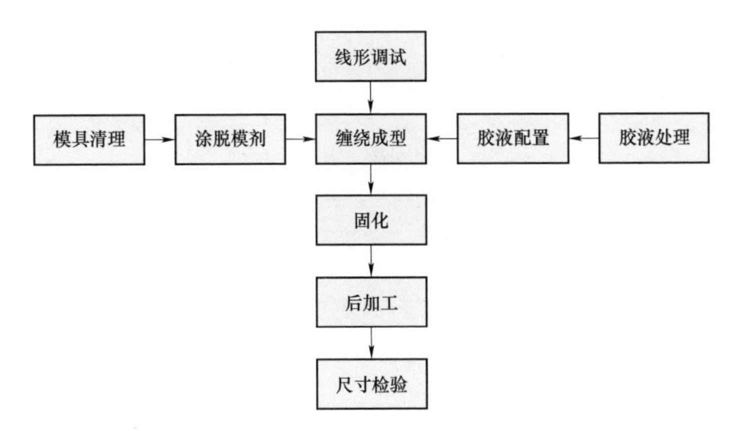

图2-42 杆塔及连接管成型工艺流程图

对于杆塔这种主要承受抗弯作用的锥形构件，小角度缠绕需要满足下述条件。

（1）满足制品结构要求：小角度缠绕，锥度缠绕，变螺距缠绕。

（2）均匀铺满：均匀拼接（不离缝、不重叠），纱片本身的均匀。

（3）不滑线。

（4）满足产品对精度要求。

（5）满足生产效率要求。

杆塔主要承受弯矩，在弯矩作用下，圆形制品有两个受力方向：一是纵向应力一边受拉一边受压，二是环形应力有压扁圆管的趋势。纵向应力大于环向应力，因此需要以小角度缠绕为主，大角度缠绕为辅。复合材料杆塔的缠绕角设计关键在于找到纵向和环向的纤维分布的平衡点，利用复合材料的可设计性，使材料利用率最高，满足各项指标。

传统缠绕是采用纱梳，将纱片沿轴向排布，在轴向上多次拼接铺满。小角度缠绕时，轴向排布纱片不能有效展开，需采用纱环，将纱片沿轴向排布，在圆周上多次排布铺满。传统缠绕方式，在端头采用非测地线缠绕的方式换向，小角度缠绕时非线性段很长，无法用传统方式换向，需采用针环在两端挂住缠绕纱，防止滑线。

线型设计

$$\mathrm{d}x = \frac{D(x)}{\tan[\alpha(x)]} \cdot \mathrm{d}\theta \qquad \tan[\alpha(x)]' = \frac{\tan[\alpha(x)]}{\cos[\theta(x)]} \tag{2-7}$$

式中 $\mathrm{d}x$ ——纤维落纱点位移微分；

D——落纱点直径；

$\mathrm{d}\theta$ ——主轴转角微分；

α ——落纱点处缠绕角。

缠绕小车轨迹设计

$$X_c(x) = x + \frac{\cos[\theta(x)]\sqrt{D_{sh}^2 - D^2(x)}}{2\tan[\alpha(x)]} \tag{2-8}$$

式中 X_c ——缠绕小车轴向坐标；

D ——落纱点直径；

D_{sh} ——纱环直径；

x ——落纱点坐标；

θ ——落纱点锥度角的 1/2；

α ——落纱点处缠绕角。

设备精度依据——误差计算

$$\Delta a_c = \left\{ \frac{\gamma}{2} - \frac{\arctan\left[\dfrac{D_{sh} \cdot \sin\left(\dfrac{\gamma}{2}\right)}{2}\right]}{\dfrac{D_{sh} \cdot \cos\left(\dfrac{\gamma}{2}\right)}{2} + \Delta H} \right\} \cdot D(x) \tag{2-9}$$

式中　Δa_{c}——纤维纱片离缝或重叠宽度；

D——落纱点直径；

D_{sh}——纱环直径；

x——落纱点坐标；

ΔH——模具中心和纱环中心的偏差；

γ——纱环包角。

产品结构设计——厚度计算

$$\delta_i(x)=\frac{mN_{f}\mathrm{Tex}\left(\dfrac{x_{wf}}{\rho_{f}}+\dfrac{1-x_{wf}}{\rho_{r}}\right)}{1000\pi x_{wf}D_{out}(x)\cos[\alpha(x)]} \tag{2-10}$$

$$T(x)=\sum_i\delta_i(x)$$

式中　$\delta_i(x)$——轴向 x 处第 i 个单层的厚度；

m——铺满次数；

N_{f}——纤维团数；

Tex——纤维线密度；

x_{wf}——纤维重量含量；

ρ_{f}——纤维密度；

ρ_{r}——树脂密度；

$\alpha(x)$——x 处的缠绕角；

$D_{out}(x)$——x 处的外径；

$T(x)$——x 处的壁厚。

产品结构设计——强度校核

$$[\sigma_{c}(x)]_i=\left(\frac{x_{wf}\rho_{r}}{x_{wf}\rho_{r}+(1-x_{wf})\rho_{r}}\right)\left(\frac{\tan^2\alpha(x)}{\tan^2\alpha(x)+1}\right)\sigma_{f}$$

$$[\sigma_{h}(x)]_i=\sigma_{f}-[\sigma_{c}(x)]_i$$

$$\sigma_{c}(x)=\frac{2\min\left\{\sum_i[\sigma_{c正}(x)]_i\delta_{正i},\sum_i[\sigma_{c反}(x)]_i\delta_{反i}(x)\right\}}{\sum_i\sigma_i(x)} \tag{2-11}$$

$$\sigma_{h}=\frac{2\min\left\{\sum_i[\sigma_{h正}(x)]_i\delta_{正i},\sum_i[\sigma_{h反}(x)]_i\delta_{反i}(x)\right\}}{\sum_i\sigma_i(x)}$$

式中 $[\sigma_c(x)]_i$ ——轴向 x 处第 i 个单层的环向强度；

$[\sigma_h(x)]_i$ ——轴向 x 处第 i 个单层的轴向强度；

$\sigma_c(x)$ ——轴向 x 处整体的环向强度；

$\sigma_h(x)$ ——轴向 x 处整体的轴向强度；

σ_f ——纤维等效强度；

$\delta_i(x)$ ——轴向 x 处第 i 个单层的厚度。

最终，拟使用三种缠绕角混合铺层，既可实现产品的特殊要求，又可提高产品自身材料性能。

（1）10° 左右缠绕角铺层。该铺层铺满产品的通长，由模具两头的针环挂纱防止滑线，主要为制品提供轴向性能。

（2）30° 左右缠绕角铺层。该铺层采用从根部到头部的阶梯型渐退结构，解决单层厚度与总体壁厚的矛盾。

（3）60° 左右缠绕角铺层。该铺层铺满产品的通长，主要为制品提供环向性能；同时在工艺上可起到挤胶（提高纤维含量，以增加模量）及美化产品外观的作用。

2.6.2 缠绕工艺

1. 基体材料

单组分聚氨酯配方包含单组分聚氨酯树脂、固化剂、促进剂、紫外线吸收剂和色糊等组分，具体组分见表 2–20。

表 2–20　单组分聚氨酯缠绕工艺原料组分表

树脂组分	组分含量（份）
单组分聚氨酯树脂	100
固化剂	0.25～0.6（20℃下），0.01～0.25（20℃及以上）
促进剂	1.5～2
紫外线吸收剂	0.5～1
色糊	2.5～5

双组分聚氨酯配方包含结构层树脂配方和耐候功能层配方，其中结构层配方为芳香族异氰酸酯和聚醚多元醇树脂，而外表面的耐候功能层采用的是脂肪族异氰酸酯和聚醚多元醇树脂，双组分聚氨酯树脂的配方和配比见表 2–21。

表 2-21 双组分聚氨酯缠绕工艺原材料明细表

名称	组分	配比（份）	备注
结构层配方表	芳香族异氰酸酯	100	控制温湿度
	聚醚多元醇	100	控制温湿度
耐候功能层配方表	脂肪族异氰酸酯	100	控制温湿度
	聚醚多元醇	100	控制温湿度

环氧体系配方包含环氧树脂、环氧固化剂、紫外线吸收剂和色糊，其具体配方见表 2-22。

表 2-22 环氧体系缠绕工艺原材料明细表

名称	组分	备注
环氧树脂	100	
固化剂	70～90	低温保存
紫外线吸收剂	0.5～1	
色糊	2.5～5	

2. 增强材料

增强体材料推荐使用 E-CR 无硼无碱玻璃纤维，其具备良好的耐酸耐水性，见表 2-23。

表 2-23 增强材料表

名称	推荐
单组分聚氨酯体系	E-CR 玻璃纤维
双组分聚氨酯体系	E-CR 玻璃纤维
环氧体系	E-CR 玻璃纤维

3. 工艺指标

缠绕杆塔具体工艺指标及注意事项参考表 2-24 具体参数。

表 2-24 工艺指标表注意事项

控制点	控制范围
环境温度	15～32℃
环境湿度	40%～60%

续表

控制点	控制范围
各组分投放量	±0.5%
转速	600～1000r/min
分散时间	8～10min
穿纱根数	根据设备实际设定
缠绕速比	不高于 80%
缠绕程序选择	根据生产任务单选取
刮胶	环向缠绕刮胶
缠绕时间	≤1h/cm
固化时间	1～2h
固化温度	根据具体配方设定
杆塔质量	根据图纸
杆塔长度	根据图纸
杆塔外径	根据图纸

4. 生产工艺流程

10～220kV 复合材料杆塔制造工艺参照下列执行，工艺流程如图 2-43 所示。

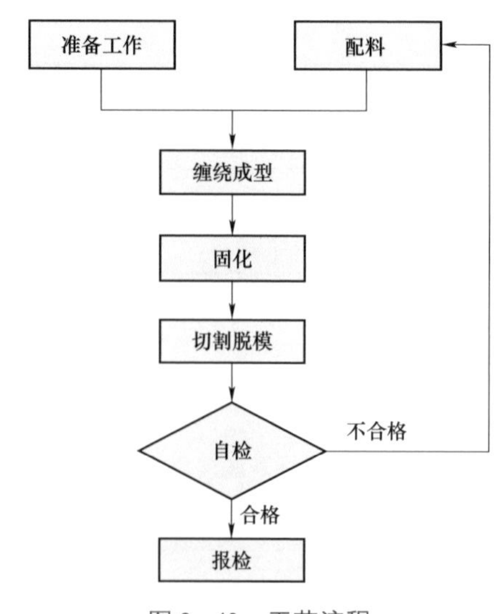

图 2-43　工艺流程

2.6.3 拉挤工艺

图2-44为拉挤工艺示意图，分为进料区引导区、树脂混合区、模具入口冷却区、加热区（加热1区、2区）和料口冷却区。

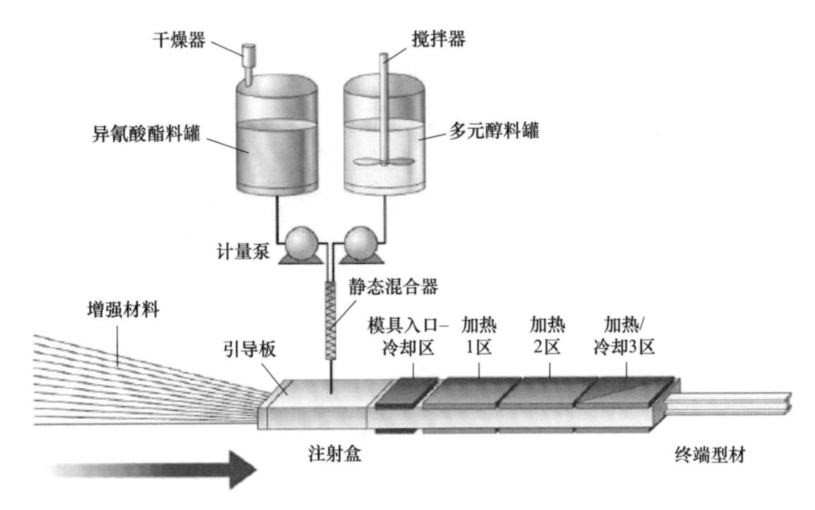

图2-44 复合材料杆塔拉挤工艺示意图

1. 原材料

拉挤工艺所用的树脂分为双组分聚氨酯和高温环氧树脂，其对应的树脂配方分别见表2-25和表2-26。

表2-25 双组分聚氨酯配方

名 称	配比
异氰酸酯	140份
聚醚多元醇	100份
纤维纱	根据模具截面积确定
复合毡	根据实际尺寸确定
聚酯表面毡	根据实际尺寸确定
填料	根据实际工艺需求确定

表2-26 高温环氧树脂组分表

名称	组分
环氧树脂	100
固化剂	60～90
填料	根据实际工艺需求确定

2. 工艺流程图

拉挤工艺的具体工艺流程如图 2-45 所示，拉挤过程中的注意事项见表 2-27。

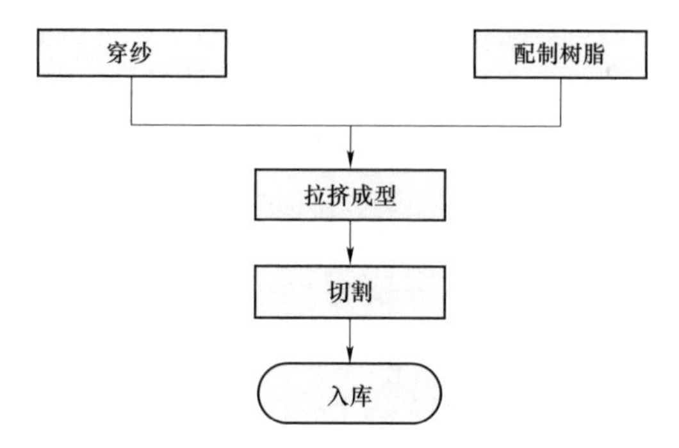

图 2-45　拉挤工艺复合材料杆塔制作工艺流程图

表 2-27　生产注意事项

名称	参数
环境温度	10～28℃
环境湿度	≤50%

3. 生产工艺

（1）设备准备。模具表面用竹片、紫铜等工具加模具清洗液清理干净，外模具上下面合上，拧紧螺栓（螺栓上涂黄油）。

注射盒上下面合上，拧紧螺栓，再将注射盒与外模具相连，插入定位销，拧紧螺栓。

预成型框架与模具连接，调整位置，拧紧螺栓。

模具转运车将模具与框架水平升起，运送至加热台面，调平下台面，安装、固定加热平台。

牛皮纸将芯模包覆，从出模口将芯模塞入至芯模与外模具齐平，减去牛皮纸，同时将玻璃钢垫块塞入外模具与芯模具之间，将预成型板从起始端穿过芯模具。

调节外模具框架螺栓，固定芯模末端，使外模具与芯模间隙一致。

预成型板固定在模具框架间，使预成型板与芯模间隙一致并保证增强材料能够均匀有序进入模腔。

（2）穿纱准备。将纱架上的纱牵出，4～6 根一股，按照互不交叉的原则进行穿纱至入模口。

从模具上下左右间隙塞入玻璃纤维纱，按从少到多的原则均匀穿纱，当50%纱穿过模具后，采用将吊带一端将纤维纱团绑扎，另外一端放入夹持板中由牵引机牵引，牵引过程中，从上下左右 4 个面均匀添加玻璃纤维纱，至纱全部穿出模腔。

将内外毡放置在固定位置，备用。

（3）混料机准备。将混料机 2 个储罐注入适量双组分树脂，拆开出料管与枪连接处，调节压力为 0.1～0.3MPa，开动注射，计量 2 根出料管树脂质量，调节计量泵，精确组分配比。

（4）模具加热。设定加热温度将内、外模具加热至设定温度。

（5）开启拉挤制备。开动混料机，打开注射，启动牵引机。

调节拉挤速度及温度。

根据杆塔截面尺寸，调节芯模。

定长切割杆塔，放置在指定堆放区并做好作业面清洁工作。

（6）检验。根据复合材料杆塔图纸对生产的杆塔进行检测。

2.7　复合材料杆塔的施工与运维

2.7.1　复合材料杆塔的安装施工

复合材料杆塔质量的大幅减小，可降低工程施工难度，节约施工成本，特别是在地形复杂的山区，可显著提升配电网工程施工的便捷性。同时，复合材料杆塔相比水泥杆韧性更好，在强风天气情况下可降低倒杆或断杆风险，增强配电网线路的运行安全。另外，轻型化复合材料杆塔还可实现灾后电力快速抢修，大幅缩短抢修时间。

10kV 直杆自立式复合材料杆塔杆身为圆锥管，横担为矩形管，杆塔根部直埋地下。与传统水泥杆相比，复合材料杆塔质量大幅降低，人力或者小型牵引机即可完成杆塔的组立，因此建议采用人工抱杆组立的施工方法。鉴于复合材料的特点，在施工中对复合材料杆塔要轻拿轻放，严禁撞击。

10kV 及上插接式分段杆塔组装步骤如下，安装图如图 2-46 所示。

（1）将两段杆塔放置于平整的地面。

（2）人工搬运将两段杆塔进行初步插接安装，按照插接标识线对准后插入。

（3）在杆塔对穿孔处插入对穿螺栓，安装收紧金具，安装收紧器。

（4）收紧收紧器至插接标识位置。

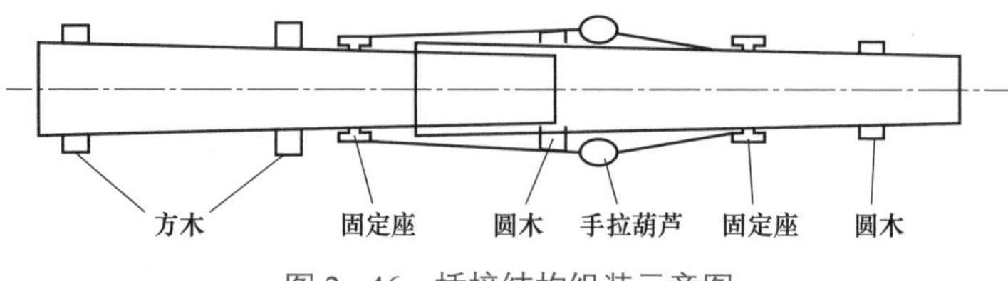

图 2－46　插接结构组装示意图

110kV 及以上法兰式分段杆塔和桁架式杆塔，根据地形及运输条件，复合材料杆塔的施工可用吊车分段吊装作业，也可以采用悬浮抱杆分片起吊的方法施工。鉴于复合材料的特点，在施工中对复合材料管要轻拿轻放，严禁撞击。

2.7.2　复合材料杆塔的运维

10kV 复合材料杆塔需配合绝缘子使用，其绝缘配合方式与传统杆塔相同，其带电作业可按照传统杆塔的操作方式进行，可使用绝缘斗臂车作业的等电位作业等。但 110/220kV 复合材料杆塔与铁塔或钢管塔在体积结构、电气机械性能等方面差异较大，尤其复合材料杆塔若取消绝缘子串，其横担直接承担电气绝缘与机械承载功能，因此，在带电作业方式和工器具种类及使用等方面也有所不同。500kV 复合材料杆塔虽然缩短了部分绝缘子串的使用，但其横担端部采用的是类似 110/220kV 带伞裙的复合材料横担的 V 形结构，其带电作业操作方式可借鉴 110/220kV 复合材料杆塔，需要注意电气安全距离变化。

110/220kV 复合材料杆塔与传统铁塔带电作业的不同主要表现在以下几个方面：

（1）复合材料杆身和横担均为绝缘材料，塔头避雷线通过地线横担与引下线接地，因此塔身和横担电位为中间电位；而铁塔或钢管塔塔身和横担为角钢或钢管，直接与地面接触，电位为等电位。所以复合材料杆塔带电作业人员沿杆塔进入带电作业区间必须采取防护措施，即穿戴全套屏蔽服和导电鞋，且登杆的过程中应保持与接地引下线的距离，防止连续放电影响，铁塔地电位作业塔上作业人员可不穿戴屏蔽服，通过绝缘操作杆和其他带电作业工具配合等电位作业人员完成作业项目。两者都要采取保障人身安全的防护措施，即系安全带。

（2）复合材料横担采用 V 形结构配合绝缘拉杆，作业人员无法直接从横担侧进入等电位或在横担上操作。因此，复合材料杆塔等电位作业时，须从地面或从避雷线横担侧通过绝缘软梯配合其他辅助工具进入等电位；而铁塔或钢管塔横担采用桁架结构，宽度较大便于作业人员行走，等电位作业时，作业人员可从对应相悬挂导线横担侧通过软梯和硬梯等工具进入等电位。两者作业人员都需要穿戴全套屏蔽服，经工作负责人同意快速进入等电位位置与导线距离差别不大。

（3）复合材料横担末端可直接悬挂导线，因此与铁塔相比，不需要进行绝缘子低值或零值检测，省去了更换绝缘子的作业项目。在带电作业工器具上，无需使用绝缘子卡具等，省去了瓷质绝缘子检测仪对更换的新绝缘子电阻检测。

第3章　复合材料横担

3.1　复合材料横担介绍

3.1.1　10kV 复合材料横担介绍

10kV 架空线路雷击故障频发，严重威胁电网安全运行，给工农业生产及人们生活造成了极大不便。10kV 线路传统防雷措施分为疏导型和堵塞型两大类。疏导型防雷措施如防雷金具、防雷绝缘子等，实施方法简单，成本较低，能提高重合闸成功率，但不能降低线路的雷击跳闸次数。堵塞型防雷措施如安装避雷器、架空地线等，安装避雷器对于防雷击断线效果较好，但是只能保护一定范围内的线路，而且杆塔需要接地，投资成本较大；架空地线措施可减少直击雷概率，降低雷电感应过电压，但反击时仍可能发生断线，另外，架空地线需要加装地线支架，提高了杆塔高度，增加了杆身强度，投资成本很大，一般只在特别重要的线路中才会使用。

研究发现，雷电感应过电压是导致 10kV 线路跳闸及架空绝缘线路断线的主要因素。10kV 复合材料横担是通过将传统角钢横担绝缘化以提高线路绝缘水平的一种防雷方式，可耐受大部分感应雷击作用，明显降低线路雷击跳闸率，阻止线路产生工频续流电弧，可有效防止雷击跳闸及断线事故。

为满足不同区域供电可靠性的需求，近年来，国家电网公司在全国各地进行了 10kV 复合材料横担的推广工作，通过对监测数据的分析，发现 10kV 复合材料横担使线路雷击故障率降低 90%以上，取得了明显的社会经济效益。

3.1.2　35kV 及以上复合材料横担介绍

35kV 及以上复合材料横担采用在复合材料芯棒外包覆硅橡胶伞裙的结构型式，取消了悬式绝缘子，在压缩输电走廊的同时降低了杆塔的高度。对于高压或超高压输电线路，其横担结构尺寸、荷载和构件受力均较大，若整塔采用复合材料，节点构造设计和加工目前受到限制，若采用复合绝缘横担塔（即复合材料横担和钢结构塔身），既可利用其绝缘特性，又可利用钢结构塔身刚度大、承载力高、节点易构造等优点，是目前复合材料在高压输电线路工程中应用的一种合理方式。综合考虑钢材和复合材料的优缺点，用复合横担替代钢制横担，更能发挥复合材料的优势。复合横担已成为复合材料应用于 35～1000kV 电压等级线路横担的主要结构型式。

35kV 及以上复合材料横担与传统横担相比有如下优势：35kV 及以上复合材料横担应用在城市化高度扩张以及人口稠密、输电走廊狭窄的地区，可以充分发挥复合材料横担的电气绝缘特性，有效降低杆塔高度，节省输电线路走廊用地；用在复杂地形山区，可充分发挥 35kV 及以上复合材料横担的轻质高强特性，大幅度降低杆塔的重量，节省大量人工成本和降低施工强度，提高工作效率；用在腐蚀严重的沿海及重化工地区，可利用复合材料的高耐蚀特性，减少环境对于横担的锈蚀，便于维护。此外，35kV 及以上复合材料横担能够减少或取消绝缘子的使用，降低塔高和减小风偏。

35kV 及以上复合材料横担作为一种低碳、节能、环保以及符合工艺美学的新型结构，代表了输电杆塔结构的发展方向之一。在输电线路应用 35kV 及以上复合材料横担，符合国家电网公司推广实施“两型三新”（资源节约型、环境友好型，新技术、新材料、新工艺）输电线路工程的指导思想，在确保输电线路功能可靠的前提下，节约走廊资源，降低建设和运行总体成本，因此在材料性能满足要求的基础上，通过合理的设计，将 35kV 及以上复合材料横担在输电线路工程上推广应用，具有重要的社会意义和经济效益。

3.2　复合材料横担国内外发展情况

3.2.1　10kV 复合材料横担的国内外发展状况

3.2.1.1　10kV 复合材料横担国外发展状况

1. CP（creative pultrusions）公司

2010 年 8 月 11 日，CP 为美国最大的市政公用事业单位（LADWP）提供 297 万美元的 10kV 复合材料横担和杆塔产品（见图 3-1），应用在环境比较恶劣的南加利福尼亚州和洛杉矶，该地区气候复杂，多雷，多火灾，海岸线腐蚀性强，地形崎岖不平。CP 公司的复合材料横担结构设计符合国家电气安全规范（NESC）的要求，可提升电网的可靠性。相应的复合材料横担也获得美国农村公用事业局（RUS）的批准运用。CP 公司一直致力于开发可靠的建筑用玻璃纤维拉挤型材，先后在该行业投资超过 150 万美元，并长期与美国土木工程师协会（ASCE）密切合作，牵头制定相应标准。

图 3-1　CP 公司 10kV 横担产品

2. PUPI 公司

1990 年美国宾夕法尼亚州电力与轻工业公司（Americans Power&Light）应用了 PUPI 公司第一批 900 根复合材料横担，如图 3-2 所示。PUPI 公司的玻璃纤维复合横担已经是北美地区复合横担产品领先品牌，同时也是重要的国际供应商。牙买加公共服务公司（JPS）是该国唯一的配电公司，为近 60 万客户提供服务。JPS 与 PUPI 公司有悠久的合作历史，其合作可追溯到 20 世纪 90 年代，当时第一个玻璃纤维复合材料横担就安装在历史悠久的皇家港口；2012 年，牙买加政府在首都金斯敦和诺曼曼利国际机场之间的高速公路新建了一个海堤，用于抵御来自加勒比海的季节性飓风，在新修的海堤线路上用到了 PUPI 公司的复合材料横担。2012 年 11 月 24 日，俄罗斯技术委员会技术标准委员会（A）（电气）批准接受 PUPI 公司 9 个新增的 PUPI 公司复合横担标准，采购 PUPI 公司复合材料横担。

截至目前，已有超过 100 万支 PUPI 横担在包括美国南佛罗里达和东南亚湿热气候，亚利桑那沙漠、其他西南州的干燥环境，加拿大和美国阿拉斯加极寒北部区域等各种环境中应用。在各种自然环境中应用超过 19 年，没有出现一例因环境老化而发生破坏的事故。在紫外线极强的区域，横担表面的涂层颜色可能发生一定程度的发亮现象，特别是在上表面，但涂层仍然完好无损。

图 3-2 PUPI 公司 10kV 横担产品

3. Shakespeare 公司

20 世纪末，Shakespeare 公司复合材料横担获得美国农村公用事业局（RUS）批准运用。美国公用事业客户非常信赖 Shakespeare 公司，因为 Shakespeare 公司的产品质量、产品代理网络及工厂对日常客户的需求非常谨慎。而且，在突发的风雨线路事件后，Shakespeare 公司反应及时，且一直为满足公用事业的需求而努力。例如，2016 年的飓风造成大面积停电后，Shakespeare 公司在接到订单的 24h 内就向 3 家公用事业客户生产并运送了 500 多个复合材料横担（见图 3-3）。

图 3-3 Shakespeare 公司的 10kV 横担产品

2014 年，Shakespeare 公司的复合材料产品被 Valmont 公司批准。Valmont 公司为输配电应用工程和制造结构的全球领导者，其在北美、欧洲、非洲、亚洲等地拥有良好的客户资源。截至 2019 年，Shakespeare 公司有数以百万计的复合材料横担产品应用在不同环境，经历每一场风暴、每个季节后，依旧完好无损。

3.2.1.2 10kV 复合材料横担国内发展状况

为提高配电线路的绝缘强度，提升电网运行的可靠性，降低配电线路的维护成本，2016 年初，由国家电网公司运检部牵头组织 9 家试点单位（含上海、北京、江西、辽宁、浙江、福建、湖南、江苏、湖北）、中国电力科学研究院和武汉南瑞实施复合材料横担试点应用项目。9 家试点单位共计试点近 40 条线路，线路长达将近 400km，杆塔数量 6608 基，选用复合材料横担数量 12 644 根，复合材料横担长度 22 973m，如图 3－4～图 3－7 所示。

2016 年年底，国家电网公司召开 10kV 复合材料横担试点总结会，通过对监测数据的分析，发现：改造后的试点线路的绝缘水平都有较大提高，雷击故障概率同比有明显下降；试点线路邻近区域内，未经复合材料横担改造的线路在 2016 年有雷击故障发生。复合材料横担的使用大幅提高了配电网绝缘水平，有效地防止了线路污秽、雷击、覆冰闪络，同时对鸟害防范效果显著，可有效保证线路的安全可靠运行。2017～2021 年，10kV 复合材料横担市场逐年扩大，已形成年产值达 2 亿元的产业。

图 3－4　上海施工现场

图 3－5　北京施工现场

图 3-6　福建施工现场

图 3-7　湖北施工现场

3.2.2　35kV 及以上复合材料横担国内外发展状况

3.2.2.1　国外应用情况

1993～1995 年美国相应复合材料企业制定了相关的复合横担及杆塔机械和电气标准，其复合横担有两种结构，中低电压采用复合横担绝缘子（见图 3-8），而中高电压等级的横担采用复合材料方管加悬垂绝缘子串（见图 3-9 和

图 3-8　加拿大 28kV 复合材料横担

图 3-9　美国 34.5kV 复合材料横担

图 3-10）或双 C 字形复合材料横担加悬垂绝缘子串（见图 3-11），同期日本建成一条同塔四回 154kV 高压线路，在上部两回使用绝缘横担，用于解决风偏闪络问题；迪拜率先采用绝缘横担在 420kV 输电线路上实现了线路走廊的缩减。加拿大 138kV、230kV 复合材料横担分别如图 3-12 和图 3-13 所示。

图 3-10　巴哈马 69kV 复合材料横担

图 3-11　加拿大 115kV 复合材料横担

图 3-12　加拿大 138kV 复合材料横担

图 3-13　加拿大 230kV 复合材料横担

3.2.2.2　国内应用现状

自 2009 年开始，国家电网公司基建部组织开展了复合材料杆塔应用研究，多家网省公司、设计院、科研院所及生产制造单位积极参与配合，高压复合材料横担研究成果已在国内多个省市线路中得到试点应用，在材料选型、结构设计、电气及防雷设计、压缩输电线路走廊等方面取得了一定的进展。

2016 年国家电网公司选择 4 项 35～220kV 输电线路工程开展全线直线塔复合材料横担试点应用工作，同时组织开展“35～750kV 输电线路复合绝缘横担应用关键技术研究”，并制定出《35～220kV 架空输电线路复合绝缘横担招标技术规范》和《35～220kV 架空输电线路复合绝缘横担设计技术导则》。

目前，国内已建成 10 余项 110～220kV 输电线路复合绝缘横担示范工程，以及 3 项 500kV 和新疆与西北主网联网第二通道 750kV 输电线路工程，在 35kV 及以上复合材料横担的选型设计、加工、检验、施工、运行等方面积累了一定的应用经验，如图 3-14～图 3-25 所示。实践证明，多雷区、重冰区、大风区等气象条件恶劣地区，以及走廊受限、运输与施工等适用轻质材料地区，或抢修困难及需要免维护区段，尤其是 35kV 及以上复合材料横担有较大的技术经济优势和社会效益，在节约资源、防灾减灾和降低运行事故方面取得了非常好的经济效益和社会效益。部分试点线路见表 3-1。

表 3-1　35kV 及以上电压等级部分复合横担试点线路

省级电力公司	工程名称	电压等级（kV）	杆塔型式
山东	德州真卿 220kV 变电站 35kV 配电工程	35	钢管杆
辽宁	庄河—双利 T 新兴变电站 66kV 线路工程	66	角钢铁塔
四川	旌阳垃圾发电厂—连山 110kV 线路工程	110	角钢铁塔
浙江	220kV 科技输变电工程	220	角钢铁塔
			钢管杆
湖北	黄冈大吉—武穴 500kV 线路（单回）	500	角钢铁塔
贵州	湛江 500kV 大唐雷州电厂一期接入工程（双回）	500	角钢铁塔
北京	张南—昌平 500kV 线路（Ⅲ回）	500	角钢铁塔
陕西	新疆—西北 750kV 主网	750	角钢铁塔

图 3-14　山东德州 35kV 复合横担

图 3-15　湖北襄阳 35kV 复合横担

图 3-16　西藏拉萨 35kV 复合横担

图 3-17　江苏南京 110kV 复合横担

图 3-18　四川眉山 110kV 复合横担

图 3-19　青海西宁 110kV 复合横担

图3-20 福建漳州110kV复合横担

图3-21 广西桂林110kV复合横担

图3-22 辽宁丹东长凤线220kV复合横担

图3-23 辽宁丹东宽凤220kV复合横担

图3-24 黄冈大吉—武穴500kV复合横担

图3-25 新疆—西北750kV复合横担

3.3 复合材料横担特点

3.3.1 10kV 复合材料横担特点

（1）防雷性能和防污性能优异。10kV 复合材料横担具有良好的绝缘特性，相地、相间爬电距离可较传统铁制横担增加 2 倍以上；污秽、湿工频和雷击相间闪络电压提升 1 倍以上，可有效地防止线路污秽、雷击和覆冰闪络。

（2）质量轻，强度高，运输及安装施工方便。复合材料横担的密度仅为钢材的 1/4，强度可达 700MPa 以上。相同承载能力条件下，相比角钢横担，复合材料横担重量可降低 30%以上。

（3）耐腐蚀性强，使用寿命长。复合材料型材具有优异的耐酸碱盐腐蚀性能，经过工艺的改善，具有优异的耐紫外老化能力。相比角钢横担，无需进行防腐处理，使用寿命大大延长。

3.3.2 35kV 及以上复合材料横担特点

1. 防雷

在不改变塔窗结构的条件下，采用 35kV 及以上复合材料横担后，雷电冲击绝缘间隙长度比常规铁塔明显增大，因此可以提升线路耐雷水平。表 3-2 为 110、220、500kV 典型直线塔悬垂串长与 35kV 及以上复合材料横担设计长度对比。

表 3-2　35kV 及以上复合材料横担与绝缘子长度对比

电压等级（kV）	绝缘子串长（m）	35kV 及以上复合材料横担长度（m）
110	1.4	1.7
220	2.8	3
500	4.3	5.4

采用 35kV 及以上复合材料横担后，雷电冲击绝缘间隙长度比常规铁塔明显增大，35kV 及以上复合材料横担塔的绕、反击耐雷水平相比同电压等级普通铁塔均有提升。同时，由于 35kV 及以上复合材料横担具有很强的可设计性，在多雷区可根据线路实际情况增大 35kV 及以上复合材料横担长度，进一步提升耐雷水平。

综上，35kV 及以上复合材料横担塔与普通铁塔相比，有着优越的防雷性能，在杆塔其他结构不变、仅将钢制横担换成复合材料横担的条件下，35kV 及以上复合材料横担塔有着更高的耐雷水平和更低的雷击跳闸率。

2. 防风偏

35kV 及以上复合材料横担是采用拉挤实心圆棒制成，表面压接硅橡胶伞裙，承担全部的绝缘性能。35kV 及以上复合材料横担的使用完全取消了悬式绝缘子串，端部仅通过线夹与导线相连，在风载作用下偏移量很小，从根本上解决了挂点处风偏的问题。

参照 GB 50545—2010《110kV～750kV 架空输电线路设计规范》规定，在满足带电部分与杆塔构件的最小间隙的条件下，以 220kV 为例，35kV 及以上复合材料横担与常规铁塔横担导线挂点处间隙圆对比如图 3－26 所示。

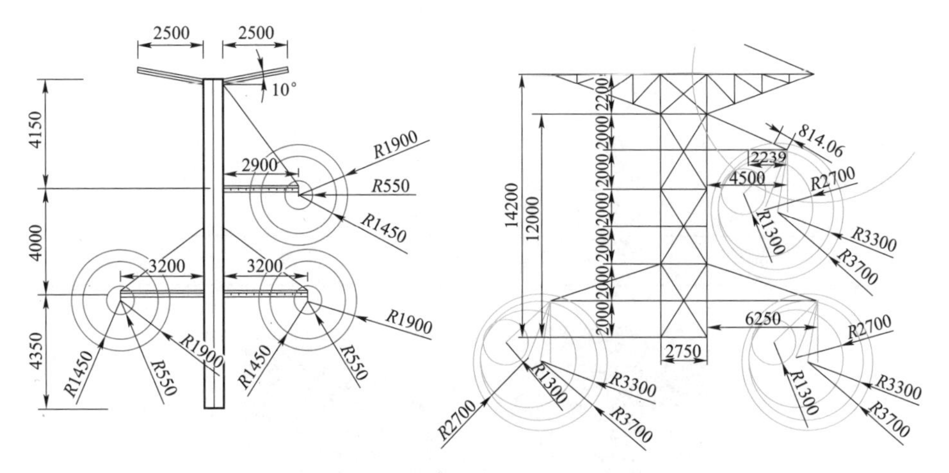

图 3－26　35kV 及以上复合材料横担与铁塔横担间隙圆对比

35kV 及以上复合材料横担导线挂点处为同心圆，摆动极小；常规铁塔导线挂点处为偏心圆，有较大的摆动空间。与常规铁塔相比，35kV 及以上复合材料横担塔在输电线路防风偏方面具有明显优势，在大风地区可大幅度提升输电线路的稳定可靠性，如图 3－27 所示。

3. 防覆冰

35kV 及以上复合材料横担水平布置，不会出现垂直布置的绝缘子从上至下的贯穿性冰凌，从而大大提高同等覆冰条件下的冰闪电压。

由于 35kV 及以上复合材料横担材料表面性能与 PRTV 相近，在实验室对复合材料和钢棒两种材料进行覆冰特性试验，通过对比黏附力、覆冰量、冰凌长

图 3-27　35kV 及以上复合材料横担结构

度、水平/垂直放置脱落时间等测试结果，确定 35kV 及以上复合材料横担较常规铁塔防覆冰性能更有优势，如图 3-28、图 3-29、表 3-3 所示。

表 3-3　　覆冰特性对比

材料	黏附力（N）	8h 覆冰量	最长冰凌长度（cm）	脱落时间（min）	
				水平	垂直
PRTV	74.78	51.52	66.4	14	39
Q345 钢	316.63	58.4	60.4	36	57

图 3-28　样品水平与垂直放置试验图

综上，复合材料在防覆冰方面明显优于常规铁塔材料，且由于其横担水平放置，进一步降低了杆塔的冰闪概率。35kV 及以上复合材料横担已在处于覆冰重灾区的辽宁 220kV 长凤线、桂林金紫山风电场—旺田 110kV 线路上应用，对比普通铁塔，其防覆冰效果明显。

图 3-29　传统铁塔绝缘子垂直布置覆冰图

4. 防污秽

35kV 及以上复合材料横担外表面采用伞裙结构，其污秽性能与复合绝缘子污秽性能一致。由 35kV 及以上复合材料横担代替铁塔横担，在塔窗结构不变的条件下，爬距明显增大，耐污水平大幅提升。同时，35kV 及以上复合材料横担具有很强的防污可设计性。在 35kV 及以上复合材料横担绝缘结构高度不变时，可增大伞裙密度来提高爬距，从而提升耐污水平。

由于 35kV 及以上复合材料横担呈水平布置，因雨水冲刷，其积污量比传统铁塔中垂直布置的绝缘子更少，从而其污闪通道减小，同等污秽条件下的污闪电压也得到提升。同时，水平布置的横担下雨时不易形成垂直的导电通道，提高雨闪电压。35kV 及以上复合材料横担在运行中基本不需要清扫，可以保证在四级污秽区安全运行。

目前运行的使用新型复合材料的 750kV 电压等级线路为新疆—西北联网二通道工程，该工程已于 2013 年建成投运，已经在运近 10 年。使用新型复合材料的杆塔位于新疆境内，运行平稳，电气性能及抗污能力较为突出。在特高压线路方面，2015 年建成投运的灵州—绍兴±800kV 特高压直流输电线路工程在运超 7 年，使用新型复合材料的杆塔位于宁夏回族自治区境内，地处平原地区，目前运行平稳，电气性能及抗污能力较为突出。

5. 防鸟害

由于鸟粪直接贯穿于悬垂绝缘子伞裙外延，形成闪络通道，垂直布置的复合绝缘子很难避免鸟粪闪络，如图 3-30 所示。35kV 及以上复合材料横担塔复合材料横担呈水平布置，鸟粪下落时不会造成鸟粪贯穿性的闪络通道，因此可以杜绝鸟粪闪络故障。

图 3–30　常规铁塔鸟粪短接空气间隙故障

6. 缩短线路走廊

在同等耐雷水平条件下，使用 35kV 及以上复合材料横担可取消绝缘子，因绝缘子串风偏引起的对线路外侧风偏距离也相应减小，因此总体可大幅缩小线路走廊宽度。

选取国家电网公司典型设计 110kV1M–SZG1、220kV 双回钢管塔 2/2GA–SZ1 和 500kV 5C1–SZ2 双回直线塔进行对比，各电压等级单、双回路走廊宽度的减少量估算见表 3–4。

表 3–4　各电压等级铁塔改造前后输电走廊对比

电压等级（kV）	改造前（m）	改造后（m）	缩短距离（m）	缩短比例（%）
110	5.2	3.4	1.8	34.6
220	13.7	8.5	5.2	38
500	30.91	15.25	15.66	50.7

根据国家电网公司已实施的 35kV 及以上复合材料横担工程项目，江苏 220kV 茅蔷线改造工程采用 35kV 及以上复合材料横担杆塔，走廊宽度较常规钢管塔减少 2m。新疆—西北联网 750kV 第二通道工程采用 35kV 及以上复合材料横担杆塔，走廊宽度减小 13m，塔高降低 8m。锡盟—胜利 1000kV 特高压交流工程采用 35kV 及以上复合材料横担，其上字型复合绝缘横担塔较酒杯塔，走廊

宽度减小 21.2m。特别是在华东线路走廊紧张地区，有时拆迁赔偿费用已经超过了工程主体费用。因此 35kV 及以上复合材料横担在线路走廊紧张地区或老城区改造方面具有非常大的经济优势。

3.4　复合材料横担设计

3.4.1　10kV 复合材料横担设计

3.4.1.1　绝缘配合

雷电感应过电压是导致配电网跳闸及架空绝缘线路断线的重要因素，为满足不同区域供电可靠性的需求，通过采用复合材料横担提高架空绝缘线路绝缘水平是解决配电网雷击跳闸及绝缘导线雷击断线的有效措施。

1. 直线水泥单杆用复合材料横担主要电气参数

根据 Q/GDW 12069—2020《10kV 配电线路复合绝缘横担技术规范》直线水泥单杆用复合材料横担主要电气参数见表 3–5。

表 3–5　　　　直线水泥单杆用复合材料横担主要电气参数

干雷电冲击耐受电压（kV）	爬电距离（mm）	海拔（m）	干弧距离（mm）
≥350	≥750	≤4000	见表 3–6

2. 干弧距离

空气间隙的闪络电压取决于空气中的绝对湿度和空气密度，绝缘强度随着温度和绝对湿度增加而增加，随着空气密度减小而降低。湿度和周围温度的变化对外绝缘强度的影响通常会相互抵消。因此在确定设备外绝缘的耐受水平时，应考虑空气密度的影响。根据 GB 311.1—2012《绝缘配合　第 1 部分：定义、原则和规则》及 Q/GDW 13001—2014《国家电网公司物资采购标准　高海拔外绝缘配置技术规范》相关规定，对复合材料横担最小干弧距离进行海拔修正，以满足在各海拔下干雷电冲击耐受电压不小于 350kV 的要求。海拔修正系数公式如式（3–1）所示

$$k = e^{m\frac{H_2 - H_1}{8150}} \tag{3-1}$$

式中　H_2——复合材料横担安装地点海拔；

H_1——复合材料横担试验地点海拔；

m——海拔修正因子（工频、雷电电压取1，操作过电压取0.75）。

按海拔最高至4000m考虑，共分为1000m及以下、1000～2000m、2000～3000m及3000～4000m四种情况，对应复合材料横担在各海拔高度须满足的干弧距离，见表3-6。

表3-6　　各海拔对应复合材料横担干弧距离表

海拔 H（m）	海拔修正系数 k	干弧距离（mm）
H≤1000	1	≥600
1000<H≤2000	1.131	≥680
2000<H≤3000	1.278	≥770
3000<H≤4000	1.445	≥870

3. 爬电距离

根据GB 50061—2010《66kV及以下架空电力线路设计规范》附录B架空电力线路环境污秽等级评估表及Q/GDW 13001—2014《国家电网公司物资采购标准　高海拔外绝缘配置技术规范》相关规定，复合材料横担爬电距离不小于750mm，满足10kV架空绝缘线路在海拔4000m及e级污区情况下爬电距离要求，因此不再根据污秽等级要求对复合材料横担选型进行归类。

4. 架空绝缘线路防雷措施

架空绝缘线路因雷击发生对地击穿放电后，导线绝缘层上的放电击穿点呈一细小针孔，雷电流通过后，工频续流继续通过针孔通道。由于弧根被绝缘层击穿孔固定，电弧无法像裸导线上被短路电流产生的电动力排斥一样沿导线向负荷方向移动，因此绝缘导线比裸导线更易遭雷击断线。通过对架空绝缘线路雷击断线原理分析，导致架空绝缘线路断线的根本因素是雷击闪络后的工频续流电弧，因此，防护绝缘线路雷击断线的具体方法可归纳为如下两种：

（1）疏导式方法。疏导式方法的思路是允许架空绝缘线路有一定的雷击闪络概率，但要设法把雷击闪络后产生的工频续流电弧进行疏导，达到保护导线免于电弧烧伤断线的目的。这种方法主要包括防弧金具、放电箝位绝缘子等。通常情况下，疏导式方法实施简单，成本较低，不能降低线路的雷击跳闸次数，但能提高重合闸成功概率。

（2）堵塞式方法。堵塞式方法的思路是通过采取措施尽可能降低线路雷击闪络概率，或者采取措施阻止雷击闪络后工频续流起弧，达到防止绝缘导线烧伤断线的目的。这种方法主要包括加强线路绝缘、加设避雷线、加设氧化锌避雷器等。通常情况下，堵塞式方法可以降低线路雷击跳闸率、阻止线路产生工频续流电弧，防雷击断线的综合效果更好，缺点为实施相对复杂，成本较高。

10kV 绝缘线路防雷击断线措施均采用堵塞式方法。其中，直线水泥单杆采用复合材料横担加强线路绝缘，耐张杆（塔）及分支线路加设带间隙氧化锌避雷器或部分耐张杆导线耐张串内盘形瓷绝缘子片数增加至 5～6 片以加强线路绝缘。

5. 耐张杆（塔）绝缘配合及防雷措施

直线水泥单杆采用复合材料横担加强架空绝缘线路绝缘水平后，耐张杆（塔）仍采用铁横担布置方式。因耐张杆（塔）绝缘水平远低于直线水泥单杆，绝缘闪络和雷击断线将主要发生在耐张杆（塔）上。为保护绝缘导线及绝缘子，提高线路整体耐雷水平，耐张杆（塔）可采取以下两种方案。

（1）耐张杆（塔）保留现有 10kV 线路绝缘配置水平，耐张绝缘子及跳线绝缘子采用现有 10kV 线路用绝缘子，但耐张杆（塔）宜逐基安装避雷器保护线路。金属氧化物避雷器虽然具有良好的非线性伏安特性，能有效限制架空绝缘线路上的直击雷和雷电感应过电压，同时抑制工频续流起弧。但考虑到雷电活动有较大的地区差异和非均匀性、避雷器造价相对较高、避雷器引线搭接将产生新的故障点等因素，耐张杆（塔）安装避雷器的具体方案仍需根据地区防雷需求加以区分。

（2）部分耐张杆绝缘配置提升至 66kV 线路绝缘配置水平。导线耐张串内盘形瓷绝缘子片数增加至 5～6 片，导线跳线采用水平安装复合跳线绝缘子方式提升耐张杆耐雷水平。此方案作为耐张杆上铁横担向复合材料横担过渡过程中耐张杆绝缘配合及防雷方案的补充措施，可根据工程设计条件及地区实际情况选用，以减少避雷器安装量。

总之，耐张杆（塔）绝缘配合及防雷措施相关要求如下：

（1）须满足 Q/GDW 10370—2016《配电网技术导则》、国家电网设备〔2018〕979 号《国家电网有限公司关于印发十八项电网重大反事故措施（修订版）的通知》及相关规程规范要求。

（2）根据地区运行经验，综合造价分析及后期运维成本分析，选择安全、经济、适用的耐张杆（塔）避雷器安装方案。

（3）应用于新建或改造线路时，对于变电所出口处第一基杆（塔）、线路设备杆（塔）、电缆杆（塔）、直线杆（塔）分支线路及耐张杆（塔）分支线路的分支杆等重要节点处，应加设或调换大通流容量规格避雷器。

（4）对处于雷电地闪密度为 4.71 次/（km^2·a）（近似为雷暴日 60d）及以上地区且走廊两侧空旷或者突出地表的线路，应在临近变电站 1km 范围内的馈出线段和其他线路易击段逐基杆塔逐相安装大通流容量规格避雷器。

（5）采用其他方式提高耐张杆线路耐雷水平后可根据地区运行经验选择性安装避雷器。

6. 避雷器选型

金属氧化物避雷器具有良好的非线性伏安特性，能有效限制架空绝缘线路上的直击雷和雷电感应过电压，同时抑制工频续流起弧。金属氧化物避雷器一般可分为带间隙避雷器和无间隙避雷器两种类型。无间隙金属氧化物避雷器电阻片因长期承受系统运行电压，存在老化损坏问题，需定期进行维护检测，一般只用于保护变压器、电缆终端、线路开关等设备处；带间隙金属氧化物避雷器在系统正常运行时，大部分系统电压都施加在串联间隙上，本体电阻不存在老化问题，可免维护使用，一般用于保护线路导线及绝缘子。相对无间隙金属氧化物避雷器，带间隙金属氧化物避雷器即使本体损坏，因为有串联间隙隔离，也不会引起正常情况下的线路短路故障。根据两种避雷器不同电气特性，相关避雷器选型及使用要求如下：

（1）避雷器选型及使用要求须满足 DL/T 804—2014《交流电力系统金属氧化物避雷器使用导则》、GB 11032—2010《交流无间隙金属氧化物避雷器》及 DL/T 1292—2013《配电网架空绝缘线路雷击断线防护导则》相关规定。

（2）根据 Q/GDW 10370—2016《配电网技术导则》要求，保护线路（导线、绝缘子）应采用带间隙金属氧化锌避雷器，保护设备［电缆杆（塔）、开关杆、变台杆等］应采用无间隙金属氧化锌避雷器。

（3）为减少较高幅值雷电流下避雷器的故障率，控制雷击影响范围，综合试点总结要求，避雷器选型采用标称放电电流 10kA 级的大通流容量避雷器。避雷器主要电气参数见表 3–7。

表 3–7 避雷器主要电气参数表

参数	带间隙氧化锌避雷器	无间隙氧化锌避雷器
外绝缘护套	硅橡胶	硅橡胶
持续运行电压（kV）		13.6

续表

参数	带间隙氧化锌避雷器	无间隙氧化锌避雷器
额定电压（kV）	13	17
标称放电电流（kA）	10	10
8/20μS 标称放电电流下的残压（kV）	≤36	≤45
4/10μS 大电流冲击电流（kA，峰值）	≥100	≥100
2ms 方波冲击电流（A，峰值）	≥400	≥400
间隙形式	外串联固定间隙	—
间隙距离	根据地区需求及运行经验在技术规范书中明确	—

（4）应用于新建或改造线路时，对于变电站出口处第一基杆（塔）、线路设备杆（塔）、电缆杆（塔）、直线杆（塔）分支线路及耐张杆（塔）分支线路的分支杆等重要节点处，应加设或调换大通流容量规格避雷器。

（5）对处于雷电地闪密度为 4.71 次/（km^2 • a）（近似为雷暴日 60d）及以上地区且走廊两侧空旷或者突出地表的线路，应在临近变电站 1km 范围内的馈出线段和其他线路易击段逐基杆塔逐相安装大通流容量规格避雷器。

7. 接地

避雷器应设置接地体接地，接地形式应安全可靠。

3.4.1.2　结构设计

10kV 复合材料横担是通过将传统角钢横担绝缘化以提高线路绝缘水平的一种防雷方式，横担除了满足绝缘作用，还需承担导线在各种工况条件下形成的垂直力、水平力、纵向力等荷载。在复合材料横担的结构设计中，鉴于复合材料的模量较低，除了进行极限工况下的强度校核，还须重点进行极限工况下的挠度计算。

目前国内成熟的 10kV 复合材料横担主要有方管型、方棒型和圆棒型三种结构形式，国外主要采用方管型复合材料横担的结构形式。

1. 方管复合材料横担

方管复合材料横担采用方形或矩形截面，外部为薄壁空心管，管内填充聚氨酯泡沫，表面附防老化涂层且无伞裙，如图 3-31 所示。方管横担上无需压接金具，打孔后通过螺栓安装在水泥杆上。由于方管表面无伞裙，为满足爬电距离，横担两端需安装复合绝缘子。方管复合材料横担主材为薄壁空心方管，此种结构在满足强度要求外，大大提高了横担的整体刚度，避免了复合材料的低模量造成的横担挠度偏大问题，较好地发挥了复合材料轻质高强的特点。

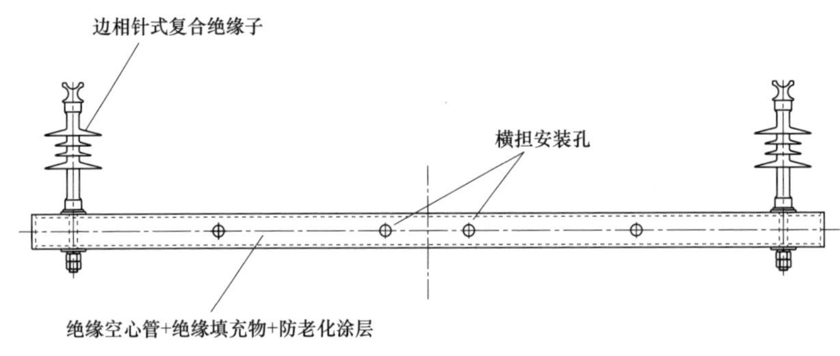

图 3－31　方管复合材料横担结构示意图

方管复合材料横担典型杆头布置形式有三角结构、水平结构、上字形结构、双垂直结构和双三角结构，和传统铁横担结构相似，能够完美兼容传统配电网线路。具体结构型式如图 3－32～图 3－37 所示。

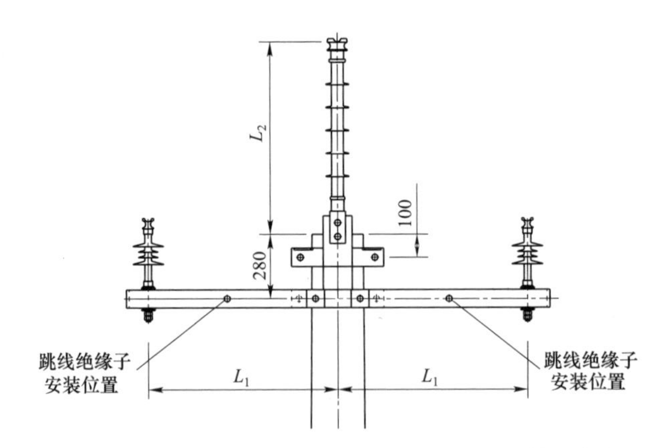

图 3－32　单回直线水泥单杆杆头示意图（方管三角）

2. 方棒和圆棒复合绝缘横担

复合绝缘子大量应用在输配电线路中，经过多年实践，其整体抗拉及抗压性能已经得到充分验证。方棒和圆棒复合材料横担借鉴复合绝缘子的结构形式，通过将芯棒直径增大以提高其整体抗弯性能，降低挠度。方棒和圆棒复合材料横担分别采用矩形和圆形实心芯棒，表面有伞裙，横担端部及中间压接金具，

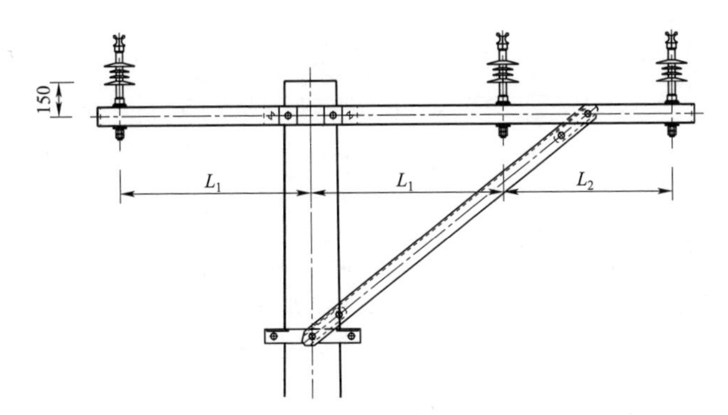

图 3-33　单回直线水泥单杆杆头示意图（方管水平）

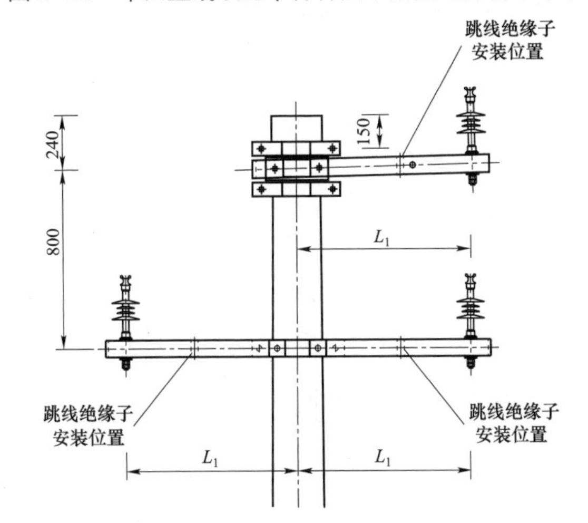

图 3-34　单回直线水泥单杆杆头示意图（方管上字形）

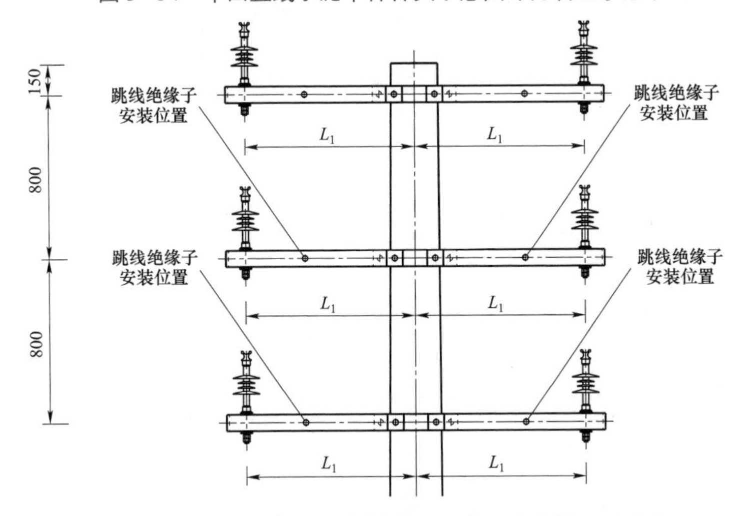

图 3-35　双回直线水泥单杆杆头示意图（方管双垂直）

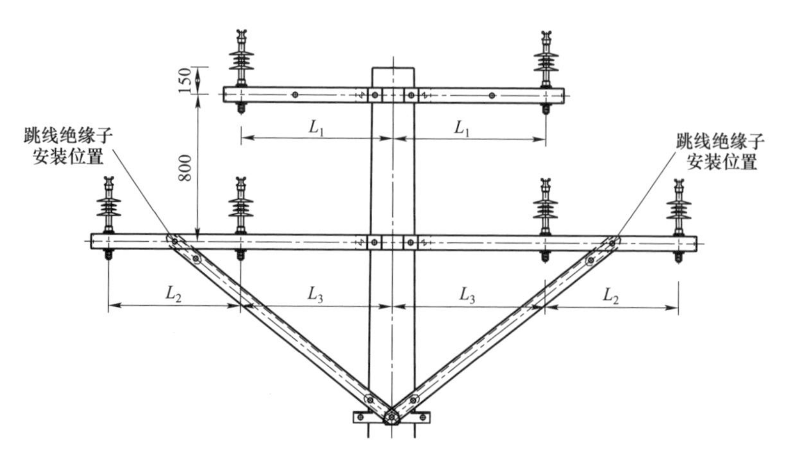

图 3–36　双回直线水泥单杆杆头示意图（方管双三角）

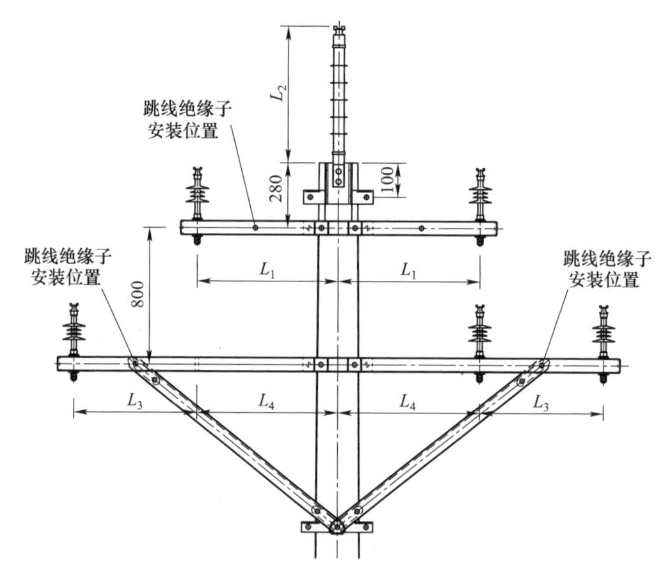

图 3–37　双回直线水泥单杆杆头示意图（方管上三角下水平）

实现导线绑扎和横担安装，如图 3–38 所示。由于芯棒表面存在伞裙，爬电距离满足要求，故无需增设绝缘子。

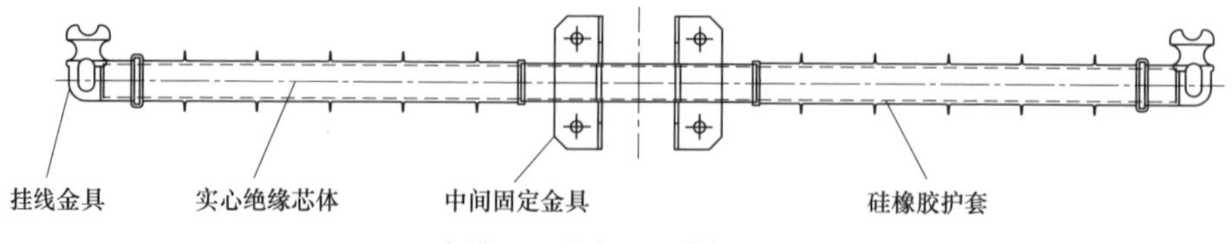

图 3–38　方棒和圆棒复合材料横担结构示意图

方棒和圆棒复合材料横担典型杆头布置形式有三角结构、上字形结构、水平结构、双垂直和双三角结构，具体结构型式如图 3-39～图 3-43 所示。

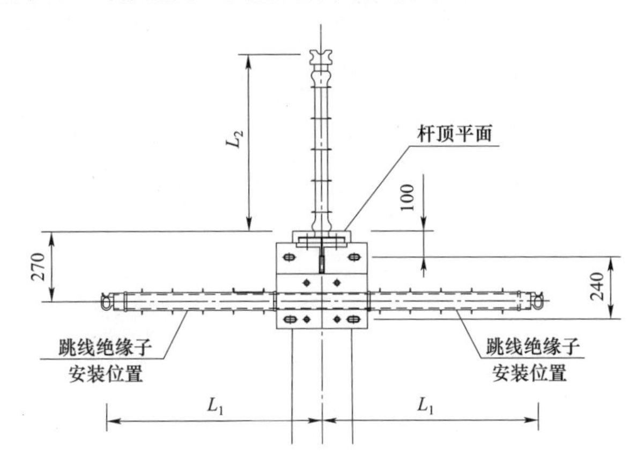

图 3-39　单回直线水泥单杆杆头示意图（方棒/圆棒三角）

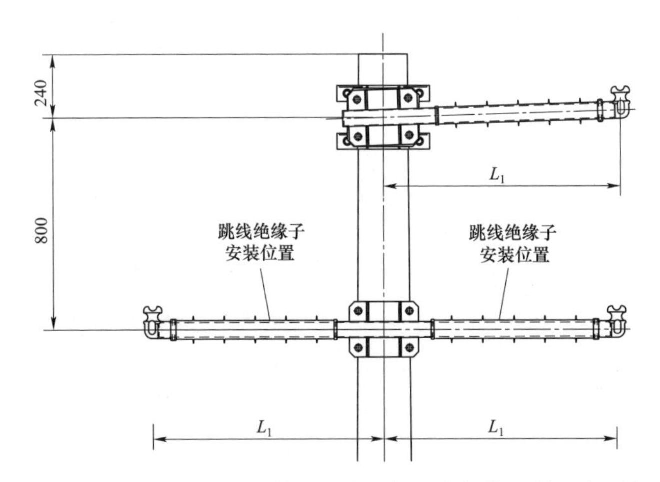

图 3-40　单回直线水泥单杆杆头示意图（方棒/圆棒上字型）

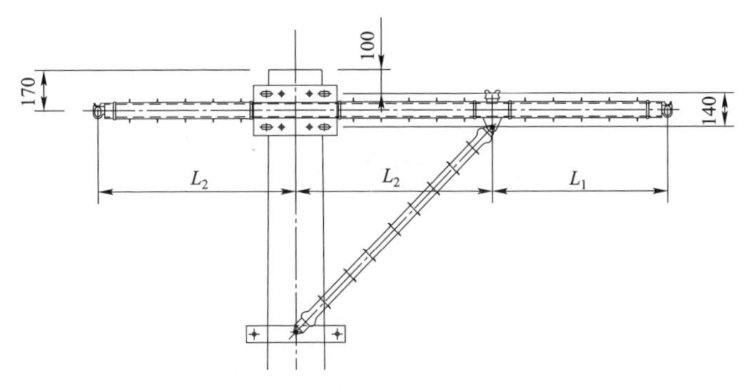

图 3-41　单回直线水泥单杆杆头示意图（方棒/圆棒水平）

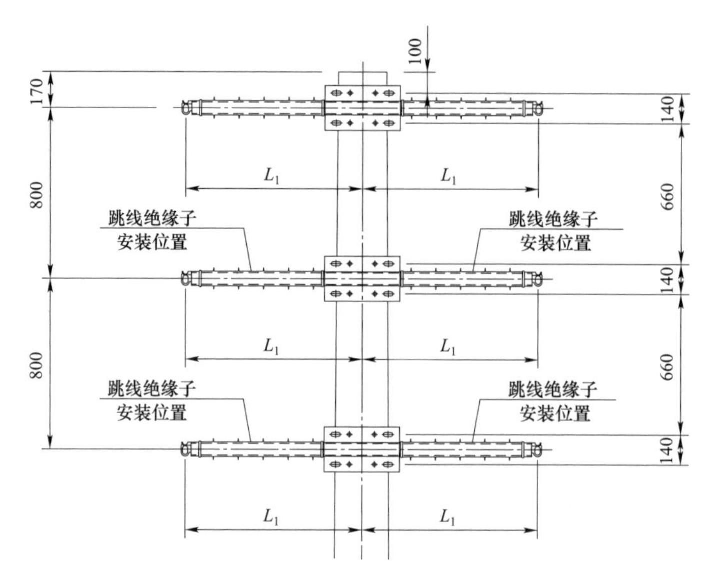

图 3-42　双回直线水泥单杆杆头示意图（方棒/圆棒双垂直）

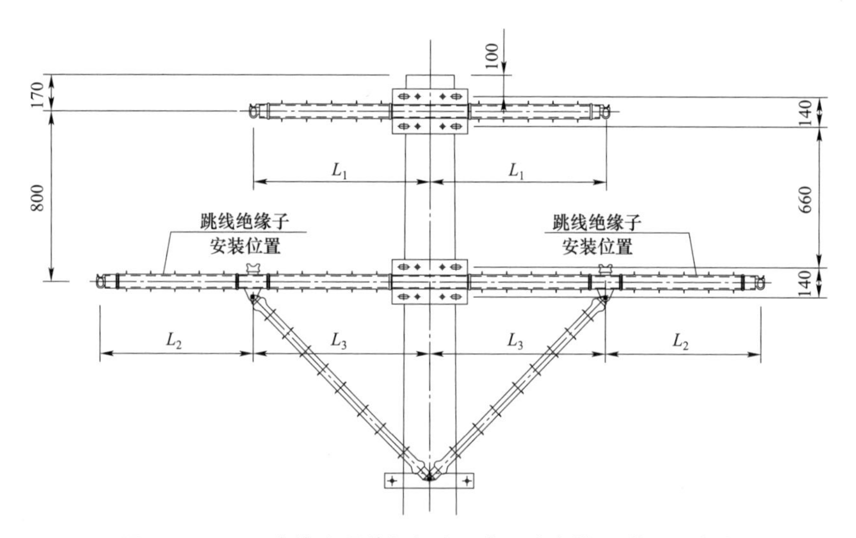

图 3-43　双回直线水泥单杆杆头示意图（方棒/圆棒双三角）

3.4.2　35kV 及以上复合材料横担设计

3.4.2.1　电气设计

1. 绝缘配合设计

（1）设计原则。塔头绝缘由复合绝缘子横担、端部挂线金具串和空气间隙组成。设计原则如下：

1）在正常运行（工频）电压作用下，复合绝缘子横担和端部挂线金具应有足够的机械破坏强度。复合绝缘子横担不仅要对结构强度进行计算，也要对结构稳定安全系数进行计算。挂线金具串应在规程规定的线路运行情况下计算允许的机械荷载，并考虑一定的安全系数来进行选取。

2）在正常运行（工频）电压作用下，复合绝缘子横担应具有足够的电气绝缘强度。这就是说，在正常工频电压作用下，特别是绝缘子表面积有一定的污秽时，绝缘子串不会发生闪络。

3）复合绝缘子横担应能耐受操作过电压（内过电压）的作用而不发生闪络。

（2）绝缘爬距的计算。复合绝缘子横担的绝缘水平应符合工频电压的泄漏距离要求，同时应满足操作过电压及防雷水平的要求。

1）按工频污闪电压要求选择。按照 DL/T 620—1997《交流电气装置的过电压保护和绝缘配合》的规定，用爬电比距计算法计算绝缘爬距

$$mL_o \geqslant \lambda U_m / K_e \tag{3-2}$$

式中 m ——每串绝缘子片数；

λ ——不同污秽条件下爬电比距，cm/kV；

U_m ——系统最高电压，kV；

K_e ——绝缘子爬电距离的有效系数；

L_o ——每片悬式绝缘子的几何爬电距离。

按照 GB 50061—2010《66kV 及以下架空电力线路设计规范》附录的介绍：在原能源部能源办（1993）45 号文《关于颁发电力系统电瓷防污有关规定的通知》中，暂定有机复合绝缘子的爬电距离可按瓷绝缘的 75%设计。

因此，复合绝缘子横担的绝缘爬距计算如下

$$L \geqslant \lambda U_m / K_e \times 75\% \tag{3-3}$$

2）按操作过电压要求选择。根据 DL/T 620—1997 规程要求，操作过电压要求的线路绝缘子串正极性操作冲击电压波 50%放电电压 U_s 应符合下式要求

$$U_s \geqslant K_1 U_o$$

式中 U_o——线路相对地统计操作过电压；

K_1——线路绝缘子串操作过电压统计配合系数，取 1.17。

3）按雷电过电压要求选择。一般不按雷电过电压的要求来选择复合绝缘子横担，而是根据已选定的复合绝缘子横担的绝缘水平，来估算或者经过试验来

确定线路的耐雷水平。

（3）塔头空气间隙。依据 GB 50061—2010《66kV 及以下架空电力线路设计规范》和 GB 50545—2010《110kV～750kV 架空输电线路设计规范》规定，在海拔不超过 1000m 的地区，在相应风偏条件下，带电部分与杆塔构件（包括拉线、脚钉等）的最小间隙应符合表 3-8 的规定。

表 3-8　带电部分与杆塔构件的最小间隙　（单位：kV）

标称电压	66	110	220	330	500	750
工频电压	0.20	0.25	0.55	0.90	1.20	1.30
操作过电压	0.50	0.70	1.45	1.95	2.50	2.70
雷电过电压	0.65	1.00	1.90	2.30	3.30	3.30

在海拔 1000m 以下地区，带电作业时，带电部分对杆塔与接地部分的校验间隙应符合表 3-9 的规定。

表 3-9　带电部分对杆塔与接地部分的校验间隙

标称电压（kV）	66	110	220	330	500	750
校验间隙（m）	0.7	1.00	1.80	2.20	3.20	4.00

注　1. 对操作人员需要停留工作的部位，应考虑人体活动范围0.5m。
2. 校验带电作用的间隙时应采用下列计算条件：气温15℃，风速10m/s。

2. 防雷

杆塔上地线对边导线的保护角应符合 GB 50061—2010《66kV 及以下架空电力线路设计规范》和 GB 50545—2010《110～750kV 架空输电线路设计规范》的规定。

3. 导线布置

35kV 及以上复合材料横担不仅需要满足绝缘配合和防雷要求，其长度还应符合规范中的规定。

对于 1000m 以下档距，水平线间距离宜按下式计算

$$D \geqslant 0.4L_k + \frac{U}{110} + 0.65\sqrt{f} \tag{3-4}$$

式中　D ——导线水平线间距离，m;

L_k——悬垂绝缘子串长度，m（此处为金具串长度）；

U——线路电压，kV；

f——导线最大弧垂，m。

导线垂直排列的垂直线间距离，宜采用上述公式计算结果的 75%。使用悬垂绝缘子串的杆塔的最小垂直线间距离应符合表 3–10 规定。

表 3–10　　使用悬垂绝缘子串杆塔的最小垂直线间距离

标称电压（kV）	66	110	220	330	500	750
垂直线间距离（m）	2.25	3.5	5.5	7.5	10.0	12.5

如无运行经验，覆冰地区上下层相邻导线间或地线与相邻导线间的最小水平偏移，宜符合表 3–11 规定。

表 3–11　　上下相邻导线间或地线与相邻导线间的最小水平偏移

标称电压（kV）	66	110	220	330	500	750
设计冰厚 10mm（m）	0.35	0.5	1.0	1.5	1.75	2.0

注　无冰区可不考虑水平偏移，设计冰厚5mm 地区，上下层相邻导线间或地线与相邻导线间的水平偏移，可根据运行经验参照表3–13适当减少。

3.4.2.2　结构设计

复合材料横担一般采用绝缘压杆+绝缘拉杆的结构型式。绝缘压杆及绝缘拉杆芯棒为环氧实心棒，芯棒表面包敷硅橡胶护套和伞裙，芯棒两端压接金具，通过在压接金具上设置连接孔等结构实现整套横担在杆塔上的组装。根据不同杆型及线路设计条件选择不同的结构组合形式，具体如下所述。

小档距直线钢管杆可采用一拉一压（1 根绝缘压杆+1 根绝缘拉杆）的结构组合形式，如图 3–44 所示。

荷载较大的钢管杆，使用单根压杆难以承受断线荷载，通常采用一拉两压（2 根绝缘压杆+1 根绝缘拉杆）的结构组合形式，其结构相对稳定，不容易发生失稳，如图 3–45、图 3–46 所示。

角钢塔断线荷载较大，横担较长，结合角钢塔的结构特点，通常采用两拉两压（2 根绝缘压杆+2 根绝缘拉杆）的结构组合形式，如图 3–47 所示。

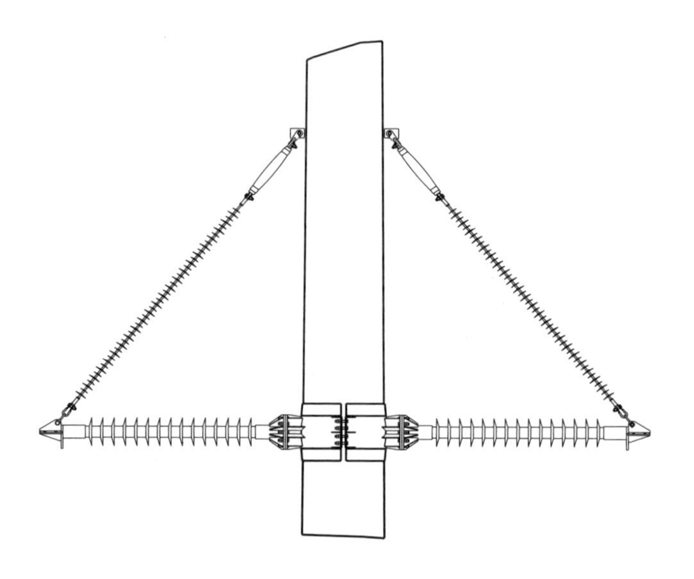

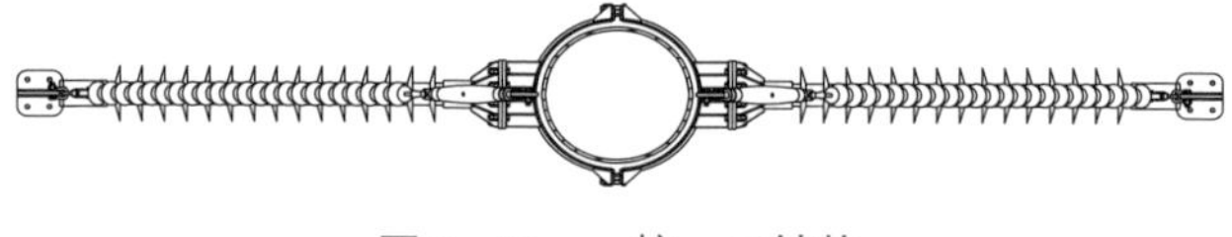

图 3-44 一拉一压结构

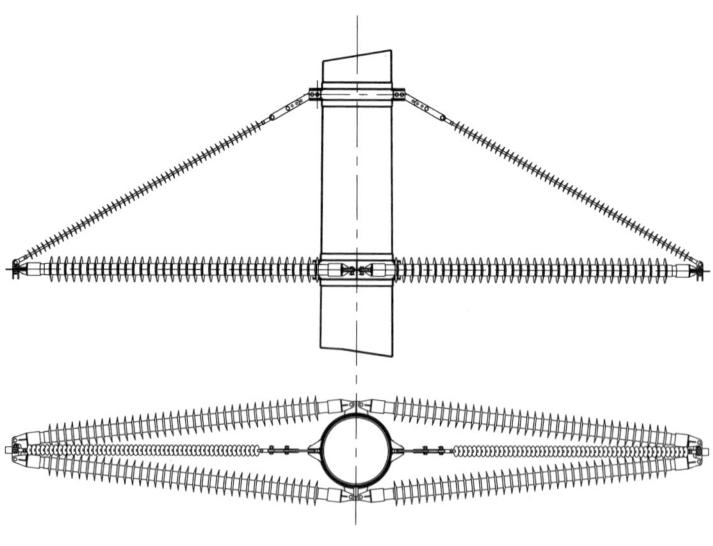

图 3-45 一拉两压结构 I

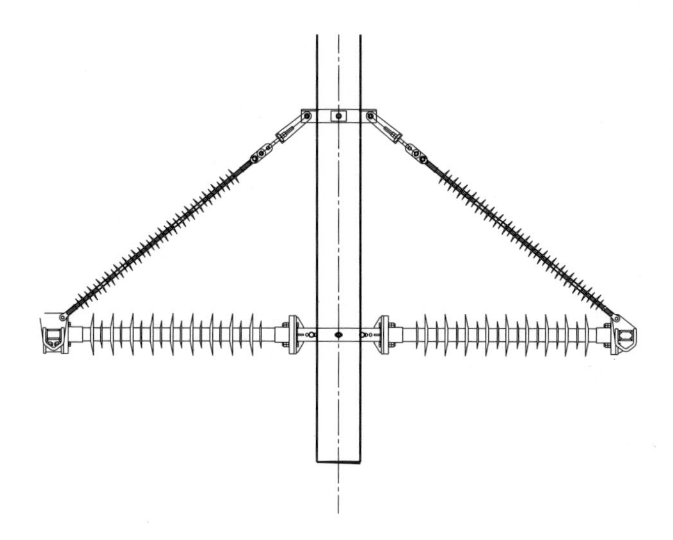

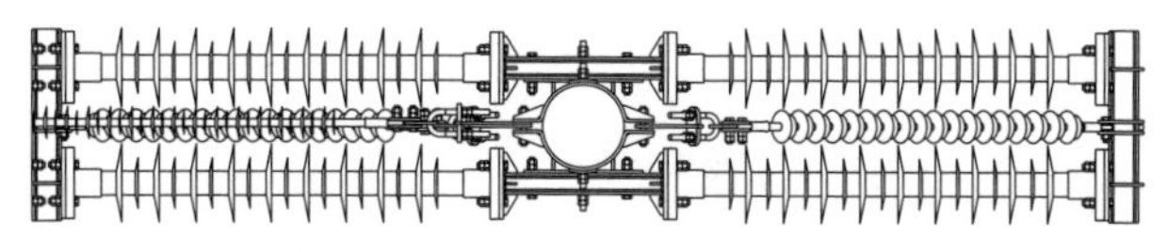

图3-46 一拉两压结构Ⅱ

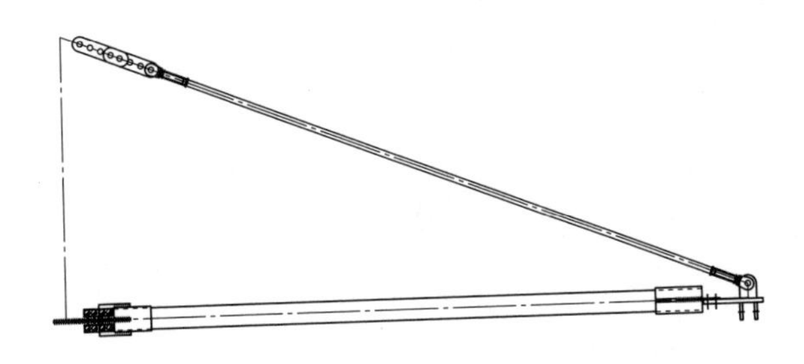

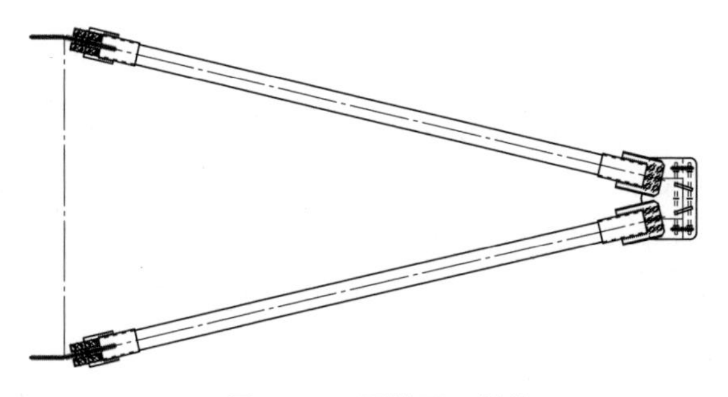

图3-47 两拉两压结构

水泥门形杆为双杆结构，建议边相采用一拉两压的结构形式，中相采用两拉四压的结构形式，如图 3–48 所示。

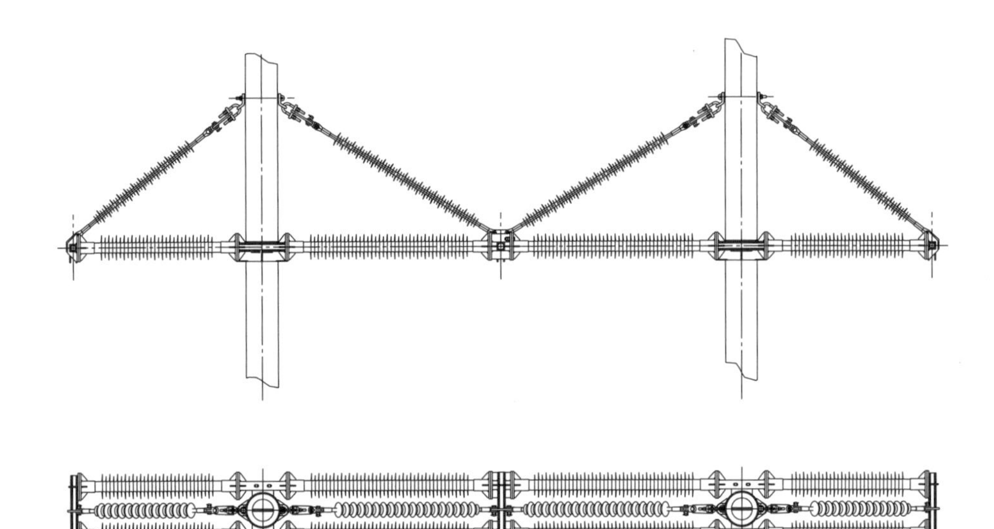

图 3–48　水泥门形杆改造形式

3.5　复合材料横担制造

3.5.1　10kV 复合材料横担制造

3.5.1.1　方管复合材料横担

1. 方管横担原材料

（1）绝缘空心管原材料。绝缘空心管材质为复合材料，由树脂和纤维增强材料构成。树脂宜采用聚氨酯或环氧树脂；纤维增强材料宜采用无碱玻璃纤维、玄武岩纤维及其制品等绝缘材料；表面宜采用防老化涂层材料。

（2）绝缘填充物原材料。绝缘填充物宜采用闭孔发泡材料，应与绝缘空心管内壁黏接紧密，其性能要求见表 3–12。

表 3-12 绝缘填充物材料性能要求

序号	试验项目	取样	性能要求
1	表观密度	绝缘填充物	≥0.18g/cm^3
2	吸水率		≤0.5%
3	染料渗透		≥15min
4	击穿强度（交流）		≥30kV/cm
5	体积电阻率		≥1.0×10^{12}Ω·m

（3）防老化涂层原材料。防老化涂层材料性能要求见表 3-13。

表 3-13 防老化涂层材料性能要求

序号	试验项目	取样	性能要求
1	厚度	涂层	≥40μm
2	附着力		≥1 级
3	紫外试验（1000h）		无气泡，无裂纹等表面劣化 失光度≥1 级，附着力≥1 级
4	交变湿热试验（28d）		无气泡，无裂纹等表面劣化 失光度≥1 级，附着力≥1 级
5	盐雾试验（1000h）		无气泡，无裂纹等表面劣化 失光度≥1 级，附着力≥1 级

（4）针式复合绝缘子原材料。针式复合绝缘子原材料参照第 4 章复合绝缘子。

（5）抱箍原材料。抱箍宜采用钢材加工，强度应满足横担极限工况下受力要求。

2. 方管横担制造工艺

（1）方管成型工艺。复合材料绝缘空心管主要通过拉挤成型工艺制造。拉挤成型工艺是将浸渍树脂胶液的连续玻璃纤维束、带或布等，在牵引力的作用下通过挤压模具成型、固化，连续不断地生产长度不限的复合材料型材。这种工艺最适于生产各种截面形状的复合材料型材，如棒、管、实体型材（工字形、槽形、方形型材）和空腹型材（门窗型材、叶片等）等。

拉挤工艺流程如图 3-49 所示。无捻粗纱从纱架 1 引出后，经过排纱器 2 进入浸胶槽 3 浸透树脂胶液，然后进入预成型模 4，将多余树脂和气泡排出，再进入成型固化模 5 凝胶、固化。固化后的制品由牵引机 6 连续不断地从模具中拔出，最后由切割机 7 定长切断。在成型过程中，送纱工序可以增加连续纤维毡、环向缠绕纱或用三向织物以提高制品横向强度。

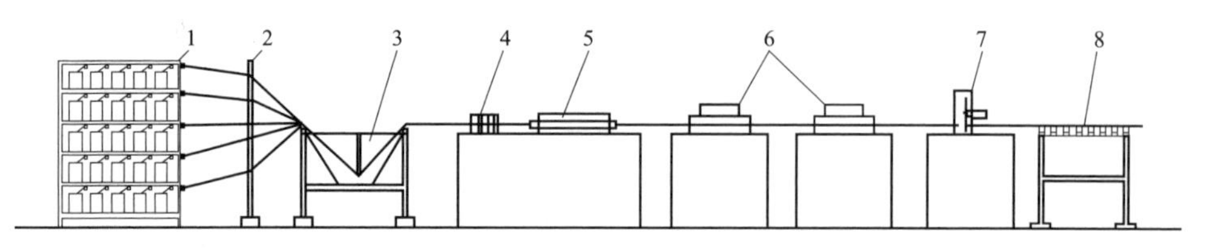

图 3–49　拉挤成型工艺流程示意图

1—纱架；2—排纱器；3—胶槽；4—预成型模；5—成型固化模具；
6—牵引装置；7—切割装置；8—制品托架

（2）切割打孔。参照加工图纸长度，调节台锯切割长度，切割前检查横担端面是否平整，如不平整须切割加工。

切割完成后可进行打孔加工，如用台钻钻孔，将预先加工的定位套与横担对齐，在横担表面标记孔中心位置，定位后将横担置于台钻下钻对穿孔；如用数控加工设备，则直接将图纸中尺寸输入，放置好横担，运行程序即可完成加工。

（3）发泡填充。将圆管型衬套装入复合材料方管孔中，衬套端面不得低于横担表面，超出部分须处理平整。

用端盖将复合材料空管底部封堵，将横担放置在发泡工装平台上。根据发泡量用量调节发泡机注射量，将枪头放入横担上端开口，注射，完成后，取出枪头，启动推杆将复合材料管两端顶住，待发泡料停止溢出后，取下横担，搬运过程中注意轻拿轻放。

（4）涂装。清洁横担表面，去掉浮灰、油污，并保持表面干燥。配制涂料，采用喷涂工艺进行生产，喷涂时注意调整黏度、流速、距离，保证横担表面均匀，无流挂、无气泡。

（5）针式复合绝缘子成型。针式复合绝缘子成型参照 4.4 复合绝缘子的制造。

（6）抱箍成型。抱箍通过对钢材进行切割、弯折、焊接、打孔、镀锌等工艺加工而成。

3. 方管横担制造设备

方管横担制造设备见表 3–14。

表3-14　　方管横担制造设备

序号	设备名称	用途
1	复合材料拉挤设备	生产复合材料绝缘空心管
2	复合材料切割机	切割复合材料
3	台钻	复合材料管钻孔
4	发泡设备	注射发泡料填充
5	固化炉	复合材料固化

3.5.1.2　10kV棒形复合材料横担制造

1. 10kV 棒形复合材料横担原材料

10kV 棒形复合材料横担方棒、圆棒复合材料横担由复合材料芯棒、硅橡胶伞裙和金具构成。

（1）复合材料芯棒原材料。复合材料芯棒由树脂和纤维增强材料构成。树脂宜采用环氧树脂，纤维增强材料宜采用玻璃纤维。

绝缘芯体应符合 DL/T 1580 的规定。

（2）硅橡胶伞裙原材料。硅橡胶伞裙主要由硅橡胶、白炭黑和氢氧化铝粉构成，其性能要求见表 3-15。

表3-15　　方棒绝缘横担硅橡胶伞裙材料性能要求

序号	试验项目	取样	性能要求
1	憎水性	伞裙	HC1
2	硬度		硬度变化值≤20%
3	扯断强度		≥4MPa
4	拉断伸长率		≥150%
5	抗撕裂强度（直角法）		≥10kN/m
6	耐漏电起痕性和耐电蚀损性		≥1A4.5
7	击穿强度（交流）		≥20kV/mm
8	可燃性		FV-0 级
9	电阻率		表面电阻率≥$1.0 \times 10^{12}\Omega$ 体积电阻率≥$1.0 \times 10^{12}\Omega \cdot m$
10	加速气候试验（1000h 紫外）		通过
11	起痕和蚀损试验（1000h 盐雾）		通过

（3）端部金具原材料。压接金具宜选用钢材或铝合金材质，选用钢材时须进行热镀锌处理。钢材应符合 GB/T 700 和 GB/T 1591 中的规定，金属铸件应符合 JB/T 5891 的规定，热镀锌层应符合 JB/T 8177 的规定。

（4）抱箍原材料。抱箍宜采用钢材加工，强度应满足横担极限工况下受力要求。

2. 方棒横担制造工艺

（1）复合材料芯棒成型。绝缘芯体通过拉挤成型工艺制造，其工艺流程如图 3–49 所示。

（2）切割和打磨。调节台锯挡板位置，根据产品长度进行切割，切割后应检查芯体端面是否平整。对芯体表面进行打磨烘干处理，并在芯体表面均匀涂覆黏接剂。

（3）压接金具。端部及中部金具与复合材料芯棒通过压接工艺进行组装。

压接组装工艺是通过计算机程控扣压机将金具和芯棒进行弧面向心等应力扣压，并采用声发射探测技术监控，使金具产生一定的塑性变形套装在芯棒上，在金具与芯棒的接触面上产生一定的预压应力，当横担承受负荷时，此压应力转变成轴向摩擦力而承载，从而增强了端部连接结构的可靠性，有效地防止了压接过程中欠压和过压现象的发生。

（4）胶料准备。胶料准备过程中，不能沾染粉尘、油污、水分和汗渍等，加料时不能将硫化胶及其他杂物混入胶料中。

（5）注射成型硫化。硅橡胶伞裙通过注射成型硫化工艺包覆在复合材料芯棒表面。

注射成型硫化工艺是通过将特殊处理过的芯棒放入专用模具中用注射机整体注射硫化成型而成，使伞裙、芯棒与金具之间紧密地连成一体，克服了单伞套装时伞裙和护套间存在多个界面的缺点，将界面减至最少，最大限度地发挥了整体绝缘的优势。

（6）抱箍成型。抱箍通过对钢材进行切割、弯折、焊接、打孔、镀锌等工艺加工而成。

3. 方棒横担制造设备

10kV 棒形复合材料横担制造设备见表 3–16。

表 3-16 横担制造设备

序号	设备名称	用途
1	复合材料拉挤设备	生产复合材料绝缘芯棒
2	复合材料切割机	切割复合材料
3	平板硫化机	橡胶硫化
4	橡胶注射成型机	橡胶注射
5	注射专用模具	注射成型绝缘子，配合注射机一起使用
6	芯棒打磨机	打磨芯棒
7	压接机	压接金具
8	声发射探伤仪	检测压接状态
9	加压式捏炼机、开炼机、真空捏和机	炼胶

3.5.2 35kV 及以上复合材料横担制造

35kV 及以上复合材料横担由绝缘压杆、绝缘拉杆、挂点金具、调节金具、塔身金具等组成，如图 3-50 所示。

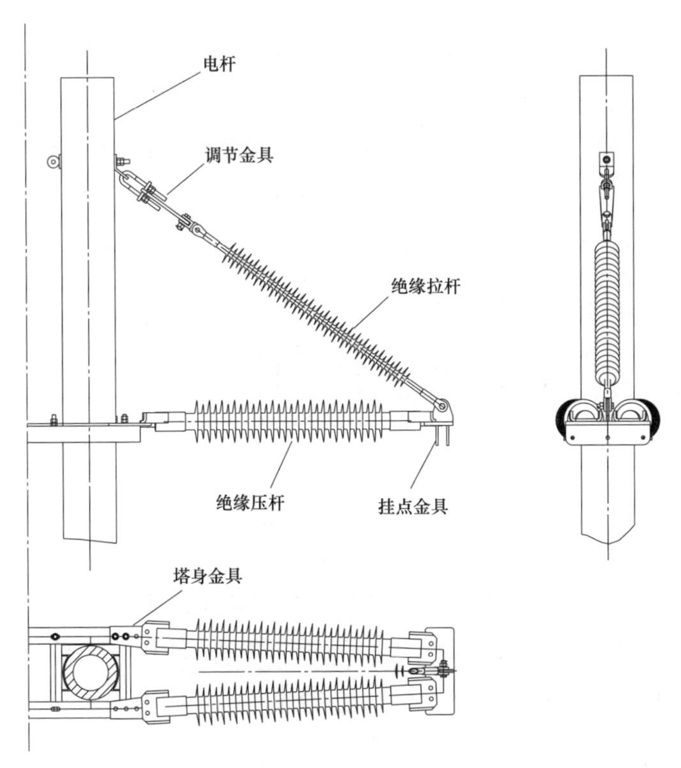

图 3-50 35kV 及以上复合材料横担结构示意图

1. 原材料

（1）绝缘压杆原材料。绝缘压杆由实心绝缘芯体、表面护套和伞裙、端部金具构成，如图 3–51 所示。

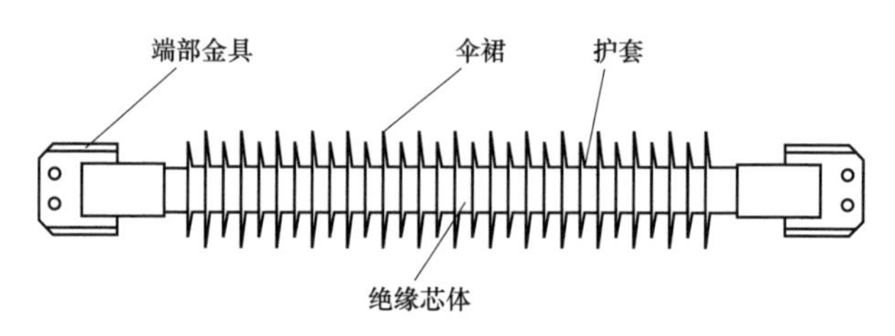

图 3–51　绝缘压杆结构示意图

1）绝缘芯体。绝缘芯体一般为实心圆柱体复合材料，由树脂和纤维增强材料构成。树脂宜采用环氧树脂，纤维增强材料宜采用玻璃纤维。绝缘芯体应符合 DL/T 1580 的规定。

2）护套和伞裙。护套和伞裙材料为硅橡胶，其性能应符合 DL/T 376 的规定。

3）端部金具。端部金具宜选用钢材，选用钢材时须进行热镀锌处理。钢材应符合 GB/T 700 和 GB/T 1591 中的规定，金属铸件应符合 JB/T 5891 的规定，热镀锌层应符合 JB/T 8177 的规定。

（2）35kV 及以上复合材料横担绝缘拉杆。绝缘拉杆由实心绝缘芯体、表面护套和伞裙、端部金具构成，如图 3–52 所示。绝缘拉杆用绝缘芯体、护套和伞裙、端部金具的材料要求参照绝缘压杆执行。

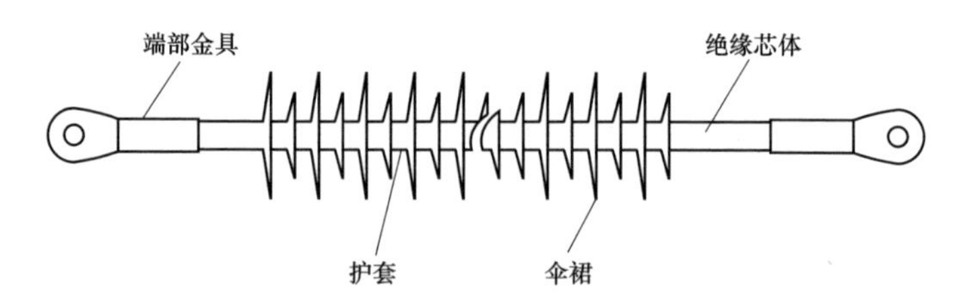

图 3–52　绝缘拉杆结构示意图

（3）35kV 及以上复合材料横担挂点金具和调节金具。挂点金具、调节金具等金具宜选用钢材，钢材应符合 GB/T 700 和 GB/T 1591 中的规定，金属铸件应符合 JB/T 5891 的规定，热镀锌层应符合 JB/T 8177 的规定。

2. 横担制造工艺

（1）35kV 及以上复合材料横担绝缘压杆制造工艺。绝缘压杆制造工艺参照

3.5.1.2 中“10kV 棒形复合材料横担制造”。

（2）35kV 及以上复合材料横担绝缘拉杆制造工艺。绝缘拉杆制造工艺参照第 4 章“4.4 复合绝缘子的制造”。

（3）35kV 及以上复合材料横担挂点金具、调节金具等金具制造工艺。挂点金具、调节金具等主要通过对钢材的切割、折弯、焊接、打孔、镀锌等工艺制备。

3. 横担制造设备

35kV 及以上复合材料横担制造设备与 10kV 棒形复合材料横担制造设备相同，见表 3–16。

3.6　复合材料横担的施工及运维注意事项

3.6.1　10kV 复合材料横担施工及运维注意事项

（1）在运输及安装过程中横担要轻拿轻放，严禁暴力施工。

（2）安装前检查横担（和斜撑）、横担（和斜撑）外观应无裂纹、破损等现象。

（3）安装前检查金具配件，确保与横担（和斜撑）接触的金具配件表面无锌瘤、翘曲等现象，金具与横担（和斜撑）之间无任何夹杂物。

（4）安装前检查绝缘子，绝缘子硅橡胶护套不得出现鼓包、划伤等现象。

（5）螺栓用扳手紧固牢靠，扳手宜用梅花扳手或者固定扳手，以便于施工。

（6）安装时宜将部分零配件在地面组装好后再登杆作业，也可在登杆后将各零配件在杆上逐一组装。

3.6.2　35kV 及以上复合材料横担施工及运维注意事项

35kV 及以上复合材料横担的包装及运输应符合 GB/T 191 及 JB/T 9673 绝缘子产品包装的有关规定。绝缘子的包装应保证在正常运输中，不致因包装不良而使绝缘子损坏。复合材料横担拆除包装后在施工过程中严禁抛掷，严禁使用尖锐物件撞击伞套部位。

以硅橡胶为基体的高分子聚合物制成的伞盘具有良好的憎水性，因而具有很高的污闪电压。即使表面积满污秽，由于分子间的迁移作用，污秽表面仍具有良好的憎水性，因而将其使用于污秽区，能有效地防止污闪事故的发生，且运行中基本不需清扫。

复合绝缘子防污性能优异，在运行中基本不需要清扫，可以保证在四级污秽区安全运行，但其表面附等值盐密不得超过 0.4mg/cm^2，灰密不得超过 2mg/cm^2，如个别地段在检测中发现盐密、灰密值接近或超过上述极限值，则应对合成绝缘子的表面进行清洗，清洗的方法为使用压力值不超过 0.2MPa 的水对合成绝缘子的表面进行冲洗。

关于检修，一方面硅橡胶伞裙可以承受检修时人员的踩踏，另一方面硅橡胶伞裙提供的绝缘爬距比较富裕，压接硅橡胶伞裙时可考虑分段压接，检修人员可以踩踏非硅橡胶伞裙部分。

设计时考虑将复合横担进行标准化，使得复合横担可以通用，提前备用一定数量的复合横担，如果出现问题，可以及时更换。

3.7　复合材料横担的发展趋势

10kV 复合材料横担可耐受大部分感应雷击作用，明显降低线路雷击跳闸率，受到用户的一致好评，市场规模逐年扩大，近年来已形成年均约 2 亿元的产业。考虑到线路运行安全，目前国内 10kV 复合材料横担主要应用在直线水泥杆上，福建省有部分地区耐张杆和转角杆采用复合材料横担，自 2016 年挂网运行后，抵御了多次强台风的侵袭，运行状态良好。考虑到国外耐张杆复合材料横担的大量应用及福建省的良好运行状况，未来可考虑在耐张杆进行试点应用。和传统角钢横担相比，10kV 复合材料横担除了具有绝缘优势外，还具有重量轻的特点。但是横担的配件，如方棒与圆棒横担的压接金具和安装用的抱箍目前主要为钢制金具，这部分钢制金具在整套横担重量中占比较大。目前国内部分厂家已经在横担减重方面做了大量工作，一方面通过将横担本体截面形式进行优化以降低横担本体的重量，如近年来出现的 T 形、三角形、空心圆管型等诸多截面形式；另一方面采用高强铝合金材料代替钢材以达到减重的目的。

35kV 及以上复合材料横担可大幅提高线路绝缘水平，有效地防止线路污秽、雷击、覆冰闪络，防鸟害效果显著，可有效保证线路的安全可靠运行。截至目前，35kV 及以上复合材料横担主要应用于 220kV 及以下电压等级的老旧线路直线塔改造，自 2015 年挂网以来，运行状况良好。由于老旧线路塔型众多，复合材料横担存在多样化设计的特点，不利于批量化生产供货，开展

35kV 及以上复合材料横担典型化设计工作，已成为复合材料横担广泛应用的迫切需要。

随着运行经验的不断积累、线路设计和制造技术的不断改进，复合材料横担的结构将更加优化，性能更加优异，其应用范围和数量也将不断增大，发展前景广阔。

第4章 复合绝缘子

4.1 复合绝缘子介绍

高压绝缘子的应用对于电力系统的安全稳定运行具有重要作用，传统的瓷质、玻璃绝缘子已运用一百多年，复合绝缘子的概念在 20 世纪 50 年代提出，于 70 年代末 80 年代初在国外得到快速发展，90 年代在国内开始推广应用，目前已广泛使用在架空输电线路和变电站绝缘等方面。

自 20 世纪 60 年代开始，世界上众多的发达国家，如德、美、英、法、日等就已经开始研究利用有机高分子聚合物制造户外复合绝缘子。最先采用的绝缘材料主要有脂环族环氧树脂、二元乙丙橡胶、三元乙丙橡胶、聚四氟乙烯以及室温硫化硅橡胶（简称 RTV）等，但由这些材料制造的复合绝缘子在使用运行一定的时间后都出现了一些问题：环氧树脂易老化、开裂、憎水性丧失、表面产生漏电起痕；乙丙橡胶运行几年后出现憎水性下降、褪色、开裂、产生漏电起痕；聚四氟乙烯没有憎水性迁移特性，表面积污后易出现腐蚀和伞盘洞穿等问题，且价格昂贵，加工困难；RTV 耐漏电起痕、电蚀损性能和机械强度不太理想，有表面机械损伤及腐蚀开裂等问题。唯独高温硫化硅橡胶（简称 HTV）使用效果比较好，不易老化，耐漏电起痕与电蚀损性能相对较好，尤其是在其表面积污后仍具有良好的憎水迁移特性，成为制造户外复合绝缘子的首选材料。

从 20 世纪 70 年代末 80 年代初开始，欧美国家和地区逐渐采用 HTV 作为电气绝缘材料制造复合绝缘子的伞裙护套，该类型复合绝缘子比瓷质、玻璃绝缘子具有更加优异的耐污特性，使其得以步入高速发展时期。美国专利 US005977216A 介绍了一种具有良好物理机械性能和改进了的高压电气绝缘性能的硅橡胶，专门用于制造复合绝缘子和高压套管。国际上较著名的生产 HTV 材料的公司还有美国道康宁公司、GE 公司、ReliablePowerProduct 公司，德国

Wacker 公司、Rosenthal 公司和日本 Toshiba 公司等。

差不多同时我国的一些高校、研究院所（如清华大学、武汉水利水电学院、华东电力试验研究院、西安电瓷研究所）等单位相继开展了采用 HTV 材料研制复合绝缘子工作，并开发出 35～500kV 各型号系列复合绝缘子产品。虽然我国对复合绝缘子的研究起步较晚，但是在吸取国外经验教训的基础上，起步较高，一开始就研制出了 HTV 复合绝缘子。其芯棒与端部附件的连接方式从初始的胶接式、螺纹式再到内、外楔并逐步发展到现在先进的压接工艺。目前，我国直流复合绝缘子的综合技术已达国际领先水平，尤其是复合绝缘子在硅橡胶配方、压接技术、密封技术、均压环设计、端部附件设计、高强度芯棒制造技术、伞形设计、锌套设计、运行经验等方面更是国际领先。至 2014 年底，已有不少于 700 万支（110kV 及以上）的硅橡胶复合绝缘子在全国电网上运行，产生了显著的经济效益（见图 4-1、图 4-2）。

图 4-1　线路棒形悬式复合绝缘子

图 4-2　换流站用柱式复合绝缘子

4.2 复合绝缘子特点

复合绝缘子至少由两种绝缘部件构成，即芯棒（一般为树脂浸渍纤维，也有瓷质或树脂型，本书仅介绍常规树脂浸渍型）和伞套，并装有端部装配件的绝缘子。复合绝缘子可以由多个单伞套在芯棒上（带或不带中间护套），或者一次或数次直接模压或注射在芯棒上。

传统的瓷质或玻璃绝缘子的结构为单一绝缘材料组成，其机械性能（拉伸、压缩、弯曲、扭转）和电气性能等都由这一种材料承担，不易发挥其最佳优势。而复合绝缘子由多种材料构成，可将绝缘子的各项功能由不同材料分开承担，共同发挥它们的最佳功能。

伞套是复合绝缘子外绝缘件，其作用是使复合绝缘子具有足够的防污闪和湿闪的电气性能，提供必要的爬电距离并保护芯棒免受环境影响。伞套在运行状态持续受到强电场影响并可能遭受局部电弧及泄漏电流的烧蚀，同时其直接与大气接触，需经受各类恶劣气候及污染影响，因此通常要求伞套必须具备良好的耐漏电起痕及电蚀损性、防污闪性、耐大气及紫外老化性以及机械性能。其主要材料组成一般为甲基乙烯基硅橡胶、气相法白炭黑、氢氧化铝粉、硫化剂、硅油等。

复合绝缘子的芯棒作为复合绝缘子内部绝缘及机械负荷的承载部件，用来保证机械及内绝缘性能，要求具有很高的机械强度、绝缘性能和长期稳定性。目前芯棒普遍采用以树脂作为基体，单向玻璃纤维作为增强材料的拉挤引拔棒。采用注射或热压成型的复合绝缘子要求使用抗高温型引拔棒；防酸蚀棒芯具有良好的耐酸碱腐蚀能力。其主要材料组成一般为无碱玻璃纤维、环氧树脂；耐酸芯棒采用无硼低碱玻璃纤维、耐酸环氧树脂。

端部装配件作为绝缘子机械负荷的传递部件，它与芯棒装配在一起，用于将绝缘子连接至杆塔和导线、支持结构、设备或另一绝缘子。端部附件自身性能、其与芯棒连接结构的机械稳定性以及端部附件、芯棒、伞套三者结合端部界面的密封性将直接影响到复合绝缘子长期运行安全稳定性。

4.2.1 复合绝缘子伞套材料防污秽及其他性能特点

复合绝缘子最为出众的优点在于其具有优异的防污性能，可以有效防止输电线路污闪跳闸事故，保证线路的安全运行。而憎水及憎水迁移特性是影响复合绝缘子防污秽能力的基本因素。作为复合绝缘子外绝缘组成的硅橡胶由于其自身结构具有极好的憎水及憎水迁移性。

硅橡胶主要是由高摩尔质量的线型聚硅氧烷组成。由于–Si–O–Si–键是其构成的基本键型，硅原子主要连接甲基，侧链上引入极少量的不饱和基团，分子间作用力小，分子呈螺旋状结构，甲基朝外排列并可自由旋转，因此硅橡胶硫化后具有优异的耐高、低温、耐候、憎水、憎水迁移、电气绝缘性、生理惰性等特点。

1. 耐候性

如前所述，有机硅产品的主链为–Si–O–Si–，无双键存在，且键能比紫外线辐照能量高，因此不易被紫外光和臭氧所分解。有机硅具有比其他高分子材料更好的热稳定性以及耐辐照和耐候能力，在自然环境下的使用寿命可达几十年。

2. 耐温特性及化学稳定性

硅橡胶（Silicone Rubber）是一种分子键兼具无机和有机性质的高分子弹性材料，它的分子主键由硅原子和氧原子交替组成（–Si–O–Si–）。硅氧键的键能达 370kJ/mol，比紫外线辐照能量高，比一般的橡胶的 C–C 结合键能 240kJ/mol 更要大得多，在高温（或辐射照射）下分子的化学键不断裂、不分解。可在 - 90～+300℃温度范围内长期使用，仍不失原有的强度和弹性。

硅橡胶硫化成型后，主链和侧链上均没有活性基团，因此硅橡胶具备极佳的化学稳定性，酸和碱都不会对其分子结构造成影响。

而且，无论是化学性能还是物理机械性能，随温度的变化都很小。

3. 电气绝缘性能

硅橡胶具有良好的电绝缘性能，其介电损耗、耐电压、耐电弧、耐电晕、体积电阻系数和表面电阻系数等均在绝缘材料中名列前茅，而且它们的电气性能受温度和电场频率的影响很小。其常规性能参数见表 4–1。

表 4–1　　硅橡胶的电气特性

介电常数（50Hz）	2.8	介质损耗角正切（50Hz）	4×10^{-3}
体积电阻率	$10^{15}\Omega\cdot cm$	击穿场强（1mm 厚试片）	25kV/mm
表面电阻率	$10^{12}\Omega\cdot cm$	耐漏电起痕	1A4.5kV

4. 优异的憎水性和憎水迁移性

硅橡胶为基材的复合绝缘子外绝缘表面呈现的憎水性和憎水迁移性是由硅橡胶材料特有的分子成分和分子结构决定的。有机硅的主链十分柔顺，其分子间的作用力比碳氢化合物要弱得多，因此，比同分子量的碳氢化合物黏度低，表面张力弱，表面能小，成膜能力强。这种低表面张力和低表面能使其具备优良的憎水性，使得雨水在硅橡胶表面呈水珠状，随时滚落，不会形成导电水膜或连成线状的水流，这是电气设备在湿态条件下使用具有高可靠性的保障。而且，硅橡胶材料具备特殊的憎水迁移性，硅橡胶良好的憎水性能在 24～48h 内迁移至其表面的污秽上，使污秽表面也具备憎水性。所以硅橡胶具有极高的耐污闪、耐雨闪能力。

硅橡胶产品能在电力系统中大量运行，主要得益于其优异的憎水性、憎水迁移性和耐污闪能力。现行市场上的产品分类见表 4-2、表 4-3。

表 4-2　　硅 橡 胶 分 类

品种	基本特点
室温硫化硅橡胶（RTV）	具有优良的憎水性能和耐污秽性能，硬度低；但因室温硫化，各方面机械性能及耐电蚀损性能较差，老化性能也较差
高温硫化硅橡胶（HTV）	具有耐老化、耐漏电起痕及电蚀损、憎水性、防污性、阻燃性、耐臭氧性、耐紫外光性、耐潮湿、耐高低温和抗撕强度高特点
液体硅橡胶（LSR）	具备高温硫化硅橡胶的所有优点，在工艺性能、耐漏电起痕、耐高低温性能和憎水性能方面表现更加优异

表 4-3　　三类硅橡胶的基本性能比较

品种	工艺性能	物理性能	应用
室温硫化硅橡胶（RTV）	室温硫化，流动性很好，成型工艺简单，可在现场进行操作	分子量级低，抗撕强度、耐紫外光性及耐电蚀损等性能较差	可做涂料喷涂，也可做简单的注塑成型
高温硫化硅橡胶（HTV）	140～180℃高温硫化，流动性差，特殊形状或大型设备成型工艺复杂；氧化剂易产气并留存于产品中，且对模具有腐蚀	硬度高，耐老化、耐漏电起痕、憎水性、防污性、耐紫外光性、耐高低温和抗撕强度高	用于中小型绝缘子、套管等的外绝缘
液体硅橡胶（LSR）	90～140℃硫化，流动性好，铂金催化剂直接加在硅橡胶组分中，双组分混合交联，成型工艺简单特别适合做大型设备外绝缘，且对模具无损伤	分子量级介于 RTV 和 HTV 之间，硬度低，机械性能较 RTV 高出很多，而电气性能又较 HTV 高，憎水性比另两种硅橡胶稳定	用于各种绝缘子、套管等的外绝缘，尤其是大型设备的外绝缘

硅橡胶材料具有优良的化学稳定性，耐高、低温性能，耐大气及臭氧老化性能，但是其分子间的距离大，分子间作用力弱，这就造成硅橡胶本身的机械强度不高，硬度、耐磨、耐漏电起痕和耐电蚀损性能都不高，需要添加补强剂、阻燃剂等各类助剂。通过添加适量气相法白炭黑，可以使抗张强度达到 3～7MPa，抗撕裂强度可达 5～15kN/m；添加三水和氧化铝做阻燃剂可大幅提高耐

漏电起痕和电蚀损性能。添加其他助剂可有效提高硅橡胶的某些性能，同时还可以降低复合绝缘子的成本。但是填料的添加对硅橡胶本身的性能也会产生影响。补强剂可以提高硅橡胶的机械强度，但是会降低硅橡胶制品的电阻率和工频击穿电压，增大工频相对介电常数和介损；阻燃剂虽然可以提高制品的耐漏电起痕和电蚀损性能，但会减弱硅橡胶材料的憎水性能。所以，需要综合考虑各类添加剂在硅橡胶材料中的比重，使各类添加剂达到最佳配比，以达到效果最优，如图 4-3 所示。

图 4-3　绝缘子硅橡胶憎水特性

复合绝缘子用硅橡胶性能应能满足 DL/T 376《复合绝缘子用硅橡胶绝缘材料通用技术条件》要求。

表 4-4　复合绝缘子用硅橡胶主要技术参数

项号	检测项目	单位	DL/T 376 规定值
1	体积电阻率	Ω·m	$\geqslant 1.0\times10^{12}$
2	直流击穿场强（厚度：2mm）	kV/mm	≥30
3	抗撕裂强度（直角法）	kN/m	≥10
4	机械扯断强度	MPa	≥4
5	拉断伸长率	—	≥150%
6	邵氏硬度	Shore A	≥50
7	可燃性	—	FV-0
8	耐漏电起痕及电蚀损	—	1A4.5 级

4.2.2 复合绝缘子芯棒性能特点

1. 芯棒

芯棒是复合绝缘子机械负荷的承载部件，同时又是内绝缘的主要部分，要求它有很高的机械强度、绝缘性能和长期稳定性。玻璃纤维是芯棒的骨架。将玻璃纤维高温熔融成直径小于或等于 10μm 左右、外表光滑的圆柱状纤维，其拉伸破坏应力高达 1000～1500MPa。以环氧树脂为基体材料，通过硅类表面处理剂固化成形，将玻璃纤维黏合成整体，从而组成环氧玻璃纤维引拔棒，以此来承受和传递机械负荷。在芯棒中，玻璃纤维的含量一般在60%～80%，所以引拔固化后的环氧玻璃纤维引拔棒的抗张强度大于600MPa，其抗张强度大约是普通碳素钢的2.5倍。如ϕ18mm芯棒的抗张强度可以达到130～170kN，ϕ50mm芯棒可以产生额定荷载1000kN的复合绝缘子。玻璃纤维引拔棒的强度大，而单位长度的质量小，仅为钢材的1/4左右。同时环氧玻璃纤维引拔棒（芯棒）还具有良好的抗弯曲性能，且芯棒材料中，由于玻璃纤维与环氧树脂交接面具有吸振的能力，因此对振动的阻尼很高，其减振能力比金属优越，这对于长期承受导线传递的微风频率振动是有好处的。根据试验，即使纤维增强型材料出现一定损伤后，还可以经受上万次交变应力循环作用。而金属材料一旦出现疲劳裂纹后，经过很少次数的交变应力循环，就会很快发生突然断裂，所以复合绝缘子中的环氧玻璃纤维芯棒的抗疲劳性能比金属优越。基于此，纤维增强复合材料为制造尺寸小、承载拉力大的复合绝缘子提供了有利条件。

按构成芯棒的主要材料玻璃纤维的性质分类，目前国内外存在着四种质量不同、性能不同、价格也不同的环氧玻璃纤维芯棒：

（1）E型玻璃纤维普通环氧树脂芯棒（不耐酸，抗拉强度为600～800MPa）。

（2）E型玻璃纤维改进型环氧树脂芯棒（耐酸性能不良，抗拉强度为600～800MPa）。

（3）ECR型耐酸玻璃纤维改进型环氧树脂芯棒（耐酸，抗拉强度大于1000MPa）。

（4）ECR改进型耐酸高温玻璃纤维芯棒（耐酸、耐高温、抗拉强度大于1000MPa）。

2. 耐酸芯棒

最新研制出的无硼纤维耐酸芯棒具有比普通芯棒更好的耐酸性能，可以大大降低脆性断裂（简称脆断）发生的可能性。复合绝缘子的脆断事故对电力系统危害十分严重，成为生产厂家和电力部门非常关注的问题。目前所有脆断均发生在E型玻璃纤维制成的普通芯棒上。国内外研究者一般都认为脆断是由于承载的绝缘子芯棒受到酸蚀环境的腐蚀作用而发生的，并称为应力腐蚀。自从输电线路中的复合绝缘子发生脆断事故以来，德国赫斯特陶瓷公司从提高芯棒的耐应力腐蚀性能出发，改变原来芯棒中使用的E型玻璃纤维，采用一种称为电气等级腐蚀（electrical grade corrosion，ECR）的无硼纤维，生产出耐应力腐蚀性能大大提高的芯棒。近年来，国内外大多数芯棒厂家都采用 ECR 型玻璃纤维生产芯棒，并推荐了关于复合绝缘子用芯棒在酸性环境下的耐应力腐蚀性能的试验方法，这种芯棒逐渐得到了用户的认可，普遍称这种提高了耐应力腐蚀性能的芯棒为耐酸芯棒。但不是所有 ECR 型纤维芯棒都具有很好的耐酸性能，所以应选用耐应力腐蚀性能较好的耐酸芯棒。耐酸芯棒的定义，国内外没有统一明确的规定，目前大致认为在酸性环境下能达到应力腐蚀标准的芯棒为耐酸芯棒。我国电力行业标准 DL/T 810—2012《±500kV 直流棒形悬式复合绝缘子技术条件》中规定应力腐蚀标准为：芯棒在 67%的额定载荷（SML）下，在浓度为 1mol/L 的硝酸溶液中不间断耐受 96h。以 ECR 型玻璃纤维材料为基材生产耐酸芯棒，自从使用以来未有过脆断事故的报道。研究也表明，采用 ECR 型玻璃纤维制成的耐酸芯棒的耐应力腐蚀性能得到了极大的提高。特高压输电线路对线路的安全稳定性要求更高，复合绝缘子的脆断也成为考虑的一大问题，而对于耐酸芯棒的长期性能目前还没有最终的认识，采用耐酸芯棒后，复合绝缘子是否不发生脆断仍然很难回答。

清华大学的有关研究结论表明：

（1）即使是已经达到现有应力腐蚀试验标准的耐酸芯棒，耐应力腐蚀性能之间也存在较大差别，耐应力腐蚀性能更好的耐酸芯棒，在非常严酷的条件下也极难发生脆断。

（2）耐酸芯棒在某一浓度的酸液环境和表面刻痕的条件下，存在一个导致其断裂的临界应力值，临界断裂应力值随酸液浓度和表面微裂纹深度的增加而减小，反映了芯棒耐应力腐蚀性能的差异。

（3）复合绝缘子芯棒应用于特别重要的工程时，可以适当提高现行应力腐蚀试验标准的要求，以挑选出性能更加优异的耐酸芯棒。

3. 芯棒的工艺特点

从芯棒的生产工艺上来看，也有两个明显的阶段。早期用于连续生产玻璃纤维型材（FRP）的拉挤生产工艺均采用开放式浸胶。在常压下使玻璃纤维通过胶槽浸胶，然后经过成形模固化成形，经牵引机拉出；制造出各种 FRP 型材。由于玻璃纤维在经过浸胶槽时是在常压状态下进行的，因此很容易发生玻璃纤维浸胶不透和夹带气泡，产品性能受环境影响大，这样大大影响到了复合绝缘子的运行性能。目前已经有厂家和科研单位研制出新型芯棒生产工艺——连续树脂传递模塑（continuous resin transfer modeling，CRTM）新工艺，通常又称为芯棒的注射拉挤工艺。通过这种新工艺生产出来的玻璃纤维芯棒具有以下明显的优点：

（1）玻璃纤维与树脂充分浸透；

（2）FRP 制品中的气泡含量少；

（3）芯棒玻璃纤维含量高；

（4）机电性能优良；

（5）注射的树脂一直保持有相同的固化特性；

（6）芯棒透明，使产品缺陷（如夹杂、结砂、气泡多等）易于发现和剔除。

目前利用这种工艺的芯棒已经投入批量生产，也正在被越来越多的复合绝缘子生产厂家所采用。

另外，由于站用柱式复合绝缘子根据实际应用，由于设备高度较大，需承受较大弯曲、扭转、高抗压等组合荷载。为满足使用需求，特别在站用大直径（ϕ150mm 以上）芯棒成型方面，除整体一次拉挤成型工艺外，国内相关科研院所与制造厂商进行了大量拓展性研究及开发应用。目前还存在预编织真空浸渍成型工艺、多芯棒组合成型工艺、缠绕成型工艺及空心缠绕（或拉缠）后内腔填充绝缘材料等多种方式，由于目前尚未形成统一标准，实际性能良莠不齐，在实际应用中应注意进行测试甄别，本文在此不进行赘述。

复合绝缘子在输电系统中具有重要的作用。运行过程中，由于受到外界环境和运行条件的影响，环氧玻璃引拔芯棒中的玻璃纤维易遭受水的侵蚀，会造成芯棒力学性能的下降，同时如果长时间浸水后会使树脂发生水解而损坏，最终导致其电性能的下降。芯棒在干燥的正常状态下工频击穿强度很高，大于 12kV/cm，冲击击穿强度达到 100kV/cm。但一旦受潮后，绝缘强度迅速下降，甚至丧失绝缘能力。所以环氧玻璃纤维芯棒作为绝缘子芯棒时，必须保证芯棒不受水的侵蚀，以确保芯棒的机械强度和绝缘水平。在选用复合绝缘子时，应该优先选用拉挤工艺生产的 ECR 改进型耐酸耐高温玻璃纤维芯棒，这样可以最大程度地保护芯棒内的玻璃纤维不受外界环境的影响。

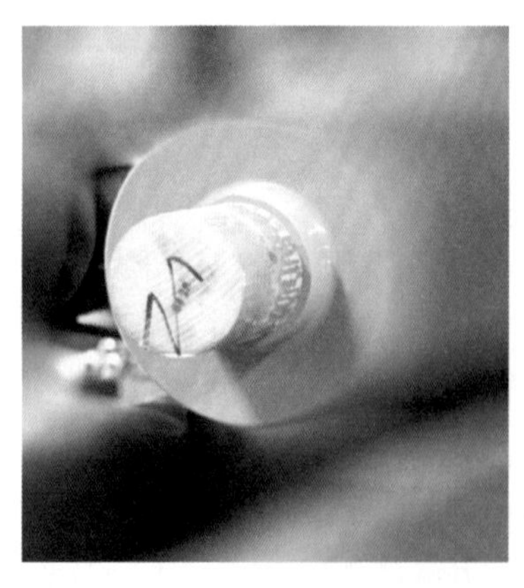

图 4–4　绝缘子复合材料芯棒

复合绝缘子用芯棒应能满足 DL/T 1580—2016《交、直流棒形悬式复合绝缘子用芯棒技术规范》，如图 4–4、表 4–5 所示。

表 4-5　　复合绝缘子用芯棒主要性能参数

项号	检测项目	一般规范要求值
1	吸水率	≤0.05%
2	干工频耐受电压	80%工频闪络电压值耐受 30min 后温升不超过 5K
3	雷电冲击耐受电压（10mm±0.5mm）	≥+100kV
4	拉伸强度	≥1100MPa
5	弯曲强度	≥900MPa
6	面内剪切强度	≥35MPa
7	耐应力腐蚀试验	1N 浓度硝酸，96h 内未出现断裂
8	染料渗透试验	品红溶液渗透 15min 后，无渗透
9	水扩散试验（100h）	≤50μA（r.m.s）
10	直流击穿电压试验［(10±0.5) mm］	≥50kV
11	体积电阻率试验	≥1.0X^{10}Ω·m（140℃时）

4.2.3　复合绝缘子轻量化

复合绝缘子芯棒密度一般在 2.0～2.2g/cm^3，其强度远高于瓷，硅胶密度一般在 1.5g/cm^3 左右，相较瓷的密度低得多，因而复合绝缘子的重量比瓷绝缘子轻得多，同时随着电压等级升高，绝缘子尺寸加大，这种重量差也急剧加大。这样复合绝缘子在杆塔结构及输电线路设计、绝缘子的运输、安装等方面具有较大优势。

4.2.4　复合绝缘子老化因素

复合绝缘子绝缘部件为有机物，相对于无机物瓷及玻璃，运行中在气候环境、紫外、覆冰、臭氧及湿热老化等多因素作用下更易产生老化。因此，必须适当地对材料配方及制造工艺进行优化调整，增加一定安全裕度，才可以将这种老化降低到不足以影响绝缘子的长期安全稳定运行。

4.3　复合绝缘子的设计

绝缘子要满足绝缘支撑功能，应满足基本电气及机械强度需求：

（1）电气性能。在工作电压下不发生污闪，在操作过电压下不发生湿闪，具有足够的雷电冲击绝缘水平，能保证足够耐雷水平，雷击跳闸率满足规定要求，电晕及无线电干扰符合相关规范要求。

（2）机械性能。能承受导线或设备在静态、风、雪、故障断线等各类工况下的机械载荷，如有配合设备使用的还应根据设备运行或环境要求等满足特定电气或机械性能。

4.3.1 复合绝缘子电气性能设计

复合绝缘子的绝缘性能由绝缘子串及空气间隙尺寸决定，其选择原则如下：

（1）在正常运行（工频）电压下，绝缘子应有足够的电气绝缘强度。其原因在于正常工频电压作用下，特别是绝缘子有一定积污时，有可能沿绝缘子串表面发生闪络。为避免该问题，通常要考虑绝缘子串的爬电比距（也称单位泄漏距离，cm/kV），即利用绝缘子串的污闪特性来选择绝缘子。该设计可依据Q/GDW 152—2006《电力系统污区分级与外绝缘选择标准》表征自然环境的污湿特征和现场绝缘子的污秽度，并参考 GB/T 26218.3—2011《污秽条件下使用的高压绝缘子的选择和尺寸确定　第 3 部分：交流系统用复合绝缘子》第 7 条，依此确定绝缘子的爬电比距，根据相应电压即可得出复合绝缘子的爬电距离（见图 4–5）。

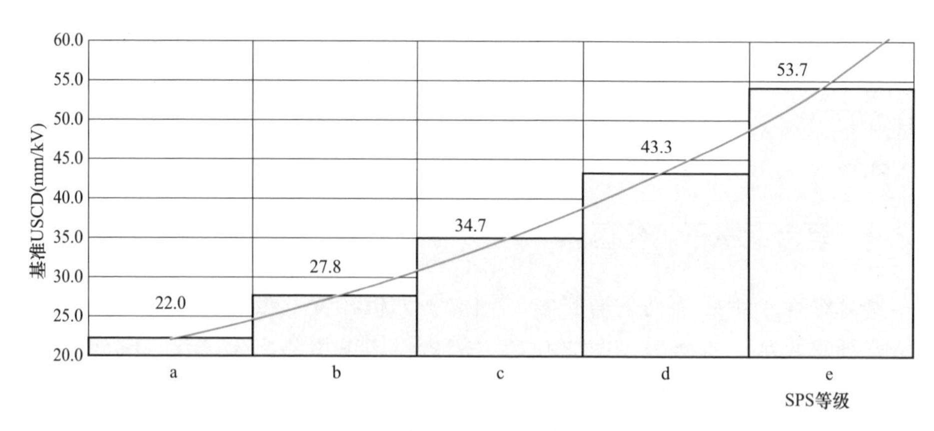

图 4–5　统一爬电比距与污区等级对应曲线图

此外，还可通过给定参考爬电系数偏离值来确定复合绝缘子的干弧距离参考值，并在后面结合其他电气性能进行校核，如图 4–6 所示。

$$\text{爬电系数}\ CF=l/A \tag{4-1}$$

式中 l——绝缘子的总爬电距离；

A——绝缘子的干弧距离。

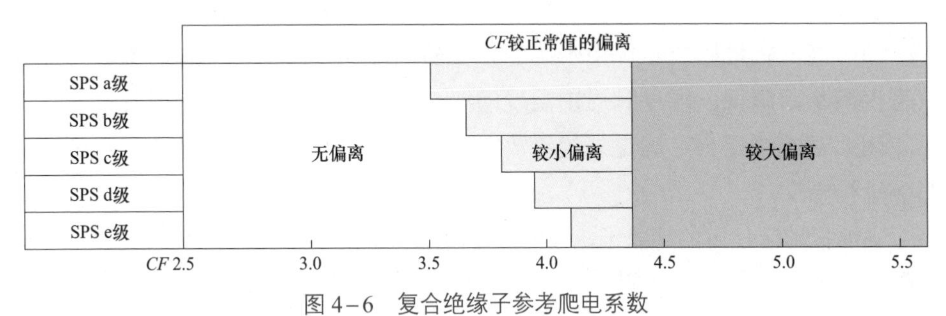

图4-6 复合绝缘子参考爬电系数

（2）绝缘子串还应能有耐受内过电压（操作过电压）的作用，其绝缘子片数选择应满足操作过电压要求。

操作过电压是电力系统中由于开关操作或事故状态引起的过电压。操作过电压的类型很多，其频率约几十赫兹到几千赫兹，幅值最高可达 4 倍最大相电压，因此，电力系统的绝缘还应按能耐受操作过电压来考虑。早期的观点认为，可用工频放电电压乘以操作冲击系数来代表操作冲击放电电压进行绝缘选择。随着系统电压的不断提高，各国对操作过电压进行了广泛的研究。通过研究发现，在操作冲击波作用下，外绝缘放电有许多与工频放电不同的新特点。所以，现在一致认为，特别对 330kV 及以上的输电线路，绝缘的操作冲击特性应采用操作冲击波作用下的试验数据。

（3）一般不按外过电压（雷电过电压）的要求来选择绝缘子的绝缘强度，而是根据已选定的绝缘水平（即按工频电压及操作过电压所确定的绝缘子型式及尺寸）来估算线路的耐雷性能，同时可参考 GB/T 311.1—2012《绝缘配合》进行一定校核。在特殊工况，如高塔、大跨越等需要提高耐雷水平或高接地电阻的杆塔才适当考虑雷电过电压的需求。同时，在耐张绝缘子串上，由于其耐受的机械应力比悬垂绝缘子串大，出现故障的概率比悬垂绝缘子串高且检修困难，因此其电气强度设计应略高于悬垂绝缘子串。根据 DL/T 1122—2009《架空输电线路外绝缘配置技术导则》建议，不同雷区复合绝缘子外绝缘配置应满足如下要求：

1）多雷区线路使用复合绝缘子时，干弧距离应加长 10%～15%，或综合考虑在导线侧加装 1～2 片悬式绝缘子。500kV 复合绝缘子的干弧距离不宜小于 4340mm 的串长，220kV 复合绝缘子的电弧距离不宜小于 2044mm 的串长，110kV 复合绝缘子的电弧距离不宜小于 1022mm 的串长。

2）强雷区在满足风偏和导线对地距离要求的前提下，线路使用复合绝缘子时，干弧距离应加长20%，或综合考虑在导线侧加装悬式绝缘子。

（4）高海拔地区修正。由于绝缘强度随温度和绝对湿度增加而增加，随空气密度减小而降低。湿度和周围温度的变化对外绝缘强度的影响通常会相互抵消，因此对绝缘配合、确定外绝缘放电电压时，仅对空气压力（空气密度）的影响进行修正。

高海拔地区使用的绝缘子，在海拔不超过1000m地区进行外绝缘耐受电压试验时，应对试验电压按照式（4-2）进行修正，海拔修正系数 K_a 按照式（4-3）确定，具体修正方法见附录B。

$$U = K_a U_0 \tag{4-2}$$

式中 U——高海拔用绝缘子在海拔不超过1000m地区试验时的外绝缘试验电压（kV）；

U_0——绝缘子额定耐受电压（kV）。

$$K_a = e^{m\frac{H-1000}{8150}} \tag{4-3}$$

式中 H——设备使用地点海拔，m；

m——海拔修正因子，工频、雷电电压修正因子 m=1.0，操作过电压修正因子 m=0.75，如图4-7所示。

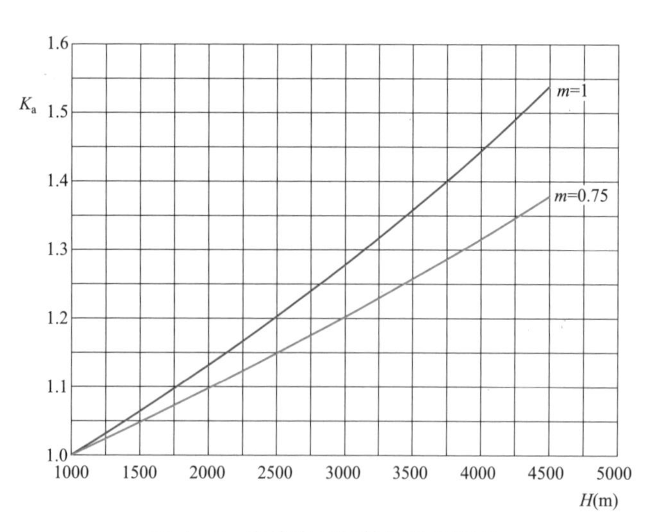

图4-7 海拔修正系数与海拔关系

对于试验地点海拔超过1000m但低于绝缘子使用地点的海拔时，电压海拔修正系数 K_a 由式（4-4）决定。

$$K_a = e^{m\frac{H_2 - H_1}{8150}} \quad (4-4)$$

式中 H_2——绝缘子使用地点海拔，m；

H_1——试验地点海拔，m；

m——海拔修正因子，工频、雷电电压修正因子 m=1.0，操作过电压修正因子 m=0.75。

4.3.2 复合绝缘子机械性能设计

1. 线路复合绝缘子

根据相关设计规范，考虑导线张力、覆冰、风舞、安全系数等因素，确定复合绝缘子整体机械性能。

线路复合绝缘子方面，以常用的悬式复合绝缘子为例，其在机械方面主要承受导线自重及各种气象下的载荷。导线每米长度上的荷载简称单位荷载 g（N/m），将其折算到导线单位截面上的荷载称为比载 γ [N/（m·mm^2）]。导线上各种单位荷载及比载和计算式见表 4-6。

表 4-6 导线单位荷载及比载计算表

单位荷载及比载类别	单位荷载 g（N/m）		比载 γ [N/（m·mm^2）]		说明
	符号	计算公式	符号	计算公式	
自重力荷载	g_1	$g_1 = 9.806\,65 \times p_1$	γ_1	$\gamma_1 = g_1/A$	A—导线截面积（mm^2）； p_1—导线单位载荷（kg/m）； d—导线直径（mm）； δ—导线覆冰厚度（mm）； v—导线平均高度处的风速（m/s）； $\mu_{\delta c}$—导线体型系数； 表中 9.806 65m/s^2 为重力加速度取值
冰重力荷载	g_2	$g_2 = 9.80665 \times 0.9\pi\delta(\delta + d) \times 10^{-3}$	γ_2	$\gamma_2 = g_2/A$	
自重力加冰重力荷载	g_3	$g_3 = g_1 + g_2$	γ_3	$\gamma_3 = g_3/A$	
无冰时风荷载	g_4	$g_4 = 0.625v^2 \mathrm{d}\alpha\mu_{\delta c} \times 10^{-3}$	γ_4	$\gamma_4 = g_4/A$	
覆冰时风荷载	g_5	$g_5 = 0.625v^2(d + 2\delta)\alpha\mu_{\delta c} \times 10^{-3}$	γ_5	$\gamma_5 = g_5/A$	
无冰时综合荷载	g_6	$g_6 = \sqrt{g_1^2 + g_4^2}$	γ_6	$\gamma_6 = g_6/A$	
覆冰时综合荷载	g_7	$g_7 = \sqrt{g_3^2 + g_5^2}$	γ_7	$\gamma_7 = g_7/A$	

同时绝缘子机械强度的安全系数，不应小于表 4-7 所列数值。双联及以上的多联绝缘子串应验算断一联后的机械强度，其荷载及安全系数按断联情况考虑。

表 4-7　　绝缘子机械强度安全系数

情况	棒形绝缘子	验算	断线	断联	常年荷载
安全系数	3.0	1.5（1.8）	1.8	1.5	4.0

注　验算条件的安全系数750kV 及以下取1.5，1000kV 取1.8。

绝缘子机械强度安全系数 K_1 应按式（4-5）计算，即

$$K_1 = T_R / T \tag{4-5}$$

式中　T_R ——绝缘子的额定机械破坏负荷，kN；

T ——分别取绝缘子承受的最大使用荷载、断线、断联、验算荷载或常年荷载，kN。

常年荷载是指平均气温条件下绝缘子所承受的荷载，验算荷载是验算条件下绝缘子所承受的荷载。断线的气象条件是无风、有冰、−5℃。断联的气象条件是无风、无冰、−5℃。绝缘子所承受的荷载包括绝缘子所承受的全部最大的水平和垂直荷载组合。

2. 变电/换流站用柱式复合绝缘子

站用柱式复合绝缘子方面，以常用的管母支撑复合绝缘子为例，其在机械方面主要承受管母线自重及各种气象条件下的载荷。

设计载荷一般应考虑静力场作用及抗震要求两种情况。作为站用外绝缘支撑装置，其应确保能满足抗震要求，根据 GB 50260—2013《电力设施抗震设计规范》一般要求抗震设防烈度为 8 度，抗震设计分组为第一组，建筑场地类别为Ⅱ类。采用时程分析方法计算结构地震反应。考虑地面粗糙程度，按最大设计风速考虑风对结构的作用，按等效静风荷载进行力学计算。

按下面两种工况计算：

（1）抗风静力计算：按设计风速和重力作用间的荷载组合采用直接叠加方法。

（2）抗震分析：按照《电力设施抗震设计规范》中的规定进行地震、风和重力作用的荷载效应组合，如式（4-6）所示

$$S = \gamma_G S_{GE} + 1.3 S_E + 0.5 S_Q + 0.3 S_W \tag{4-6}$$

式中　γ_G ——重力荷载分项系数，采用 1.2；

S_{GE} ——重力荷载代表值效应；

S_E ——地震作用标准值效应；

S_Q ——活荷载代表值效应；

S_W——风荷载作用标准值效应。

静力计算分析：静力计算主要考察结构在重力、负载、风载荷等作用下，绝缘子结构的变形大小与强度，可通过 ANSYS 有限元仿真计算，以验证绝缘子结构在上述载荷条件下是否满足安全性要求。

计算静载荷及自重：可将管母线质量转化为集中质量 m 加到节点上（绝缘子顶端），用 MASS21 质量单元模拟。复合材料芯棒采用等效梁单元 BEAM188 单元模拟，硅橡胶的重量以等效密度方式增加施加。施加重力载荷，水平拉力。

风载荷：风载荷和水平拉力方向一致。通常计算中，风作用按规范考虑静风效应，不进行时程分析。根据《建筑结构荷载规范》，风荷载标准值应按下式计算

$$\omega_k = \beta_z \mu_s \mu_z \omega_0 \tag{4-7}$$

式中　ω_k——风荷载标准值，kN/m^2；

β_z——高度 z 处的风振系数，风震系数取 1.0；

μ_s——风荷载体型系数，考虑硅橡胶的作用，取 1.4；

μ_z——风压高度变化系数；

ω_0——基本风压，kN/m^2。

抗震性能分析：绝缘子的抗震计算按时程分析法方法验算。地震反应采用时程分析方法，结构体系的运动方程为

$$[M]\{\ddot{u}(t)\}+[C]\{\dot{u}(t)\}+[K]\{u(t)\}=-[M]\{e_x\}a_x(t) \tag{4-8}$$

式中　$[M]$、$[C]$和$[K]$——结构体系的质量矩阵、阻尼矩阵和刚度矩阵；

$\{u(t)\}$、$\{\dot{u}(t)$ 和 $\{\ddot{u}(t)\}$——结构体系的相对位移、速度和加速度列阵；

$\{e_x\}$——水平地震输入的方向指示列阵；

$a_x(t)$——输入地震的水平方向的加速度时程。

阻尼采用结构层面上的比例阻尼

$$[C]=\alpha[M]+\beta[K] \tag{4-9}$$

式中，比例系数α、β由结构体系的第 1 阶和第 4 阶振型频率和对应阻尼比来确定，分别由下式计算

$$\left.\begin{aligned} \alpha &= \frac{2\xi\omega_1\omega_4}{\omega_1+\omega_4} \\ \beta &= \frac{2\xi}{\omega_1+\omega_4} \end{aligned}\right\} \tag{4-10}$$

按 GB 50260《电力设施抗震设计规范》，采用时程分析法进一步验算绝缘子

的地震反应，如图 4-8 所示。计算中同时考虑重力和风荷载。组合载荷如下

$$S=\gamma_G S_{GE}+1.3S_E+0.5S_Q+0.3S_W \quad (4-11)$$

式中 γ_G——重力荷载分项系数，采用 1.2；

S_{GE}——重力荷载代表值效应；

S_E——地震作用标准值效应；

S_Q——活荷载代表值效应，活载荷为 0；

S_W——风荷载作用标准值效应。

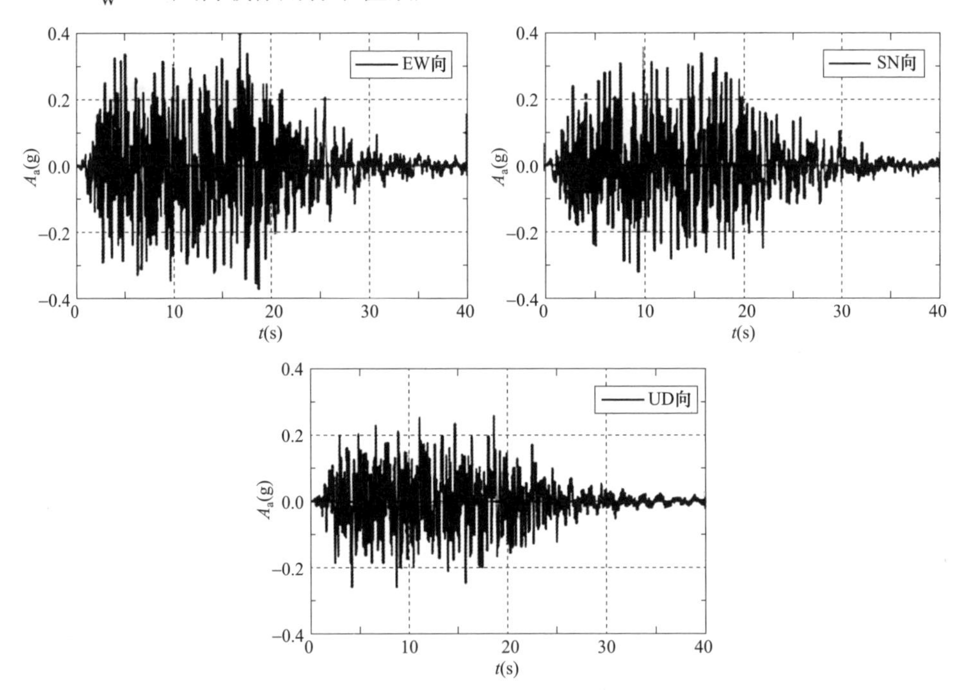

图 4-8　地震波的三向时程曲线样本示意

4.3.3　端部附件设计

1. 线路复合绝缘子

保证复合绝缘子机械性能最关键的部位是芯棒与端部附件的连接界面。此前国内悬式复合绝缘子芯棒与端部附件的连接方式普遍采用拉伸强度较为稳定的内楔连接界面结构。后来为了简化产品界面结构，实现机械化生产、提高工效、降低成本，开始采用压接连接界面结构形式，即把端部附件套在芯棒上，通过外力促使端部附件塑性变形与芯棒端部进行连接。这种靠塑性变形来与芯棒连接的端部附件是界面中最关键的部件。其端部附件材质性能、塑性变形规

律、外部形状及结构尺寸等，必须根据压接连接界面结构部件配合的实际情况，结合界面结构组装的特点，通过系统分析论证加以确定。线路复合绝缘子的端部附件连接形式已经较为成熟，一般为球头球窝形、环形、槽形、Y 形等结构型式，并形成了系列标准。端部附件要求一般可参考 DL/T 1579—2016《棒形悬式复合绝缘子用端部装配件技术规范》。

2. 站用柱式复合绝缘子

站用柱式复合绝缘子连接端部附件在较小直径产品一般采用和线路绝缘子一样的压接工艺，但在站用大直径（ϕ150mm 以上）芯棒与端部附件连接方面，目前连接除了已较为成熟的压接工艺外，各制造厂家结合自身实际相继开发了端部附件芯棒胶装连接工艺、端部附件过盈挤压芯棒连接工艺、端部附件热缩连接芯棒工艺等多种形式并在实际中应用，作为一类新兴产品由于使用时间不长，同时受工艺影响实际性能不一，建议各使用单位应加强监测，本文在此不进行赘述。此外，站用柱式复合绝缘子连接端部附件一般为法兰结构，除考虑压接拉伸影响因素外，由于自身特性通常还受到弯曲、扭转、压缩等多种荷载作用，应对法兰连接结构进行结算，在承受较大荷载时应采用带颈或有劲法兰连接，并结合实际荷载情况进行法兰盘及配套螺栓的设计校核。

4.3.4　芯棒选取

1. 悬式绝缘子芯棒尺寸选取

针对线路型绝缘子，以棒形悬式复合绝缘子为例，在机械方面一般考虑抗拉性能。芯棒作为复合绝缘子机械负荷的承载部件，同时又是内绝缘的主要部件，要求它具有很高的机械强度、绝缘性能和长期稳定性。复合绝缘子所采用的 ECR 耐酸型芯棒的抗拉强度一般在 1100MPa 以上，这个强度是瓷的 5～10 倍，与优质的碳素钢强度相当，完全满足复合绝缘子需求。首先根据拉伸强度计算公式对芯棒直径进行校核选择

$$p=\sigma_{\mathrm{t}}\pi\left(\frac{d}{2}\right)^{2} \tag{4-12}$$

式中　σ_{t}——拉伸强度，MPa，此处取 1100MPa；

p——最大负荷，N；

d——芯棒直径，mm。

结合制造及运行经验，复合绝缘子芯棒安全系数一般控制在 2.0 以上，例如以 840kN 吨位复合绝缘子为例，即取 $P=2\times840\times10^{3}$（N）$=1.68\times10^{6}$（N）

$$d = 2\times\sqrt{\frac{P}{\sigma_t \pi}} = 2\times\sqrt{\frac{1.68\times10^6}{1100\times3.14}} = 2\times22.05 = 44.1\text{（mm）} \qquad (4-13)$$

由于此大吨位复合绝缘子应用在特高压线路，故可适当增加安全系数，结合 550kN 复合绝缘子制造经验，可取芯棒直径为 50mm，此时芯棒最大负荷为 2158kN，安全系数为 2.6，完全满足需求。由此首先推算出各机械负荷所需芯棒尺寸，然后对选取的芯棒尺寸进行拉伸破坏试验。

2. 悬式绝缘子短时破坏及长期蠕变校核

由于复合绝缘子的机械负荷与芯棒材料、尺寸、端部附件材料及结构、压接工艺均有密切关系，其蠕变及强度分散性与各因素均有密切关系，为此在完成各影响因素的初步设计选型后，再进行相关验证分析，以较快得出相关分析结果。同时目前国内及国际标准中，针对复合绝缘子的机械负荷试验主要采用短时破坏强度试验及“机械强度–时间”特性检验，因此复合绝缘子完成设计选型后，应进行短时破坏强度试验和“机械强度–时间”特性试验。

（1）短时机械强度破坏及其相对偏差（分散性）。根据 GB/T 19519—2014《架空线路绝缘子　标称电压高于 1000V 交流系统用悬垂和耐张复合绝缘子　定义、试验方法及接收准则》的试验程序要求，选取在生产线上制成绝缘长度不小于 800mm、所使用端部配件与正常绝缘子相同的复合绝缘子短样进行短时机械强度试验。在环境温度中对试品施加拉伸负荷，此拉伸负荷应迅速而平稳地从零升高到大约为芯棒预期机械破坏负荷的 75%，然后在 30～90s 的时间内逐渐升高到芯棒破坏或完全抽出。计算出该批所有试品破坏负荷的平均值 M_{av} 及其相对标准偏差σ。

（2）蠕变性能及其与短时机械强度的关系。根据 DL/T 810—2012《±500kV 及以上电压等级直流棒形悬式复合绝缘子技术条件》的试验程序要求，按照某一批试品的压接参数制作了长时间蠕变试验的试品。每 3 支试品为 1 组，施加拉伸负荷，此拉伸负荷应迅速而平稳地从零升到其平均破坏负荷 M_{av} 的某一百分比（≥75%），然后在这个负荷下持续 96h 无破坏（断裂或完全抽出），如图 4–9 所示。IEC 61109—1992《标称电压大于 1000V 的交流架空线路用复合绝缘子　定义、试验方法和验收准则》给出了一个公式，即

$$M_w = M_{av}(1 - k\lg t)(1 - 1.82\sigma) \qquad (4-14)$$

式中 M_w——机械耐受负荷，N；

M_{av}——短时平均机械破坏负荷，kN；

k——蠕变斜率；

t ——试验时间，min；

σ ——短时机械破坏负荷的标准偏差。

根据式（4–14），对于没有发生破坏（断裂或完全抽出）的试品，按照它的实际试验时间求出其蠕变斜率 k 的一个上限；对于发生破坏的试品，按照它的实际试验时间求出其蠕变斜率 k。

在目前的国际国内标准中，复合绝缘子“机械强度–时间”特性的检验是要求3支复合绝缘子在60%的短时破坏强度平均值（M_{av}）下通过96h的机械拉伸耐受试验。这个要求是二三十年前国际上针对多种接头结构的长期蠕变特性确定的，然而目前国内压接式复合绝缘子的蠕变试验结果表明，正常产品的破坏强度分散性和蠕变斜率远远优于以往的绝缘子。

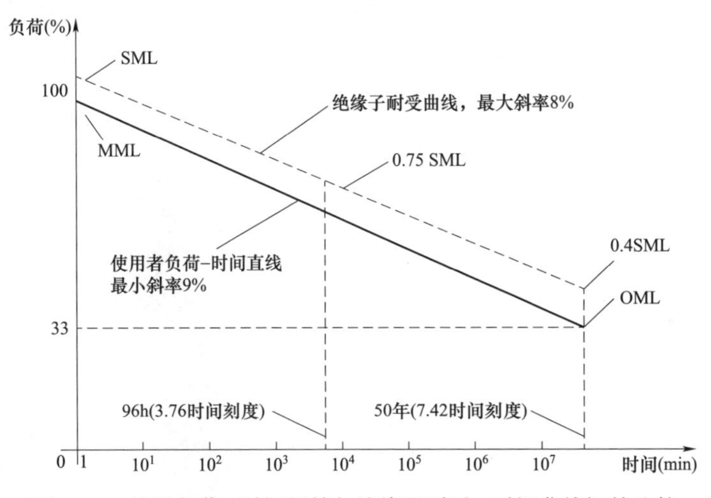

图4–9　使用负荷–时间纸箱与绝缘子耐受–时间曲线间的比较

3. 站用柱式复合绝缘子尺寸选取及校核

站用柱式复合绝缘子方面，以常用的管母支撑复合绝缘子为例，主要考虑其抗弯抗震性能。复合线路柱式绝缘子的机械性能是由其芯体以及端部附件对芯体的附着方式决定的。该产品通常采用环氧玻璃纤维引拔棒，附着方式为压接式，在国际大电网会议22.3（绝缘子）工作组根据损伤极限概念制订了测试方法，并在不同类型绝缘子上进行了大量测试，总结出复合柱式绝缘子最大危险截面应力不得大于芯体材料的弹性限450MPa。强度核算公式如下

$$\sigma=32FL/\pi d^3 \tag{4-15}$$

式中　σ ——危险截面的弯曲应力，MPa；

F——施加的弯曲负荷，N；

L——弯曲力臂，mm；

d——芯棒直径，mm。

通过上式计算出最小许用危险截面后，可通过 ANSYS 仿真计算再对其静态受力及抗震、抗压性能进行进一步校核，以确保满足使用条件，见表 4-8。

表 4-8　　复合材料芯棒基本物理性能

弹性模量（GPa）	密度（kg/m^3）	许用应力（MPa）	泊松比
45	2100	90	0.31

注　以上值取整体一次拉挤成型环氧玻璃纤维芯棒，其他工艺芯棒不在本范围。

静力校核：在模型上施加重力荷载、拉力荷载、风载荷，得到其弯曲应力及顶部偏移，并与其许用应力及许用偏移值进行对比，以确保产品的安全性，如图 4-10 所示。

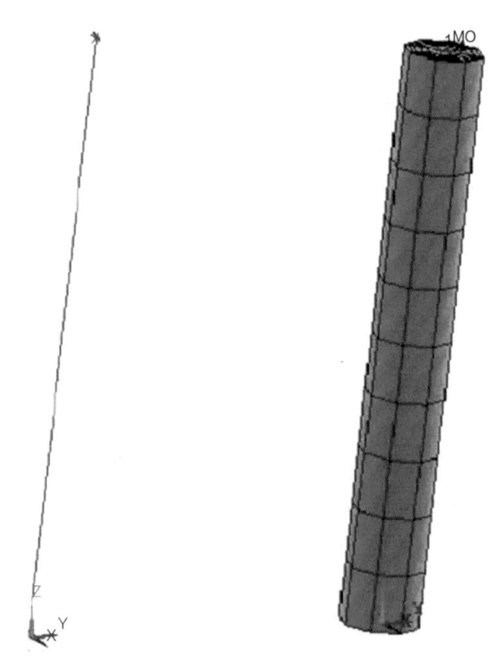

图 4-10　站用柱式复合绝缘子有限元模型

抗震校核：为了解结构的固有振动特性，为确定抗震的时程分析提供依据，首先对绝缘子结构的模态进行分析。一般对绝缘子的前 10 阶自振频率进行分析即可。通过对结构体系自振频率和振型特点进行分析，通常绝缘子的基频较高，且分压绝缘子结构在 X 方向侧移振型为第一振型，因此一般将 X 水平方向作为水平地震计算的控制方向，如图 4-11 所示。

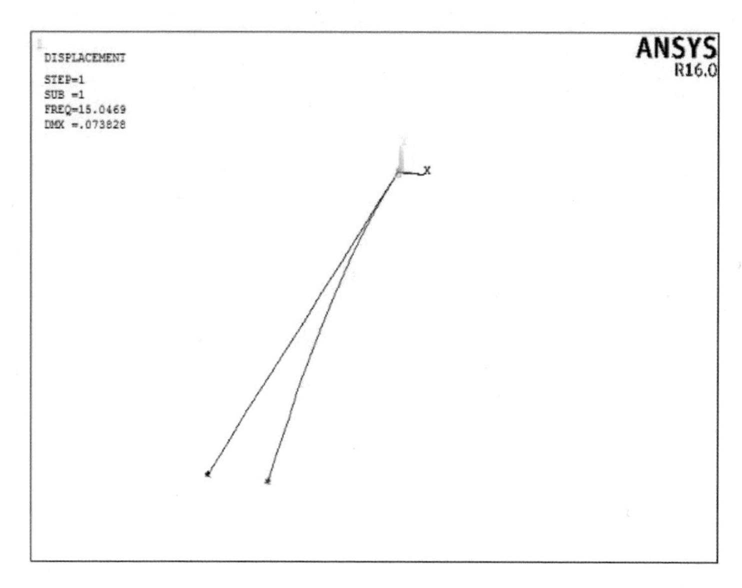

图 4-11　站用柱式复合绝缘子振型示意图

考虑风载、自重及地震的组合作用，各地震波作用下绝缘子结构各控制截面处地震反应峰值和组合值示意如图 4-12～图 4-15 所示。

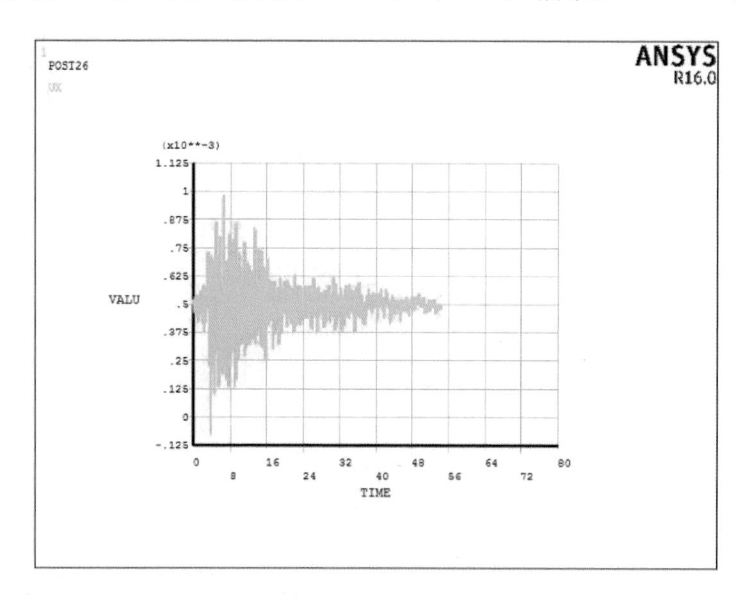

图 4-12　站用柱式复合绝缘子各向位移示意图

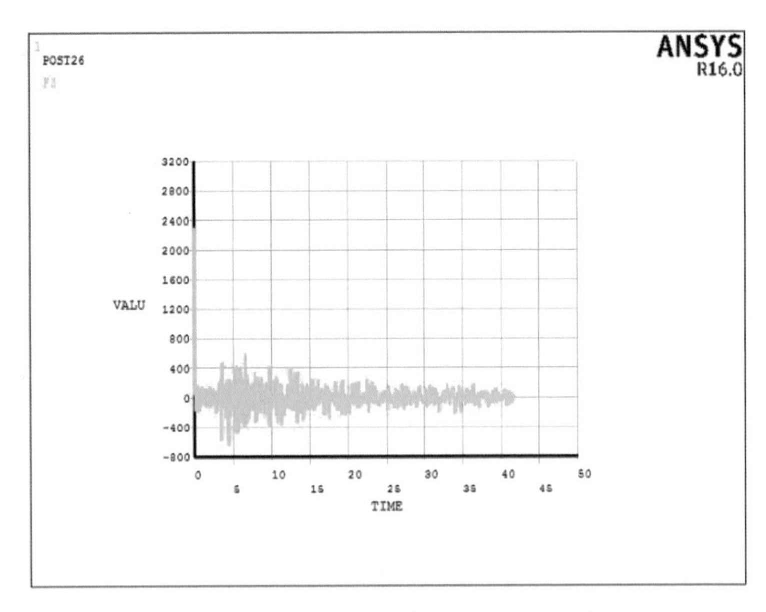

图 4–13　站用柱式复合绝缘子根部轴力示意图

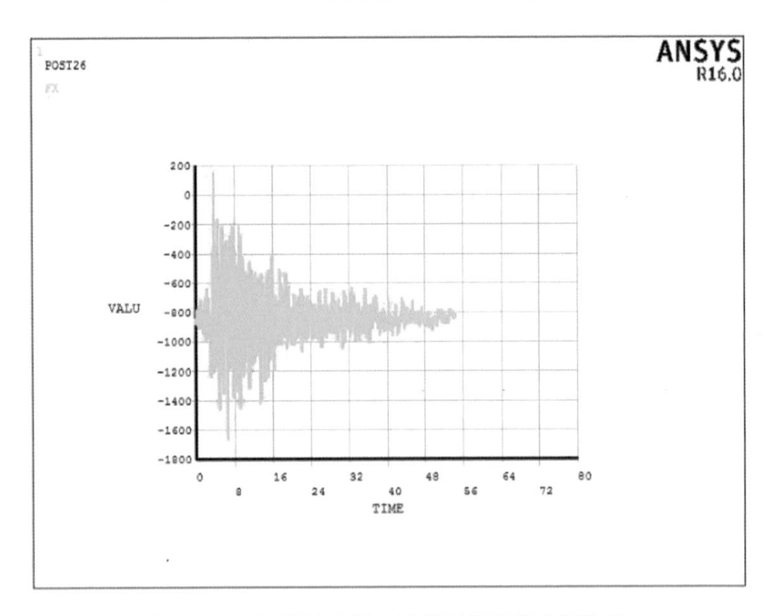

图 4–14　站用柱式复合绝缘子根部剪力示意图

由此进行柱式复合绝缘子抗震结构设计验证。

抗压校核：根据仿真计算得出最大轴力及最大弯矩，得出芯体弯曲承受最大正压力，并将其与复合材料芯棒抗压许用应力进行比较，确保其小于许用应力即可，如图 4–16 所示。

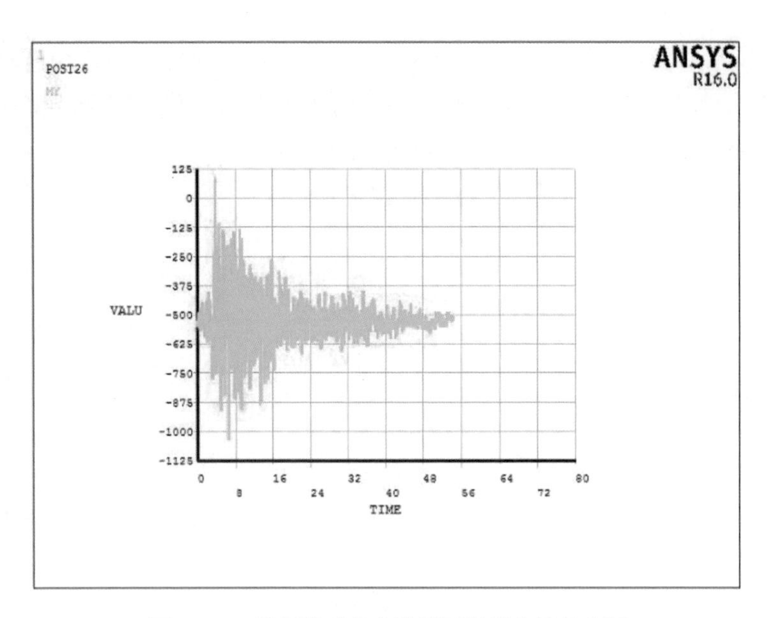

图 4－15　站用柱式复合绝缘子根部弯矩示意图

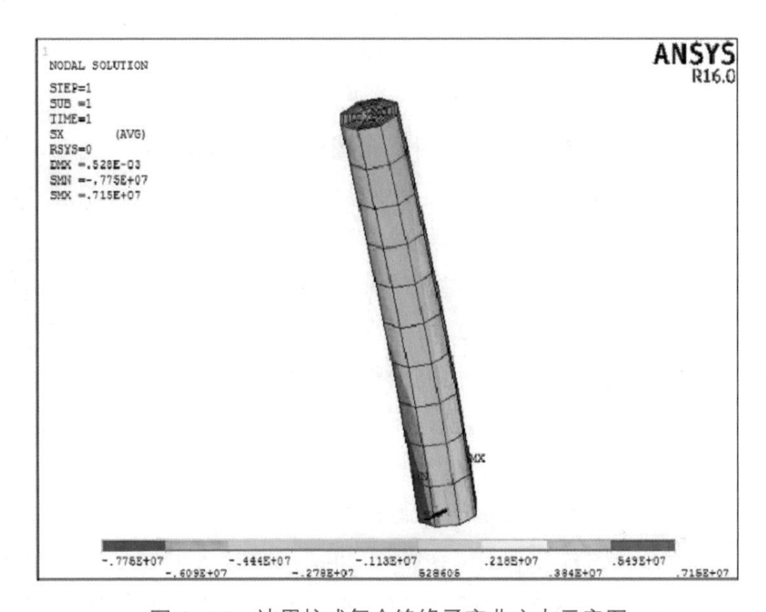

图 4－16　站用柱式复合绝缘子弯曲应力示意图

4.3.5　界面密封结构

针对复合绝缘子金属附件与芯棒护套界面的密封，尽量采用高温硫化硅橡胶密封形式。针对注射成型工艺，在端部附件上增设相应密封槽采取高温包胶方式，将硅胶在高温高压下一次整体注射包覆在端部附件端部，使端部附件、芯棒、护套为一体。针对挤包穿伞工艺，可采取高温硫化橡胶密封圈镶嵌在端部附件端部使其在压力下形变与护套形成密封结构。为提升安全系数，可在外部再涂覆室温硫化硅橡胶进行二次密封保护。

4.4 复合绝缘子的制造

4.4.1 炼胶

在橡胶制品生产过程中，硫化是最后一道加工工序。在这道工序中，橡胶经过一系列复杂的化学反应，由线型结构变成体型结构，失去了混炼胶的可塑性，获得了交联橡胶的高弹性，进而具备优良的物理机械性能、耐热性、耐溶剂性及耐腐蚀性能，提高了橡胶制品的使用价值和应用范围。

硫化前为线型结构，分子间以范德华力相互作用，可塑性大、伸长率高、具可溶性；硫化时，分子被引发发生化学交联反应；硫化后为网状结构，分子间主要以化学键结合。硫化后橡胶的力学性能发生变化，材料弹性、扯断强度、定伸强度、撕裂强度、硬度提高，相应伸长率、压缩永久变形、疲劳性能降低。物理性能发生变化，透气率、透水率降低，不能溶解只能溶胀，耐热性提高。化学稳定性提高，交联反应使化学活性很高的基团或原子不复存在，使老化反应难以进行。网状结构阻碍了低分子的扩散，导致橡胶老化的自由基难以扩散。

硫化过程受温度、时间、硫化剂用量、压力等因素影响，每一项都可能影响到前期配方的硅橡胶的性能。为达到硅橡胶材料性能最佳，要综合考虑这几项因素，最后才能确定各影响因子。

白炭黑、氢氧化铝粉分段投入，提高分散混合效果。为了提高效率和操作便利性，常规的操作方法是操作人员手工将硅橡胶投入混炼机，并倒入配置好的羟基硅油、甲基硅油、硅烷偶联剂等助剂，然后加入白炭黑进行混炼。白炭黑混炼均匀后再投入氢氧化铝进行二次混炼，待氢氧化铝混合均匀后下胶冷却备用。

硅橡胶的混炼过程是一个不同材料互相混合的过程，材料的混合均匀程度与微观尺寸直接影响硅橡胶混炼胶的性能表现，如图 4-17 所示。通常情况下，材料混合可分为分布混合与分散混合两种混合情况。

分散混合：通过外力使材料的粒度减小，并且使不同组成的原料分布均一化。既有粒子粒度的减小，也有位置的变化。

分布混合：通过外力使材料中不同组成的原料分布均一化，但不改变原料颗粒大小，只是增进空间排列的无规程度，并没有减小其结构单元尺寸。

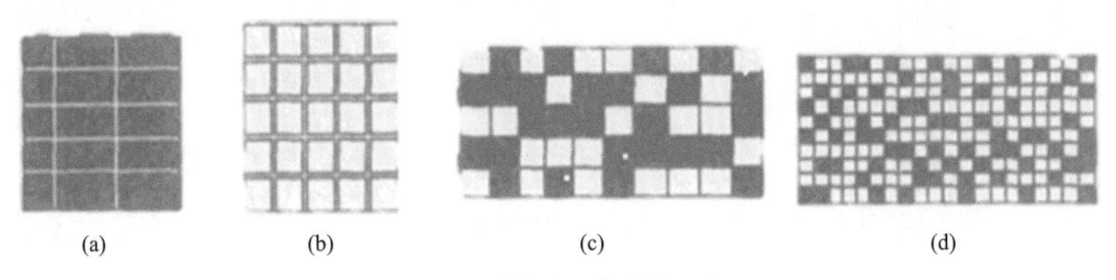

图 4－17　硅橡胶混炼分布示意图

如图 4－17 所示，(a)＋(b)＝(c)即是分布混合，(a)＋(b)＝(d)即是分散混合，与之对应的，均一性是指分散相浓度起伏的大小，分散度是指分散相颗粒的破碎情况。均一性和分散度越好，橡胶的耐磨性、机械性能就越好。实际应用中，共混物形态方面出现的问题往往是分散相粒径过大，以及粒径分布过宽。

共混组分的配比：组分少的一相倾向于形成分散相。

熔体黏度：熔体黏度高的一相倾向于形成分散相。

黏度比与等黏点：混合物中的几相物质黏度越相近，分散效果越好。

填充系数越高，密炼机上顶栓压力越大，流动性越差，剪切力越大，分布混合效果降低，分散混合效果提高，反之亦然。

基于多种物料混合分散的规律，将白炭黑和氢氧化铝粉分段多次投入，尽可能使初始分散时两相配比差距较大，以促进混合料中配比较少的组分尽快分散到配比多的组分中，减少组分自身间的团聚。

4.4.2　芯棒

复合绝缘子是输电线路中悬挂导线的绝缘设备，其机械性能的安全可靠性对电力系统经济效益的影响是相当大的，必须引起重视。复合绝缘子运行过程中所出现的机械故障，除了在端部附件与芯棒连接处，由于工艺质量缺陷所引起应力不均，造成的常态损坏外，产品芯棒非连接部位外露腐蚀脆断现象占有相当高的比例。

为了避免复合绝缘子发生机械故障，在保证芯棒与端部附件连接处稳定和有效防止产品芯棒外露的基础上，应采用耐酸性能好的芯棒，可以有效地减少产品脆断现象的出现。要保证芯棒具有良好耐酸腐蚀性能，就必须依据芯棒中材质构成特点，考虑芯棒拉挤成型过程的具体情况，在不降低芯棒整体机电性能的基础上，对芯棒所组成的原材料合理选择，并优化芯棒拉挤成型各道工序工艺参数，提升芯板综合综合性能。复合绝缘子芯棒是由玻璃纤维体和树脂组成的，它是由玻璃纤维浸渍树脂经加热模具固化而制备成型。这种成型工艺所形成的芯棒纤维周围充实树脂而黏合，因此其整体性能主要取决于纤维材质成分和树脂组成成分的性能。

1. 玻璃纤维的选择

玻璃纤维是芯棒中的主体材料，起着骨架增强作用。就国内复合绝缘子所采用的芯棒而言，玻璃纤维含量占芯棒总重的 80%左右，其体积含量约 65%，可见玻璃纤维性能在芯棒中起着主导作用。

复合绝缘子芯棒采用无碱玻璃纤维。无碱玻璃纤维基本上都是由二氧化硅、氧化铝和氧化硼构成的，这些氧化物分子结构性能是较为稳定的，而且在材料中都以绝缘性能极好的晶体相结构状态出现。玻璃材料中含有的难以清除掉的微量氧化钾和氧化钠，是属于碱金属氧化物。在材料中极容易以离子状态存在，这对绝缘性能是不利的。但可以利用钾、钠离子浓度比为一定值的“中和效应”，来降低其对材料绝缘性能的影响程度。同时，玻璃材料中所含有的氧化钙和氧化镁，是属于碱金属氧化物，它们的存在可以促使材料中晶体相的氧化物结构组成更紧密，起着阻碍碱金属离子通路的“压抑效应”，由此也可以明显提高材料中的绝缘性能。玻璃材料结构成分的“中和和压抑效应”，在无碱玻璃纤维生产中得以充分考虑和实施，因此芯棒采用的无碱玻璃纤维电阻率高、绝缘性能优异。

芯棒如果采用耐酸的玻璃纤维，依据酸和水介质腐蚀纤维的机理，只有减少纤维中碱土金属氧化物的含量，才能够提高纤维的耐酸腐蚀性能。但这必然要破坏无碱玻璃纤维中的“中和和压抑效应”，促使纤维的电导率非线性急剧增大，降低纤维的绝缘性能。

对国外复合绝缘子耐酸玻璃纤维芯棒进行水煮试验，其泄漏电流比无碱玻璃纤维芯棒高出近 10 倍，其 10mm 长耐酸纤维芯棒施加 6kV 直流电压，其直流泄漏电流比相同试验条件的无碱纤维芯棒大 4 倍以上。在 140℃温度施加 6kV 直流电流电压进行 100h 离子迁移试验，其直流泄漏电流变化近 2 个数量级，而相同试验条件的无碱玻璃纤维芯棒的直流泄漏电流变化达 115 倍左右。

由此可见，耐酸纤维与无碱纤维相比，虽然具有良好的耐酸腐蚀性能，但相应地存在着电导电流大的弊病，这对始终承受高电压作用和机械拉力的复合绝缘子芯棒来说，必然对其性能带来一定程度的影响，尤其把耐酸纤维的芯棒用在直流复合绝缘子上，其直流电场作用下的离子迁移现象，对其性能影响程度更大。因此复合绝缘子应采用无碱纤维芯棒。

2. 树脂的选择

树脂是芯棒中的基体材料，起着包裹黏合纤维的作用。树脂虽然只占芯棒重量的 20%左右，但空间体积却占 35%以上，它的结构性能对芯棒起着关键的作用，尤其对耐酸芯棒采取无碱玻璃纤维的防护十分重要，它直接关系到芯棒耐酸腐蚀的稳定性。

芯棒所采用的树脂主要是由环氧树脂、固化剂、促进剂和脱模剂组成的。参与组成树脂体形网状结构的固化剂，经与环氧树脂基体充分混合后，其结构中的羟基、醚基和极活泼的环氧基具有极强的氢键结合力。由此在芯棒固化成型后，树脂不但有较好的机械绝缘性能，而且与纤维有很高的黏接强度。同时，树脂体形网状结构中又含有稳定的苯环、醚键，其结构既稠密又封闭，使其又具有良好的耐酸腐蚀防护性能，所以占有树脂中相当比例的固化剂是非常重要的。在选择固化剂的过程中，首先，应考虑到树脂固化后，避免树脂中固化残留物遇水生成酸造成树脂网状结构微观破坏。防止外部酸利用这些部位通过吸附渗透扩散进入内部来破坏整体性能。其次，应注意树脂固化拉伸强度和压缩弹性变形量，这些技术参数将直接关系到芯棒整体性能和产品端部压接界面结构连接性能的稳定。接着在树脂固化过程中应采取体积膨胀性措施来消除树脂网状结构内部残余应力，这样，可以在芯棒长期承载过程中不至于由于芯棒纤维弹性变形而影响树脂的防护性能。最后，对固化剂的选择还应注意到由于芯棒运行环境温度变化及遇到外部酸浓度的改变，不应对树脂耐酸性能有较大的影响。

芯棒所采用的树脂中的促进剂是为了缩短树脂固化时间、节约能源、适应拉挤设备性能要求而添加的，它虽然在树脂中占比较少，但它除了能缩短树脂固化时间外，还会影响树脂其他性能。因此，在确定树脂固化促进剂时，应在尽量缩短树脂固化时间的基础上，考虑到加入促进剂的树脂固化反应活动性变化状态、室温储存的稳定性和玻璃化转变温度变化情况，结合加入促进剂后的固化样品介质损耗、力学性能、热稳定性以及耐酸腐蚀程度的对比试验数据，通过综合性分析后加以确定，以满足芯棒性能要求。

芯棒采用的树脂中的脱模剂，是为了改善芯棒拉挤过程中操作工艺性和脱模性能而添加的一种助剂。树脂中脱模剂选择除了要求与树脂不发生任何反应、与金属模具内腔表面有润滑作用外，还应与树脂在常温下有较好的相容性，在一定固化温度下能够迅速从树脂预凝胶表面迁移到拉挤芯棒表面，从而起着良好的脱模作用。然后通过芯棒后固化，利用后固化高温除去芯棒表面附着的胶模剂。

3. 芯棒拉挤成型主要工艺参数的分析确定

芯棒的拉挤成型工艺过程，采用无捻玻璃纤维粗纱，以适当的牵引速度从浸胶槽浸渍树脂，由专用装置预成型后进入模具腔内，再经过特定的冷却区、预热区、胶凝区和固化反应区，通过复杂物理变化和化学反应进行复合而成型。芯棒的拉挤固化成型最基本的工艺过程是在模具腔内来实现的。芯棒在模具腔内各个区域的工艺参数，应根据浸渍树脂的纤维在模具腔内的连续运动过程所呈现的变化状态，通过分析进行合理选择，如图4-18所示。

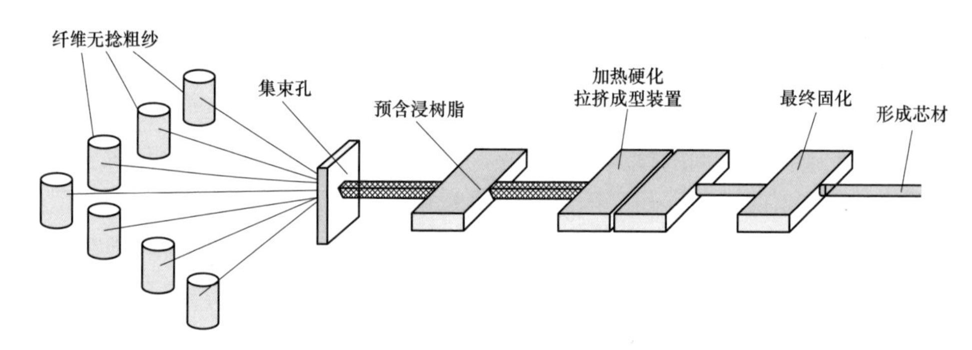

图4-18　芯棒成型工艺

模具腔冷却区的设置，是防止腔内回流树脂在模具口处固化，保证浸渍树脂纤维通过。模具腔内有足够长的预热区，是利用树脂回流迁移对完成直化及精确定位的纤维进行充分的再浸渍。同时也利用树脂导热率低引起由内向外流动的特点，迫使浸渍树脂的纤维向模具中心聚集。

模具腔内的胶凝区，是在模具温区不断升高的条件下，利用纤维聚集、树脂黏度降低、体积膨胀的三重作用，促使其在模具腔壁上逐渐形成压力增加和积累，并在胶凝区凝胶点处达到最大值。

模具腔内的固化反应区，是在通过凝胶点处引发树脂胶凝和固化反应并发生放热，引起树脂温度急剧升高，促使树脂黏度增加而迅速转变为坚硬的固体。芯棒在模具腔内的成型过程，可以综合认为是浸渍树脂纤维在模具腔内通过牵引状态的树脂流动、压力分布、热量传递和树脂固化动力等作用来实现的。

芯棒在模具腔内固化过程交叉存在的变量，如都作为确定芯棒成型的工艺参数是难以办到的，也是不现实的，只能从芯棒在模具腔内出现变化参量的直接因果关系来考虑。从芯棒在模具腔内完成树脂由液体向固化状态转变而成型的过程来看，其树脂的固化是模具腔内最根本也是最关键的变化，它是通过树脂固化反应来实现的。树脂固化的“放热曲线”是直观反映树脂固化反应过程的实用曲线。由此，拉挤芯棒在模具腔各区域的工艺参数，应以芯棒采用的树脂固化的“放热曲线”为准，考虑到芯棒在实际拉挤过程中的牵引速度与模腔表面摩擦、纤维间树脂黏接状况等因素的影响，在保证拉挤芯棒的性能基础上，通过芯棒性能变化调整相应参数。但还需指出，在多批量生产芯棒过程中，由于受芯棒原料的波动、浸胶槽树脂室温存放黏度变化以及添加新胶树脂黏度的周期性改变等因素的影响，往往使工艺参数偏离树脂反应固化的最佳设计条件，这将直接影响拉挤成型芯棒的性能。由此，还必须根据生产芯棒的实际情况，对相应模具腔各区域的工艺参数进行微调，这才能保证批量芯棒的性能稳定性。

4.4.3　端部附件

线路复合绝缘子拉伸负荷在 160kN 及以上的端部附件要求采用整体锻造成型工艺，机械负荷较低的可以采取整体铸造成型工艺。站用柱式复合绝缘子受尺寸影响，在端部附件尺寸较大时存在锻造、铸造及焊接三种工艺。端部附件一般使用镀锌钢件并应具有适当的延伸性以能与芯棒连接。技术要求、试验方法和检验规则应符合 JB/T 8178—1999 和 JB/T 9677—1999 的有关规定。除不锈钢外的所有铁质金属附件都应按照 JB/T 8177 进行热镀锌。端部附件应有防腐蚀措施。在直流电压下使用应加装耐电解腐蚀锌环，且其与端部附件应充分接触、结合，不允许采用螺纹连接，其间不允许有间隙、气泡，且不得被完全封包与大气隔绝。锌环采用纯度不低于 99.95%的锌材制造。锌环采用浇铸工艺熔合在端部附件上，锌环厚度不小于 5mm，锌环沿绝缘子轴向方向的长度不小于 5mm。锌环的熔合面积应不小于 80%，熔合面暗淡，不反光。如果端部采用高温密封，外露尺寸应不小于 3mm。锌环及端部附件耐腐蚀性试验应符合 DL/T 810—2012 第 6.3 条的规定。

4.4.4　复合绝缘子成型工艺

套装及注型工艺流程如图 4–19 所示。

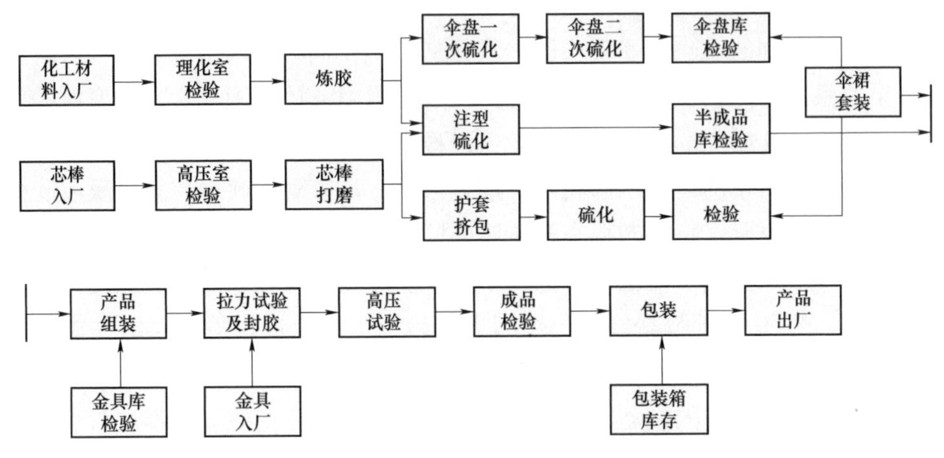

图 4－19　套装及注型工艺流程图

1. 入厂检验

制造厂商在生产前应对甲基乙烯基硅橡胶、气相法白炭黑、氢氧化铝微粉、各类助剂及芯棒端部附件等开展入厂检测，确保各原材料及零部件符合使用要求。

2. 芯棒处理

芯棒在使用前应用细砂纸打磨后烘干备用，在使用前用酒精将芯棒表面擦洗干净，待外表干燥后，再用专用黏接剂均匀地涂刷在芯棒表面上，室温放置半小时后备用。

3. 端部附件清洗

端部附件在使用前应对其内孔进行清洗，确保内腔无油污、锈渍等。

4. 胶料准备

第一步为冷炼，即在真空捏合机上进行冷混炼，投生胶、白炭黑等，使其混合均匀。第二步为热炼，在捏合机投入上一步骤的冷炼白胶，再投入氢氧化铝铁红或者色母等辅料，使其搅和均匀、成团，黏度合适。第三步为加硫化剂，按比例称量硫化剂，投入捏炼机中进行混炼。

必须保证硫化剂与胶料充分融合，加硫应注意严格控制混炼时间和温度。此外，针对存放较久的热压成型胶料以及其他情况需要进行返炼工艺的胶料，为便于工序操作应在使用前领出，在捏炼机进行重复捏炼，将胶料的软硬度调整到更利于下一道工序使用的状态备用。该步骤主要将各种填料与硅胶混合均匀，保证硅橡胶整体性能稳定。

5. 套装成型工艺

套装工艺，首先将芯棒在挤包机上进行挤出，均匀包覆一层硅橡胶，然后将包覆硅橡胶后的芯棒放入烘箱进行二次硫化。同时根据设计需求，在平板硫化机上进行伞盘高温硫化压制，压制完成后进行清理及伞盘的二次硫化，最终在穿伞机上根据伞形布置进行伞盘与芯棒的组合，最后在两端进行端部装配件的压接并进行端部附件与护套的界面密封。

挤包穿伞工艺采用伞裙硅胶与护套硅胶分开设计，伞裙材料主要提升其伞裙憎水性能，护套材料提高耐电腐蚀能力，可有效提升产品整体性能，同时由于挤包工艺特性，护套与芯棒的黏接效果一般较注型要高，但其界面密封是产品质量保证的关键控制点，采用该工艺可有效保证产品的质量。

6. 注射成型工艺

将芯棒两端一次压接端部附件定位，然后将芯棒进行清洗并擦拭黏接剂，室温下晾干，在使用前放入烘箱进行烘烤后再上机注射。注射前应注意将模具清理干净，然后在注胶孔、模腔内及溢胶槽均匀喷洒脱模剂，并将模具进行升温，设备自动完成合模、注射、放气、硫化和计量。不能一模成型的产品应进行二次或多次搭接，搭接过程中应注意搭接伞位置，避免错位。

整体注射成型工艺机械化程度更高，受人为影响因素较小，伞裙护套为一体化，护套、端部附件、芯棒等各界面在高温高压下黏接，特别是高温包胶密封方式，相较室温硫化密封工艺更为安全可靠，但同时其受工艺及模具影响较大，控制稍有不当容易造成护套与芯棒黏接不牢、护套与芯棒的偏心、芯棒在高温成型情况下受损等问题。

7. 出厂检测及包装

产品加工完成后，应严格按照相关标准要求进行抽样及出厂检测并包装。一般应对其外观及机械性能，电气性能等进行检测。

4.5 复合绝缘子的应用

4.5.1 棒形悬式复合绝缘子

棒形悬式复合绝缘子是以从上往下悬挂的方式连接导线和杆塔的绝缘子，是最常用的绝缘子之一，如图 4-20 所示。按电压等级可分为 10～1000kV 交流棒形悬式复合绝缘子和±400～±1100kV 棒形悬式复合绝缘子。按特殊用途可分为一般悬式复合绝缘子、防鸟害复合绝缘子和防冰闪复合绝缘子等。

图 4-20　棒形悬式复合绝缘子

4.5.2　防风偏复合绝缘子

防风偏合成绝缘子是通过加大复合绝缘子芯棒直径，增大其抗弯性能，减少风偏扰度达到防风要求的特种绝缘子，如图 4-21 所示。在调爬改造中，防风偏复合绝缘子接地端端部附件可通过与用户协商共同确定其连接方式。在新建线路中，可直接选用标准产品。主要在电力架空线路杆塔上作为固定跳线用，可有效防止跳线对杆塔放电。使用中主要考虑的技术参数为联长、爬距、连接方式、抗弯强度等。

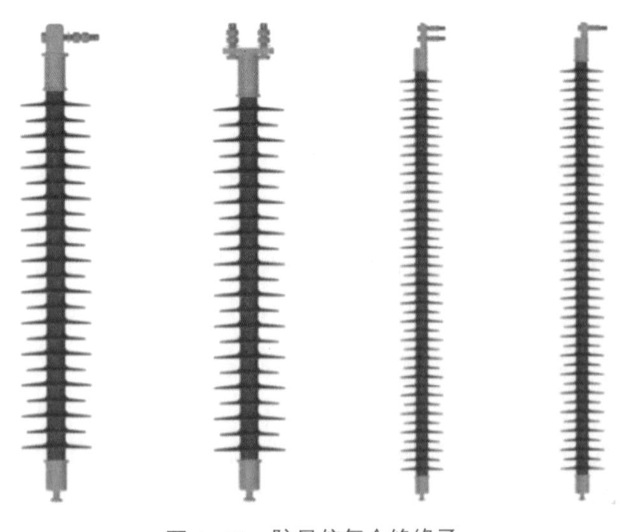

图 4-21　防风偏复合绝缘子

4.5.3　柱式复合绝缘子

柱式复合绝缘子是以向上支持的方式连接导线和杆塔、导线和其他接地设备的绝缘子，主要起绝缘和机械固定作用，适用于变电站、换流站等电力设备及线路绝缘支撑。使用中主要考虑的技术参数为联长、爬距、抗弯抗扭强度、安装尺寸等。

图 4－22　柱式复合绝缘子

4.5.4　横担式复合绝缘子

横担式复合绝缘子是为了减少线路走廊，向水平方向固定导线和杆塔的绝缘子，如图 4－23 所示。主要用于电力架空线路的绝缘和支撑作用。使用中主要考虑的技术参数为联长、爬距、抗弯强度、安装孔尺寸、导线连接方式等。

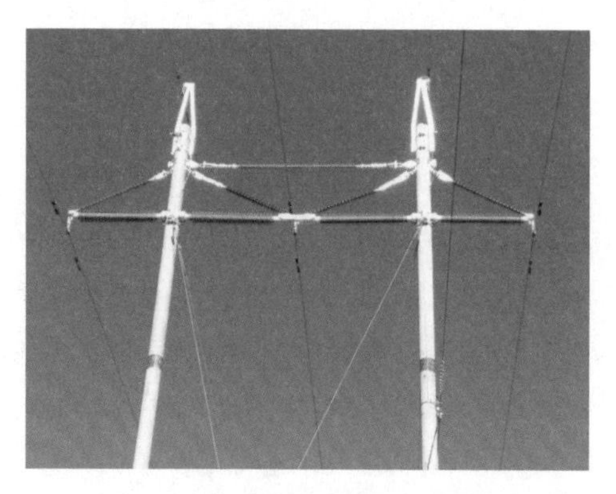

图 4－23　横担式复合绝缘子

4.5.5 针式复合绝缘子

针式复合绝缘子适用于高压线路设施，安装方便，具有良好的防污闪性能、很高的抗扭及抗弯强度，如图 4-24 所示，主要用于 10kV 电力架空线路的绝缘支撑作用。使用中主要考虑的技术参数为联长、爬距、抗弯强度、导线直径、底部螺栓尺寸。

4.5.6 复合相间间隔棒

复合相间间隔棒用于紧凑型高压输电线路，能有效地控制相间距离保持线路安全，减少输电走廊的空间，降低线路建设的投资。复合相间间隔棒具有良好的抗弯曲、抗冲击能力，防震和防脆断性能好，自身重量轻，安装方便。目前应用的相间间隔棒结构形式如图 4-25 所示（普通型及预绞丝）。相间间隔棒主要考虑的技术参数为电压等级、相间距离、爬电距离、子导线分裂数、子导线间距、导线型号等。

图 4-24 配网针式复合绝缘子

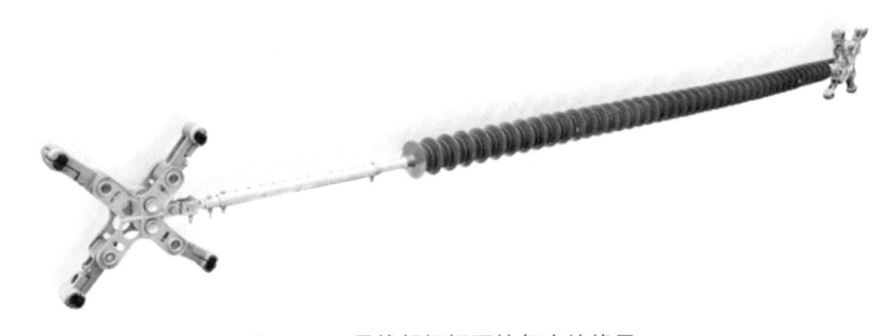

图 4-25 导线相间间隔棒复合绝缘子

4.5.7 电气化铁路复合绝缘子

电气化铁路复合绝缘子即铁道接触网用复合绝缘子和电力机车顶用绝缘子，如图 4-26 所示。铁路接触网是沿铁路线上空架设的向电力机车供电的输电线路。铁路接触网用绝缘子包括腕臂式、拉紧式、棒形悬式和特殊支持绝缘子。电气化铁路复合绝缘子广泛应用于高铁、城市轻轨和地铁接触网。

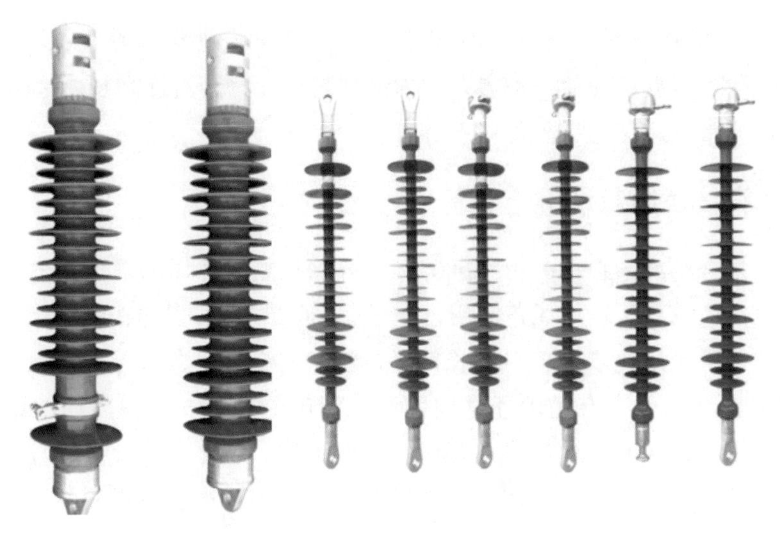

图4-26　电气化铁路复合绝缘子

4.6　复合绝缘子的发展趋势

4.6.1　长寿命免维护研究

复合绝缘子是长年在室外运行的电气绝缘设备，暴露在大气环境下的硅橡胶伞裙护套除长期承受强电场的作用外，还经常受日晒、雨淋、风沙、高温和严寒等恶劣气候条件下的侵蚀。随着运行年限的增长，硅橡胶伞裙护套逐渐老化，其电气、机械性能逐渐下降。研究表明，一方面运行环境通过外因对硅橡胶材料的老化、憎水及憎水迁移特性产生影响，另一方面硅橡胶原材料、配方、工艺控制的差异会通过内因影响硅橡胶材料的老化速度及憎水性下降程度。因此应取样分析运行环境对复合绝缘子硅橡胶材料性能影响规律，提出各配方、工艺的运行优缺点及关键性影响因素，加强复合绝缘子用硅橡胶原材料、配方、工艺的优化研究。近年来，随着材料技术的发展，人们也在不断探索新材料在复合绝缘子中的应用，如通过在硅橡胶材料中引入氟聚硅氧烷替代端羟基聚硅氧烷以增加硅橡胶表面的憎水及憎水迁移性，在硅橡胶原有配方体系的基础上引入纳米层状硅酸盐以提高硅橡胶力学、热学性能等。因此在短期无法改变运行环境的情况下，通过硅橡胶原材料、配方、工艺的优化及新材料技术的引入，提高复合绝缘子使用寿命和运行性能，可更好地服务于电网的安全运行。若能推出一种免维护、使用寿命达 30 年线路型复合绝缘子，有利于我国复合绝缘子占据该行业在世界范围内的制高点，特别对提高超/特高压输电线路的运行可靠性具有重要意义。

4.6.2 在线运维及评价

国内复合绝缘子自 20 世纪 80 年代开始挂网运行以来，使用占比逐年增大，其中在超特高压输电线路应用占比已在 50%以上。虽然在技术上复合绝缘子已经取得了长足进步，但对其长期运行状态的变化一直缺乏系统性研究。已知现有复合绝缘子具有憎水迁移性强、抗污闪能力强、质量轻、少维护等优点，但同时也存在耐老化、径向强度与韧性不足、芯棒力学分散性较大、耐腐蚀性能较差等弱点，导致应用寿命降低及在耐张串及护套破损后易引发脆断等问题。随着我国超/特高压线路的不断建设，对复合绝缘子的稳定性要求也在不断提升，其故障的出现会引发重大损失，但复合绝缘子运行状态难以监控，对电网运行将产生不利影响，因此亟需掌握复合绝缘子在线运行状态评价技术。目前，主要采取红外测温、外观观察、憎水测试以及取样后实验室机电气检测等方式对复合绝缘子进行在线运维和监测，如何采取简易高效的手段及时发现问题，并解决高温高湿、高海拔、高污秽、强紫外等地区复合绝缘子长期运行的安全隐患问题，是亟须开展攻关研究的关键点。

第5章　胶浸纤维干式高压套管

5.1　高压套管介绍

高压套管作为高压输电工程建设的重要装备，集电、热、力、环境等性能于一体，在特高压系统中将载流导体穿过与其电位不同的设备金属箱体或阀厅墙体，引入或引出全电压、全电流，起绝缘和机械支撑作用，受到电压、电流、拉力、震动、风力、大气污秽等多方面的综合影响，运行条件极其苛刻，运行可靠性直接关系到大电网的运行安全，是保证系统安全稳定运行的关键设备之一。

目前高压交流套管形成了以油浸纸套管和胶浸纸套管为主的产品类型，而直流套管通常采用胶浸纸电容芯体–SF_6 气体复合绝缘或纯 SF_6 气体绝缘结构。油浸纸电容式套管的芯体为中心导电管外包绕多层铝箔作为极板、电缆纸作为极间绝缘介质，组成串联同心圆柱体电容芯子，该类套管在运行中性能表现比较稳定，但油浸纸套管也存在一些不足，如瓷套容易发生破裂、单位体积的重量大、不利于运输和安装，其机械应力和平衡问题也很突出；瓷质外套耐受污秽的能力比较差，在非均匀淋雨下经常导致电场的畸变和外绝缘闪络事故；油浸纸作为主绝缘，易受潮、易泄漏并混有杂质，容易发生渗漏油、油色谱超标等问题。胶浸纸电容式套管为外绝缘采用空心复合绝缘子，主绝缘为胶浸纸电容芯子（以绝缘纸及铝箔电极卷成芯子后，在真空条件下用低黏度、低损耗、无溶剂的环氧树脂浸渍，通过加热固化制成），内外绝缘间采用 SF_6 气体填充，胶浸纸套管具有体积小、憎水性好、耐污能力强、易维护等优点，但设备投资大、制造成本较高，对生产条件、制造工艺等要求较高，随着输送容量的不断提升，胶浸纸电容式套管的发热与散热问题解决难度较大。SF_6 气体绝缘套管外绝缘采用空心复合绝缘子，内部充以一定压力的 SF_6 气体，并布置金属屏蔽电极以均衡套管内部及外部电场强度，这种气体绝缘套管具有优异的绝缘性能和制造维护成本低的特点，但简单的金属屏蔽结构对内外电场的调控能力较弱，内、外电场分布的相互影响也较大，长直径、薄壁的屏蔽电极和超长导电杆的支撑，对结构设计、生产工艺、安装固定技术等要求较高，特别是特高压直流下支撑绝缘件的空间电荷和表面电荷效应缺乏有效的抑制措施。

相比于传统的油纸套管、胶浸纸套管和 SF_6 气体绝缘套管，胶浸纤维干式套管（玻璃钢套管）的技术设计、原材料采购、生产工艺、制造技术均为国产，具有无油防火防爆、结构简单、防潮、机械强度高、免维护等优势。市场上胶浸纤维电容式干式套管产品在现场已经安全运行近 20 年，未出现过重大安全事故，并出口到印度、俄罗斯、巴基斯坦、巴西等国。目前武汉南瑞具备各电压等级胶浸纤维干式变压器套管、穿墙套管和 GIS 出线套管的生产能力（12～550kV 变压器套管、12～1200kV 穿墙套管、72.5～550kV GIS 套管、72.5～550kV 油/油套管、72.5～550kV 油/SF_6 套管、5000～40 000A 大电流套管），其中 1200kV、550kV 和 363kV 穿墙套管已在国家电网公司（常州）电气设备检测中心应用、±600kV/550kV 交直流穿墙套管已在甘肃省电气科学研究院百万伏级高压试验大厅应用，其他产品在市场上均有供货，并运行良好，如图 5-1 所示。

图 5-1 武汉南瑞 1200kV 胶浸纤维穿墙套管型式试验现场

5.2 胶浸纤维干式套管特点

如图 5-2 所示，胶浸纤维变压器套管主要由橡胶伞裙（或瓷套）、连线端子、电容芯子、法兰、测量端子等组成，作为套管主绝缘的电容芯子是由铜杆通过外包绕铝箔作为极板、玻璃纤维浸环氧树脂（俗称“玻璃钢”）作为极间介质而组成的串联同心圆柱体电容器（即电容芯子），起着改善套管内部电场分布的作用。胶浸纤维套管电容芯子采用玻璃纤维浸渍低黏度环氧树脂用卷绕机包绕而成；在缠绕过程中，玻璃纤维浸渍环氧树脂液体后，在套管铝管上叉开一定角度来回分层缠绕形成绝缘层；当达到所需厚度后，加装半导体适形材料作为主电容屏，如此交替制成环氧玻璃钢绝缘套管的电容芯子；包绕完成后，在烘箱中以一定温度进行长时间固化；出箱后经车床切削、打磨，刷绝缘漆，再加装高强度铝合金法兰座，黏附复合硅橡胶伞裙作为外绝缘，形成一个整体；最后加上均压瓷套和将军座和接线排等附件形成成品，如图 5-3 所示。

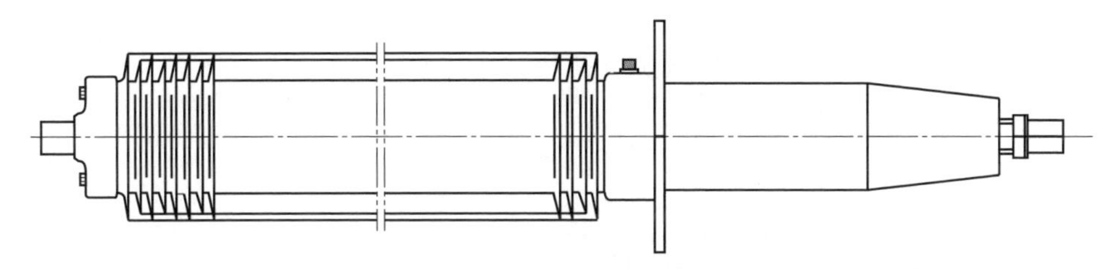

图 5-2　胶浸纤维变压器套管结构示意图

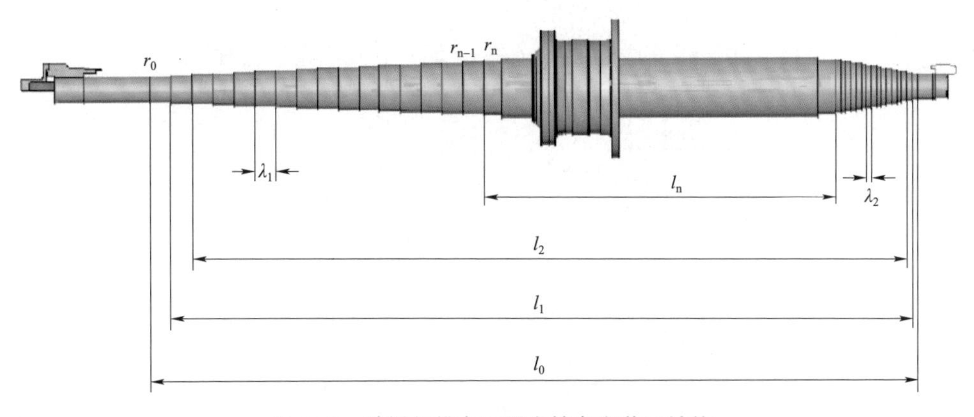

图 5-3　胶浸纤维变压器套管电容芯子结构

胶浸纤维干式套管相比于其他套管具有明显优势：① 设备防火防爆；② 优良的热稳定性能；③ 不易吸潮，恶劣环境下运行工况优异；④ 优良的抗震、抗抖动、抗拉特性；⑤ 安装方便，运行免维护。

5.3 胶浸纤维干式套管电容芯体设计

电容套管的内绝缘即电容芯子最为重要，为电气设计计算最关键的部件。电容芯子的设计计算包括最大工作场强 Er_{m} 的选择和电容极板的计算等。电容套管外绝缘即瓷套，其闪络电压的计算同一般支柱绝缘子，但必须充分注意与内绝缘的合理配合和电场的屏蔽作用，只有这样才能使放电性能符合要求和长度合理。

电容套管的内绝缘是由多层阶梯型极板构成的电容芯子，其中电容极板所起的作用，是要控制 E_r 和 E_l 分布合理化，使绝缘材料充分发挥作用，从而减小套管的半径和长度。

电容芯子的计算基于其内部电位移通量 D 不变的假定，亦即略去极板的边缘效应，其最基本的关系为

$$DS=\varepsilon E\cdot 2\pi rl=\text{常数} \text{ 或 } E_r rl=\text{常数} \tag{5-1}$$

式中 r——任何中间极板半径；

E_r——极板处的径向电场强度；

D——该处的电位移；

ε——材料的介电常数；

S——该极板面积，$S=2\pi rl$。

为了分析方便，假想把所有极板立齐，使下边缘同在一个水平面上，如图 5-4 所示，则各极板上端边缘连成的曲线（在 xy 平面上）称为包络线 $F(r,l)=0$。

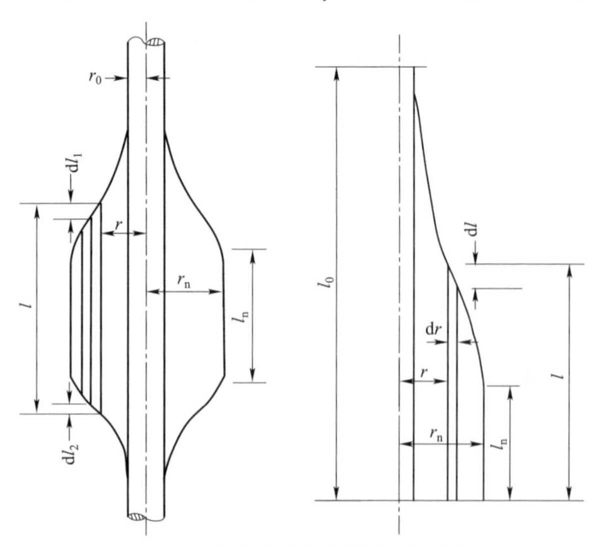

图 5-4　电容套管极板的包络线情况

假定极板数为无穷多（在极板数大于 10 时，这个假定所引起的误差不超过 10%）时，则在相邻两极板间的电压和径向电场强度 E_r 及等效轴向场强 E_l 的关系如下

$$dU=-E_r dr=E_l dl \tag{5-2}$$

式中 E_l——由上部极板间轴向场强 E_1 和下部极板间轴向场强 E_2 换算而得的等效轴向场强。其关系为

$$\begin{cases} dU=E_l dl=E_1 dl_1=E_2 dl_2 \\ dl=dl_1+dl_2 \end{cases} \tag{5-3}$$

由式（5–2）和式（5–3）消去 dl、dl_1 和 dl_2，得换算关系式

$$\frac{1}{E_l}=\frac{1}{E_1}+\frac{1}{E_2} \tag{5-4}$$

改变极板的包络线，可以调节径向场强 E_r 和轴向场强 E_l 使之均匀化。但是，一个极板系统不能同时满足两种场强都均匀化。下面分三种情况来讨论。

（1）E_r= 常数，即径向电场均匀，这样可使套管的半径为最小。由式（5–1）可知

$$rl=C \tag{5-5}$$

由此可得包络线 $F(r,l)=0$ 为一双曲线。

$$\frac{dr}{dl}=-\frac{C}{l^2}=-C\left(\frac{r}{C}\right)^2=-\frac{r^2}{C} \tag{5-6}$$

代入式（5–2）得

$$E_l=-E_r\frac{dr}{dl}=E_r\frac{r^2}{C}=kr^2 \tag{5-7}$$

式中 k——比例系数。由此可得，当 E_r= 常数时，虽然可使套管的半径最小，但 E_l 与 r^2 成正比，即轴向场强随 r^2 而增加，很不均匀。这将使套管的长度很长，在实践中不能采用此设计。

（2）极板边缘包络线为直线，制造工艺比较简单。

当包络线为一直线时，其斜率为一常数，即

dl/dr= 常数，由于 $-E_r dr=E_l dl$，因此

$$\frac{E_l}{E_r}=-\frac{dr}{dl}=\text{常数}$$

上式表示，在此条件下套管的轴向场强与径向场强的比值相等，其不均匀

程度相等。这种方式在电压 35kV 以下电容套管可以采用，不常用于更高电压等级。

（3）E_1=常数，这是高压电容套管最常采用的形式，此时轴向场强均匀，可使套管的长度为最小。

由式（5–1）可得

$$E_r = \frac{C}{rl} \tag{5-8}$$

由式（5–2）可得

$$\frac{dl}{dr} = -\frac{E_r}{E_1} = -\frac{C}{E_1 rl} = \frac{C_l}{rl}$$

即

$$rl\frac{dl}{dr} = C_1 \tag{5-9}$$

将式（5–9）积分得

$$\int l dl = \int C_1 \frac{dr}{r}$$

即

$$-\frac{1}{2}l^2 - C_1 \ln r + C_2 = 0 \tag{5-10}$$

式中常数 C_1 和 C_2 可由下列边界条件求取

$r=r_0$，$l=l_0$；$r=r_n$，$l=l_n$

由此可得

$$-\frac{1}{2}(l_0^2 - l^2) = (C_1 \ln r_0 - C_2) - (C_1 \ln r - C_2) = -C_1 \ln \frac{r}{r_0} \tag{5-11}$$

$$-\frac{1}{2}(l_0^2 - l_n^2) = (C_1 \ln r_0 - C_2) - (C_1 \ln r_n - C_2) = -C_1 \ln \frac{r_n}{r_0} \tag{5-12}$$

以上二式相除得极板边缘包络线 $F(r,l)=0$ 的方程式为

$$\frac{l_0^2 - l^2}{l_0^2 - l_n^2} = \frac{\ln \frac{r}{r_0}}{\ln \frac{r_n}{r_0}} \tag{5-13}$$

由于轴向场强 E_1 是均匀的，因此

$$E_{l}=\frac{U}{n\lambda}=\frac{U}{l_{0}-l_{n}} \tag{5-14}$$

式中　U——外施电压；

$n\lambda$——n 个极板台阶长度之总和，$\lambda=\lambda_1+\lambda_2$。

因此

$$E_{r}=-E_{l}\frac{dl}{dr}=-\frac{U}{l_{0}-l_{n}}\frac{dl}{dr} \tag{5-15}$$

由式（5–12）得

$$C_{1}=-\frac{l_{0}^{2}-l_{n}^{2}}{2\ln\frac{r_{n}}{r_{0}}} \tag{5-16}$$

由式（5–9）得

$$\frac{dl}{dr}=\frac{C_{1}}{rl} \tag{5-17}$$

代入式（5–15）得

$$E_{r}=\frac{U}{2}\frac{l_{0}+l_{n}}{\ln\frac{r_{n}}{r_{0}}}\frac{1}{lr} \tag{5-18}$$

式（5–18）指出，当轴向场强 E_l 均匀时，径向场强 E_r 沿电容芯子绝缘层的分布是不均匀的，与乘积 lr 成反比。由于极板的 r 大时 l 小，E_r 的不均匀程度并不严重，因此高压套管的电容极板设计最常采用这种方式。

当 E_l=常数时，可使套管长度为最小。为了提高绝缘的利用因数，应使 E_r 尽可能均匀。式（5–18）中所列 E_r 与 r 的关系如图 5–5 所示，曲线两边较高而中间较低。

设比值

$$\frac{r_{n}}{r_{0}}=\xi_{r}\text{和}\frac{l_{0}}{l_{n}}=\xi_{l} \tag{5-19}$$

又由式（5–1）可得

$$E_{r0}r_{0}l_{0}=E_{rn}r_{n}l_{n}$$

通常使 E_r 均匀的方法，是使最内层极板附近的场强 E_{r0} 和接地极板附近的场强 E_{rn} 相等，且等于绝缘材料所能容许的最大工作场强 E_{rm}。由此可得

$$E_{rm}r_{0}l_{0}=E_{rm}r_{n}l_{n} \tag{5-20}$$

或

$$\frac{r_n}{r_0}=\frac{l_0}{l_n}=\xi$$

代入式（5–18）得最大工作场强

$$E_{rm}=\frac{U}{2r_n}\frac{\xi+1}{\ln\xi} \tag{5–21}$$

或接地极板半径

$$r_n=\frac{U}{2E_{rm}}\frac{\xi+1}{\ln\xi} \tag{5–22}$$

式（5–22）表明，套管芯子的接地极板半径 r_n，正比于外施电压 U，反比于绝缘材料所容许的最大工作场强 E_{rm}，此外还与 ξ 值得选择有关。在此条件下的径向电场分布及电压分布如图 5–5 所示。由图 5–5 可见，此时径向电压 U_r 的分布比较均匀，与均匀分布的曲线 G 相当接近。因此，轴向电场均匀这一设计条件具有实际意义。

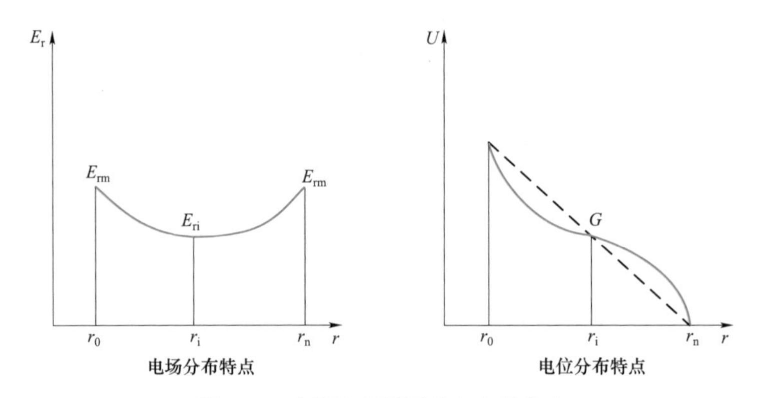

图 5–5　套管电容芯子轴向电场分布

在生产实践中，通常采用的轴向场强均匀是这样设计的：各绝缘层的电容相等且各极板间的长度差 λ 相等，而绝缘厚度 d 不等。由于各层电容相等，则各层所承受的电压相等；由于极板间台阶长度相等，则轴向平均电场强度也因此相等。在外施电压 U 下，设绝缘层分 n 个，则各电容层的电压$\Delta U=U/n$，上部轴向场强 $E_1=U/n\lambda_1$，下部轴向场强 $E_2=U/n\lambda_2$，则等效轴向场强为

$$E_1=\frac{U}{n(\lambda_1+\lambda_2)}=\frac{U}{n\lambda} \tag{5–23}$$

由图 5–5 可见，当各绝缘层所承受电压相等时，r_0 和 r_n 附近的绝缘层最

薄，而中间某一 r_{i} 处最厚。在 r_0 或 r_{n} 附近的绝缘层中承受最大工作场强 E_{rm}，因此这一最小绝缘厚度 d 的选取对于套管设计具有重要意义。

5.3.1　等电容等极差不等厚度设计

由设计理论可知，通过调节每层极板的电容值可以实现对各层极板的分压值进行控制，基于这一原理等电容等极差不等厚度设计就是指：在保证每层极板极差相等的情况下，即满足等极差的条件下，通过设计各层极板的绝缘厚度来实现各层极板等电容的条件，从而使得各层极板之间的分压值相等。

对于等电容等极差不等厚度的设计步骤是：

先确定极板数 n，零层极板给定值 l_0，零层极板半径 r_0，接地极板给定值 l_{n}，接地极板半径 r_{n}，工作电压 U。

根据设计思想可知各层极板的极差相等，则有，各层极板的极差为 $l_0-l_{\mathrm{n}}=n\lambda$，则有各层极板的长度为 $l_{\mathrm{x}}=l_0-x\lambda$。

根据电容芯子等效为同心圆柱形电容以及各层极板电容相等的条件，可得到如下的等式

$$c_{\mathrm{k}}=\frac{2\pi\varepsilon_{\mathrm{r}}\varepsilon_0 l_1}{\ln\frac{r_1}{r_0}}=\frac{2\pi\varepsilon_{\mathrm{r}}\varepsilon_0 l_2}{\ln\frac{r_2}{r_1}}=\cdots=\frac{2\pi\varepsilon_{\mathrm{r}}\varepsilon_0 l_{\mathrm{x}}}{\ln\frac{r_{\mathrm{x}}}{r_{\mathrm{x-1}}}}=\cdots=\frac{2\pi\varepsilon_{\mathrm{r}}\varepsilon_0 l_{\mathrm{n}}}{\ln\frac{r_{\mathrm{n}}}{r_{\mathrm{n-1}}}} \tag{5-24}$$

式中　r_0、l_0 ——最内层（零层）极板的半径与长度；

r_{x}、l_{x} ——第 x 层极板的半径与长度；

r_{n}、l_{n} ——最外层（接地）极板的半径与长度；

ε_{r} ——相对介电常数；

ε_0 ——真空的电容率，8.854×10^{-12} F/m。

根据合比定理 $\frac{a}{b}=\frac{c}{d}=\frac{e}{f}=\frac{g}{h}=\cdots\frac{a+c+e+g+\cdots}{b+d+f+h+\cdots}$ 上式可化为

$$\frac{l_1}{\ln\frac{r_1}{r_0}}=\frac{l_2}{\ln\frac{r_2}{r_1}}=\cdots=\frac{l_{\mathrm{x}}}{\ln\frac{r_{\mathrm{x}}}{r_{\mathrm{x-1}}}}=\cdots=\frac{l_{\mathrm{n}}}{\ln\frac{r_{\mathrm{n}}}{r_{\mathrm{n-1}}}}$$

$$=\frac{\sum_{x=1}^{x}l_{\mathrm{x}}}{\ln\frac{r_{\mathrm{x}}}{r_0}}=\frac{\sum_{x=1}^{n}l_{\mathrm{x}}}{\ln\frac{r_{\mathrm{n}}}{r_0}}=\frac{(l_1+l_{\mathrm{x}})x}{2\ln\frac{r_{\mathrm{x}}}{r_0}}=\frac{(l_1+l_{\mathrm{n}})n}{2\ln\frac{r_{\mathrm{n}}}{r_0}}=A \tag{5-25}$$

从式（5-25）可以知道，在各层极板长度已知的情况下，其他各层极板的

半径计算如式$r_x=r_0e^{\frac{(l_1+l_x)x}{2A}}$，这样，通过上述等式得到的各层极板的绝缘厚度满足等电容设计的要求。

最后，根据上述设计方式可以得到各层极板间的分压、径向电场、下部的轴向电场以及各层极板的裕度。具体的计算公式在等极差等厚度设计方法中有介绍，在此省略。通过上面的步骤可得到等电容等极差不等厚度设计的计算流程图，如图5-6所示。

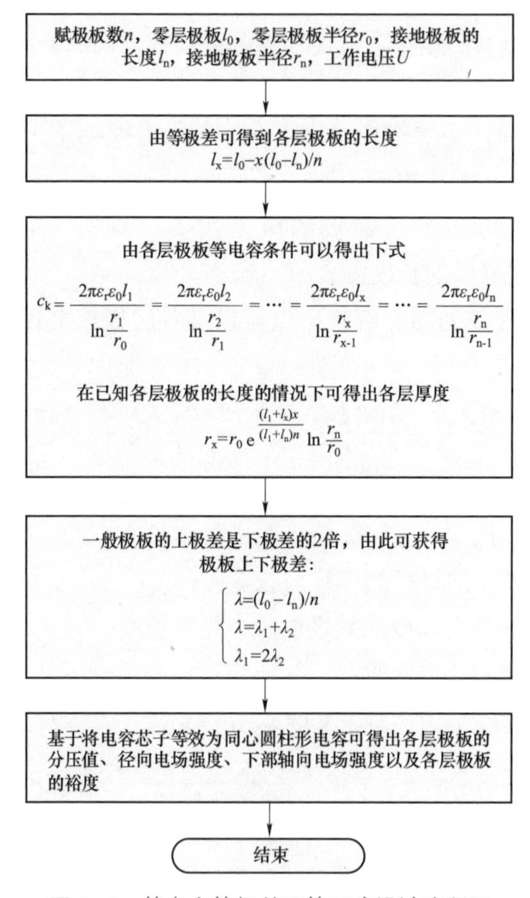

图5-6　等电容等极差不等厚度设计流程图

5.3.2　等电容等厚度不等极差设计

与等电容等极差不等厚度的设计方法类似，在保证每层极板厚度一定的情况下，通过调整每层极板的长度来实现各层极板等电容的条件，从而使得各层极板之间的分压值相等。

等电容等厚度不等极差设计步骤：

先确定极板数 n，零层极板给定值 l_0，零层极板半径 r_0，接地极板给定值 l_n，接地极板半径 r_n，工作电压 U。

根据设计思想可知各层极板的厚度相等，则有，各层极板的半径为 $r_x=(r_n-r_0)/16x+r_0$，则有各层极板的长度为 $l_x=l_n/\ln(r_n-r_{n-1})\ln(r_x/r_{x-1})$；各层极板的极差为 $\lambda_x=l_x-l_{x+1}$。

最后，根据上述设计方式可以得到各层极板间的分压、径向电场、下部的轴向电场以及各层极板的裕度。具体的计算公式在等极差等厚度设计方法中有介绍，在此省略。

通过上面的步骤可得到等电容等厚度不等极差设计流程图如图 5-7 所示。

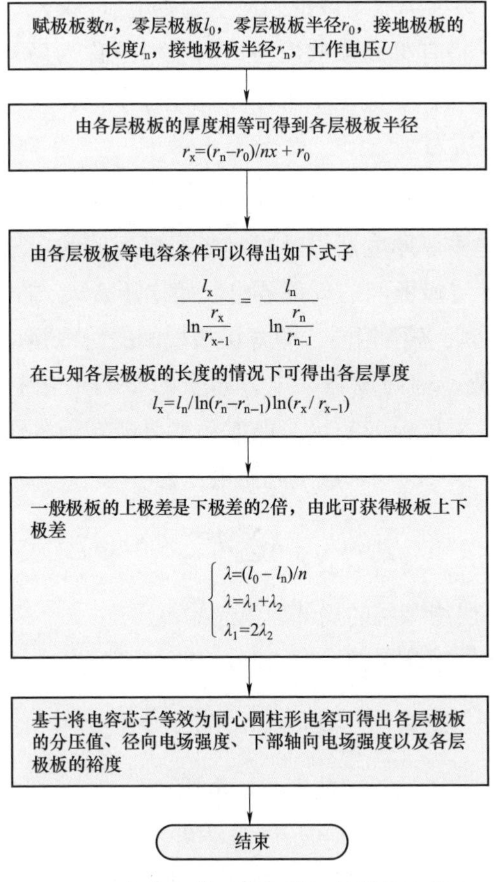

图 5-7 等电容等厚度不等极差设计流程图

5.3.3 等裕度设计

对于高压套管的电容芯子设计最为常用的方法是等裕度设计。等裕度设计是指将每层极板等效为同心圆柱形电容，通过调节每层极板的电容值大小以及绝缘厚度来控制极板间的分压值和局部放电起始电压之比实现近似相等，达到充分利用绝缘材料的目的。在实际的设计过程中，主要控制电容芯子各层的有害局部放电与滑闪放电。根据经验公式可知各层的有害局部放电与滑闪放电起始电压如下式所示

$$\Delta U_{\mathrm{ki}} = Kd^{0.45} \tag{5-26}$$

式中 K ——系数，根据武汉南瑞设计的套管，有害局部放电系数取 3.3；

d ——该层绝缘厚度，mm；

ΔU_{ki} ——该层有害局部放电或滑闪放电起始电压，kV。

为了便于叙述，将有害局部放电与滑闪放电统称为局部放电。在上面公式的基础上，如果按等电容等极差不等厚度设计各个极板尺寸，则有整个电容芯子的局部放电起始电压为

$$U_{\mathrm{i}} = nKd_{\min}^{0.45} \tag{5-27}$$

按等电容等极差不等厚度法设计时，各层极板间的电压相等，但是绝缘厚度不相等。可见，各层极板间的局部放电起始电压 ΔU_{ki} 与该层极板上的分压值 ΔU_{i} 的比值 $\Delta U_{\mathrm{ki}}/\Delta U_{\mathrm{i}}$ 将各不相同，即各层极板间的绝缘裕度各不相等。在保持电容芯子的极板层数、轴向场强、电容芯子的整体尺寸保持基本不变的情况下，通过适当调整各层极板间的绝缘厚度，就可能实现各层极板的绝缘裕度近似相等。此时，整个芯子的局部放电起始电压为

$$U_{\mathrm{i}} = \sum_{i=1}^{n} \Delta U_{\mathrm{k}i} = K\sum_{i=1}^{n} d_i^{0.45} \approx Kn(\bar{d})^{0.45} \tag{5-28}$$

式中 $\Delta U_{\mathrm{k}i}$ ——第 i 层绝缘层的局部放电起始电压；

d_i——第 i 层绝缘层的厚度，mm；

$\bar{d}$ ——绝缘层的平均厚度，mm，等于 $\sum_{i=1}^{n} d_i \Big/ n$；

U_{i} ——整个芯子的局部放电起始电压。

可知：$\bar{d} > d_{\min}$，由此说明等裕度设计可以提高套管电容芯子的局部放电起始电压。因此，这种方法能很好地提高电容芯子的性能参数。

1. 等裕度设计步骤

对于等裕度设计而言，其设计具体步骤如下：

先确定极板数 n，零层极板长度 l_0，零层极板半径 r_0，接地极板的长度 l_n，接地极板半径 r_n，工作电压 U，下部轴向场强 E_{12}，各个绝缘层的厚度 d_k 初值等。

计算各极板的半径 r_k 值：$r_k = r_{k-1} + d_k\ (k = 1,2,\cdots,n)$，其中，对于 d_k 初值确定为其各层极板的绝缘厚度相等，即 $d_{ki} = (r_n - r_0)/n\ (i=1,2,\cdots,n)$，这样的初值对后面的修正是合适的。

根据电容分压原理，计算各极板长度：由于 $\lambda_{2i}E_{12} = \Delta U_i = Q/C_i = GK[\ln(r_i/r_{i-1})]/l_i$ 可得

$$\lambda_{2i} = \frac{GK\ln\left(\dfrac{r_i}{r_{i-1}}\right)}{l_i E_{12}}\ (\lambda_{2i}\text{表示下部极差}) \tag{5-29}$$

又因为电容芯子为对称设计，则有

$$l_{i-1} = l_i + 2\lambda_{2i}\ (i = 1,2,\cdots,n) \tag{5-30}$$

上述的 GK 是未知数，可以通过给定初值之后用逐步修正的方法来确定，其具体方法是：可以得出 $l(0) = l_n + 2\sum_{i=1}^{n}\lambda_{2i}$，通过修正 GK 可以实现使得 $l(0)=l_0$，从而确定各层极板的长度。

根据电容分压原理得到各层极板间的分压、径向电场、下部的轴向电场，这些参数的计算公式可以参考等极差等厚度设计步骤四。同时可以给出整个芯子的局部放电起始电压：$U_i = \min[\Delta U_{ki}/\Delta U_i]U$。

因为径向电场的分布几乎与绝缘层厚度的分布无关，因此可先假设等裕度设计的径向电场强度等于前面的计算值，等裕度设计时各绝缘层的局部放电起始电压与分配到该层极板上的电压之比值或各层极板的局部放电起始场强与分配到该层极板上的场强之比值应等于一个常数 HK，即有

$$\Delta U_{ki}/\Delta U_i = E_{ki}/E_{ri} = Kd_i^{-0.55}/E_{ri} = HK \tag{5-31}$$

即有 $d_i = (HKE_{ri}/K)^{-1/0.55}$，又因为 $r_n - r_0 = \sum_{i=1}^{n} d_i = \sum_{i=1}^{n}(HKE_{ri}/K)^{-1/0.55}$，所以 $HK = K\left(\dfrac{\sum_{i=1}^{n}E_{ri}^{-1/0.55}}{r_n - r_0}\right)^{0.55}$，于是

$$d_i=\left[\left(\frac{\sum_{i=1}^{n}E_{ri}^{-1/0.55}}{r_n-r_0}\right)^{0.55}\cdot E_{ri}\right]^{-1/0.55} \tag{5-32}$$

各绝缘层厚度优化设计后，再返回去从第二步骤开始重新计算，经过若干次循环修正后，整个芯子的局部放电起始电压 U_i 就趋向一个稳定值，这表明各层极板的局部放电起始电压裕度已经趋于一致，这时各极板尺寸就可视为满足等裕度设计，判断循环结束的条件是各层极板中绝缘裕度最大值与最小值之差不大于 0.01。

通过计算可以得到各层极板的绝缘厚度，这些厚度中还有不满足最小绝缘厚度要求的值，需对这些值进行修正。最后根据电容分压原理得到各层极板间的分压值、径向电场、下部的轴向电场、绝缘裕度以及整个芯子的局部放电起始电压等。

2. 等裕度设计流程图

通过上面的步骤可以得到等裕度设计的计算流程图如图 5-8 所示。

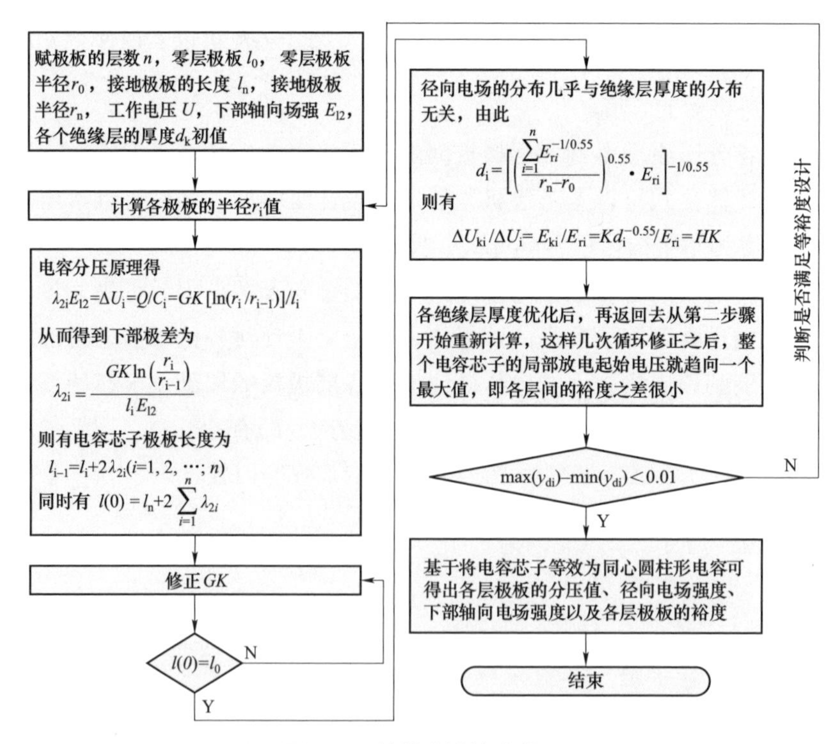

图 5-8　等裕度设计流程图

5.4　胶浸纤维干式套管的制造

环氧玻璃钢电容芯子生产工艺主要包括环氧树脂液体配料、浸胶、缠绕、固化、出炉后机加工成型、胶装高温硫化硅橡胶伞裙、安装法兰等套管附件。真型环氧玻璃钢套管的设计结构如图 5-9 所示，具体制作流程如图 5-10 所示。

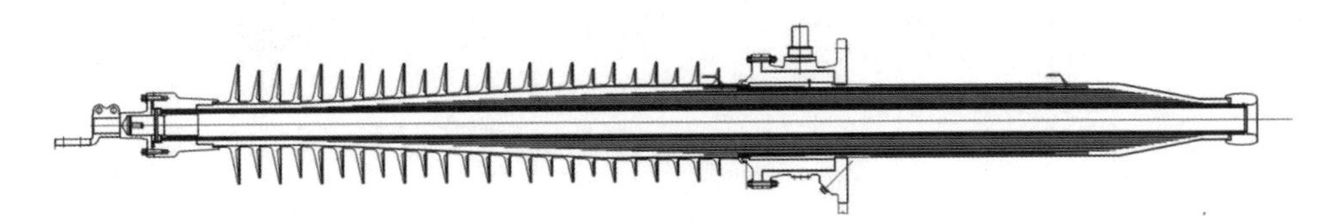

图 5-9　玻璃钢套管外部结构尺寸

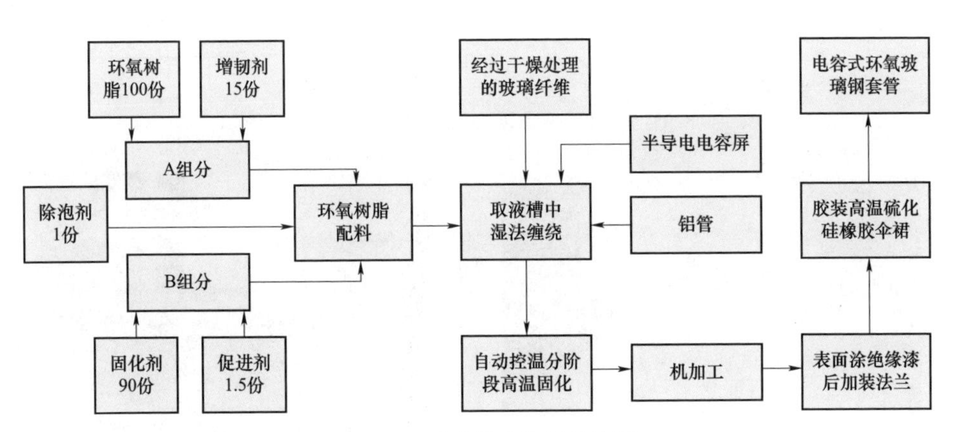

图 5-10　玻璃钢套管制作流程

具体流程如下：

（1）环氧树脂配料混合。在洁净间里将配料中的 A、B 组分分别按比例混合，加入除泡剂，搅拌均匀后倒入缠绕机的浸胶槽中，浸胶槽的温度控制在 50℃以下。

（2）玻璃纤维浸胶缠绕。将缠绕机纺纱架上的多个玻璃纤维纱锭引出成为一股，使成股后的玻璃纤维纱穿过缠绕机浸胶槽中的环氧树脂液体，浸过环氧树脂的玻璃纤维被搭在环氧玻璃钢铝管上；电机带动浸胶槽沿着铝管来回移动，铝管旋转，这样浸过环氧树脂的玻璃纤维就能在铝管上一层一层进行缠绕。浸胶缠绕如图 5-11 所示，实物如图 5-12 所示。在旋转的铝管芯轴上，将浸过环氧树脂的玻璃纤维叉开一定角度来回缠绕，每当缠绕的环氧玻璃钢厚度达到设计的绝缘电容屏厚度时，设置电容屏后继续缠绕玻璃纤维，要求缠绕的玻璃纤维紧密可靠，不留空隙。

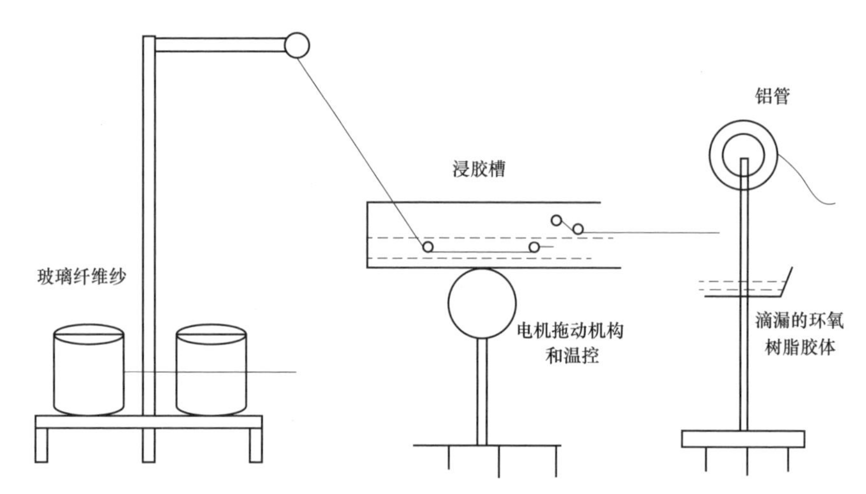

图 5-11　玻璃钢套管浸胶缠绕示意图

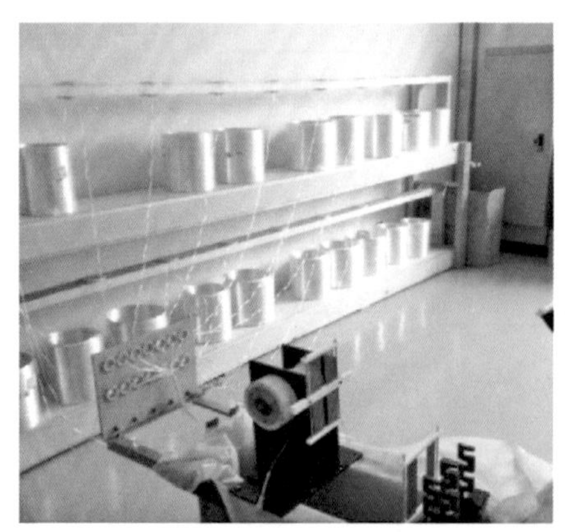

图 5-12　缠绕和加工设备

（3）高温固化。将缠绕好的环氧玻璃套管静置一段时间后移入自动控温的烘箱内进行高温固化。

（4）将固化后的环氧玻璃钢套管按照相应尺寸进行机加工和打磨，在电容芯子表面刷上绝缘漆后加装铝合金法兰，再胶装高温硫化复合硅橡胶伞裙和套管附件后环氧玻璃钢制作完成，如图 5–13 所示。

图 5–13　机加工后胶装伞裙

5.5　胶浸纤维干式套管的试验

根据绝缘配合与高压测试技术的基本理论，试验能模拟待测高压设备运行中可能发生的故障。胶浸纤维干式套管试验按套管承担的交直流电压/电流类型分为交流系统用和直流系统用套管的试验，对应的试验类别分为型式试验和出厂试验（逐个试验），型式试验用于验证套管绝缘、机械、温度等方面的正确性和可靠性，出厂试验用于验证产品的生产质量，检查绝缘中是否存在危险缺陷。

胶浸纤维干式套管试验依据相关国标（GB/T 4109—2008《交流电压高于1000V 的绝缘套管》和 GB/T 22674—2008《直流系统用套管》等标准）的试验方法、要求及接收准则，进行型式试验和逐个试验。开展试验前时，应注意不同类型（不同应用场合）的套管，其试验项目及试验环境存在一定的差异，同时，套管试验技术要求也需要参照实际供货套管产品的技术参数进行修正，并制定合理可行的试验方案。

5.5.1　交流系统用胶浸纤维套管试验

（1）检验分类。产品检验分为型式试验和逐个试验。

（2）型式试验。

1）工频干或湿耐受电压试验。

2）长时间工频耐受电压试验（ACLD）。

3）雷电冲击干耐受电压试验。

4）操作冲击干或湿耐受电压试验。

5）热稳定试验。

6）电磁兼容试验（EMC）。

7）温升试验。

8）热短时电流耐受试验。

9）悬臂负荷耐受试验。

10）尺寸检查。

（3）逐个试验。

1）环境温度下介质损耗因数（tanδ）和电容量测量。

2）雷电冲击干耐受电压试验。

3）工频干耐受电压试验。

4）局部放电量测量。

5）抽头绝缘试验。

6）法兰或其他紧固器件上的密封试验。

7）外观检查和尺寸检验。

5.5.2 直流系统用胶浸纤维套管试验

（1）检验分类。产品检验分为型式试验、逐个试验和特殊试验。

（2）型式试验。在型式试验中，套管将承受并耐受比实际运行更高的应力，不应有部分或完全的损坏的迹象。一般通过比较特征值，如电容量、介质损耗因数、局部放电量来检查型式试验中出现的隐性损伤。

1）工频干耐受电压试验。

2）雷电冲击干耐受电压试验。

3）操作冲击干或湿耐受电压试验（户外套管）。

4）温升试验。

5）悬臂负荷耐受试验。

6）尺寸检查。

（3）逐个试验。除非供需双方另有协议，则逐个试验应按以下顺序对每一只套管进行：

1）介质损耗因数（tanδ）和电容量测量。

2）雷电冲击干耐受电压试验。

3）工频干耐受电压试验。

4）重复测量介质损耗因数（$\tan\delta$）和电容量。

5）直流耐受电压试验并局部放电测量。

6）极性反转试验并局部放电测量。

7）重复测量介质损耗因数（$\tan\delta$）和电容量。

8）抽头绝缘试验。

9）法兰或其他固定装置的密封试验。

10）外观和尺寸检查。

（4）特殊试验。特殊试验仅适用于供需双方达成的协议且仅适合于户外套管。

特殊试验包括以下内容：

1）不均匀淋雨直流电压试验。

2）伞套材料耐电痕化和蚀损试验。

5.6 胶浸纤维干式套管的应用情况

交、直流套管作为电力系统中重要的一次设备，主要应用于电厂、变电站、换流站和电气试验室等场合，作为变压器、电抗器、断路器、隔离开关等电力设备进出线和高压电路穿墙的载电通道，起绝缘和机械支撑作用。胶浸纤维干式套管内绝缘采用高绝缘性能玻璃纤维浸以专用环氧树脂绕制成电容芯体，外绝缘采用硅橡胶复合外套或瓷外套，具有无油、防火防爆、机械强度高、防潮、免维护等优势，除上述常规应用场合外，还适用于一些特殊场合。

5.6.1 常规应用场合

（1）变压器套管如图5-14所示。

（2）换流变压器阀侧直流套管如图5-15所示。

（3）穿墙套管如图5-16所示。

（4）GIS出线套管如图5-17所示。

（5）油气套管（变压器与GIS之间的连接用套管）如图5-18所示。

（6）油油套管（变压器与电缆盒及充油设备连接用套管）如图5-19所示。

图 5-14　变压器套管

图 5-15　换流变压器阀侧直流套管

图 5-16　穿墙套管

图 5-17　GIS 出线套管

图 5-18　油气套管

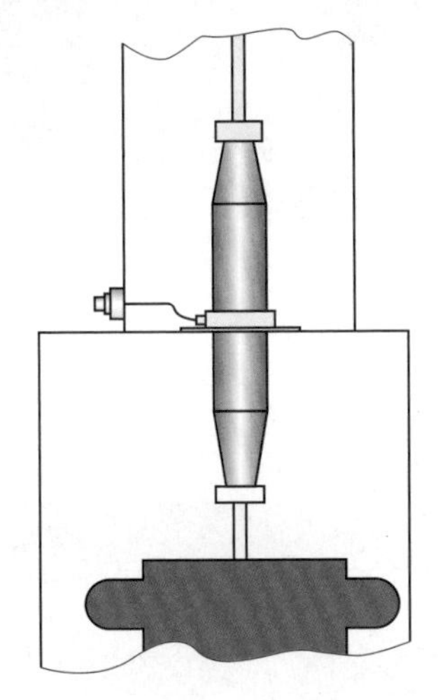

图 5-19　油油套管

（7）大电流套管（大型电厂）如图 5-20 所示。

图 5-20　大电流套管

5.6.2 特殊应用场合

胶浸纤维干式套管外绝缘可采用硅橡胶复合外套，具备极佳的防污性能，适用于重污秽场合，如图 5–21 所示。

图 5–21 胶浸纤维干式套管在静电除尘器上运行

胶浸纤维干式套管为纯固体绝缘结构，内绝缘采用优化力学铺层设计、抗弯强度高、机械结构稳定，适用于重震地区或高速运动的设备，如图 5–22 所示。

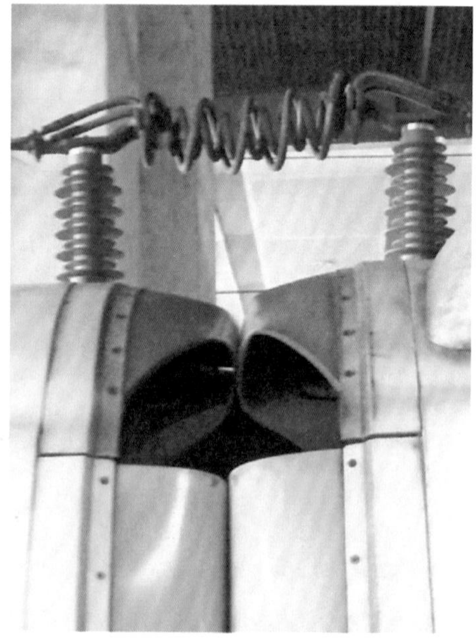

图 5–22 电力机车车顶套管在高铁及电力机车上

第 6 章 风力发电复合材料叶片

6.1 风力发电用复合材料

6.1.1 风力发电装备及其材料

风力发电机机组是通过其各组成部件协调运转，将捕获的风能安全可靠地转化为机械能，再将机械能转化为电能的发电装置，结构件主要由塔筒/架和基础、机舱及其部件、风轮（3 支叶片和轮毂）组成，同时包括传动系统、发电机储能设备、电气系统等，如图 6–1 所示。

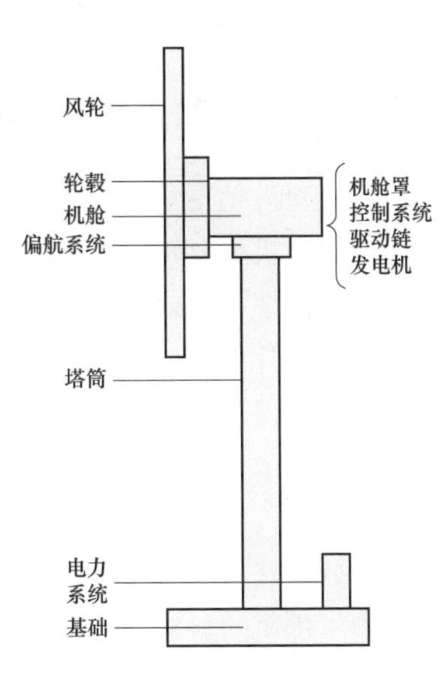

图 6–1 水平轴风力机及主要组成结构件

风力机使用了许多材料，归纳为表 6–1，其中最重要的材料是复合材料、金属（钢或铜等）、混凝土。风力发电机的塔筒/架有钢管制独立式塔筒、混凝土塔筒等。机舱部分包括机舱盖、机器台板或主机架和偏航对风系统，其中用于保护机舱内部件免于气候损坏的机舱罩是复合材料制品。风轮由轮毂和风电叶片组成，其中风电叶片是主要的风力发电用复合材料部件。以某款风轮直径92m塔筒高100m的风机为例，由复合材料制成的叶片和机舱罩分别占风机总重的22.2%和1.35%。

表6-1　　用于风力机的材料

子系统或部件	材料分类	材料细分类
叶片	复合材料	玻璃纤维、碳纤维、轻木、聚酯树脂、环氧树脂
轮毂	钢	
齿轮箱	钢	各种合金，润滑材料
发电机	钢、铜	基于稀土元素的永磁材料
机械设备	钢	
机舱罩	复合材料	玻璃纤维树脂
塔架	钢	
基础	钢、混凝土	
电气和控制系统	钢、硅	

6.1.2　风电叶片及其复合材料

1. 风电叶片的要求

风力发电机组要转化足够的电能，持续地输出满足要求的发电量甚至获得较大的发电功率，其前提条件在于要具有在其生命周期内能稳定的轻快旋转的风轮叶片。叶片优秀的外形设计和轻量化可以大大提升发电功率，结构强度和疲劳强度可以保障运行安全可靠，制造容易、易于安装和维修方便有利于降低风机的制造成本和使用成本，另外叶片表面要光滑，用以减少叶片转动时与空气的摩擦阻力，因此，作为接受或捕获风能的主要部件，叶片的设计除了要求具有能高效捕获风能的外形，由于叶片直接迎风获得风能，还要求叶片具有合理的结构、优质的材料和先进的工艺，以便叶片能可靠地承担叶片自重和离心力等给予的各种弯矩拉力。

2. 传统叶片材料

从风力发电机诞生之日起，叶片先后经历了木质材料叶片、布蒙皮叶片、钢梁玻璃纤维蒙皮叶片、铝合金叶片等。考虑到叶片复杂的外形要求和受力情况，而且对尺寸精度、表面粗糙度及质量分布等都有较高的要求，用传统材料制造叶片时往往会遇到复杂的加工问题，且制成的产品重量大、维修难。

近代的微小型风力发电机有些采用木质叶片，但由于木质叶片不易扭曲，因此常设计成等安装角叶片。整个叶片由几层木板黏压而成，与轮毂连接处采用金属板做成法兰，通过螺栓连接。大中型风力发电机很少用木质叶片，即使有也是用强度较高的整体方木做纵梁来承担叶片风荷载力和弯矩。叶片肋梁木板与纵梁木板用胶和螺钉可靠地连接在一起，其余叶片空间用轻木或泡沫填充，用玻璃纤维覆面，外涂环氧树脂。

叶片在近代有采用钢管或 D 型钢做纵梁，钢板做肋梁，内填泡沫塑料外覆玻璃纤维蒙皮结构形式，一般用在大型风力发电机上。叶片纵梁做成等强度梁，其钢管及 D 型钢从叶根到叶尖的界面应逐渐变小，以满足扭曲叶片的要求并减轻叶片重量。

用铝合金挤压成型的等弦长叶片易于制造，可连续生产，也可以按设计要求的扭曲进行加工，叶根和轮毂连接的轴及法兰通过焊接或螺栓连接来实现。铝合金叶片重量轻、易于加工，但不能制造叶根至叶尖渐缩的叶片，因此并未广泛使用。

3. 主流叶片材料

随着风力发电机组朝着大型化方向发展，对叶片的要求越来越高，为了在降低成本的同时保证叶片具有足够的强度和刚度，复合材料成为现代大型风电叶片的首选材料。

与传统叶片材料相比，现代风力发电机的复合材料叶片具有下列优点：

（1）轻质高强。

（2）可设计性。

（3）疲劳性能好。

（4）材料选择多样。

（5）外形呈现度高。

（6）制造方便。

（7）易于维修。

（8）耐腐蚀、耐高温。

6.1.3 风电用复合材料主要种类

目前风力发电机叶片行业采用的复合材料大多是纤维增强基结构复合材

料，主要有纤维增强材料（玻璃纤维、碳纤维等）、基体材料（环氧树脂、聚氨酯等）、夹芯结构（巴萨木、PVC、PET、SAN 等）、胶黏剂（环氧树脂、聚氨酯等）和辅助材料等。

1. 纤维增强材料

玻璃纤维复合材料价格便宜，综合性能优异，是目前叶片制造中用量最大、使用面最广的高性能复合材料。E-玻璃纤维，亦称无碱玻璃纤维，由一种铝硼硅酸盐玻璃构成，具有成本低、适用性强、绝缘性好的特点，是目前的主流增强材料。为了更好地发挥 E 玻璃纤维在结构中的强度和刚度作用，使其能与树脂进行良好匹配，目前已经开发了单轴向、双轴向、三轴向、四轴向甚至三维立体结构等编织形式，以满足不同的需要，使灵活的结构设计得以更好的体现，如图 6-2 所示。当要求叶片具有更高的强度与刚度时，可以使用高强度玻璃纤维，如 S-玻璃纤维，即一种特制的抗拉强度极高的硅酸铝-镁玻璃纤维，其模量能达到 80.5GPa，比 E-玻璃纤维高出 18%且强度高出 33%。

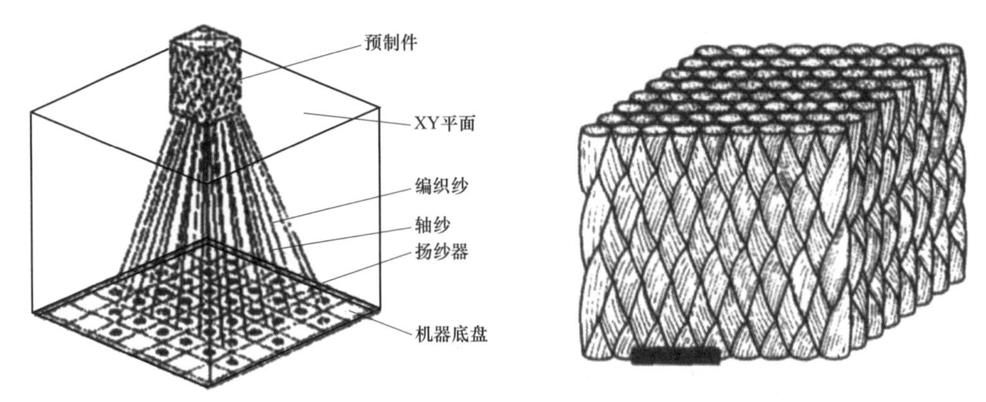

图 6-2　纤维三位立体编织结构及编织的纤维交织交叉情况

叶片长度的不断增加，使得碳纤维在风力发电上的应用不断扩大。碳纤维的强度比玻璃纤维高约 40%，密度小约 30%，大型叶片采用碳纤维作为增强材料能充分发挥其轻质高强的优点。但目前碳纤维价格昂贵且韧性差、难浸润，是限制其使用的主要原因，因此全球各大复合材料公司正在从原材料、工艺技术、质量控制等各方面深入研究。

尽管碳纤维价格昂贵，但当叶片超过一定尺寸后，适当采用碳纤维和玻璃纤维混杂增强材料制造的叶片成本反而比完全使用玻璃纤维的叶片低，在保证高度和强度的同时，可以大幅度减轻叶片的重量，成本和性能得到了优化和平衡。

2. 基体材料

基体材料对复合材料力学性能有重要影响，复合材料的横向性能、压缩和剪切性能，都与基体材料有关。好的基体材料可有效地提高复合材料的抗损能力和疲劳寿命，目前用于复合材料叶片的基体材料以不饱和聚酯树脂、环氧树脂、乙烯基树脂等热固化树脂为主。

不饱和聚酯树脂是由不饱和二元酸、饱和二元酸和二元醇缩聚而成，在大分子结构中同时含有重复的不饱和双键和酯键，经交联剂苯乙烯稀释后呈现为具有一定黏度的树脂溶液。不饱和聚酯树脂用于大型风电叶片的优点是价格低、工艺性好、综合性能优良；缺点是力学性能较低、污染大、固化收缩率较大，储存过程中易发生黏度和凝胶时间的漂移，因此不饱和聚酯树脂一般适用于制造小型叶片。

环氧树脂是目前使用最为广泛的叶片基体材料，泛指分子中含有两个或两个以上环氧基团的有机高分子化合物，其分子结构是以分子链中含有活泼的环氧基团为特征。环氧树脂用于大型风电叶片的主要优点有静态和动态的强度高、耐疲劳性能优异、固化收缩率较小、尺寸稳定性好、对玻璃纤维和碳纤维的浸润性良好、介电性能较好、耐化学腐蚀性和耐久性良好；主要缺点有对操作可靠性要求较高、要求配料精准，室温下黏度高、导入时间长、生产效率较低，成型设备必须附有加热后固化装置，设备投资成本增加等。

乙烯基酯树脂由丙烯酸或甲基丙烯酸与环氧树脂经开环脂化反应而获得，是国际上公认的一种高度耐腐蚀树脂。乙烯基酯树脂用于大型风电叶片具有优点包括室温黏度低、树脂真空导入时间短、生产效率高、叶片较厚部位能完全均匀浸润；其耐腐蚀性、力学性能高于普通聚酯树脂；固化性能优良、生产制品时的适用性广，薄制品能固化完全，厚制品也可以一次成型；成型周期短，生产效率高，无需加热装置，故能延长模具的使用寿命。缺点是价格高于普通聚酯树脂，固化收缩率大，污染大。

3. 夹芯结构

目前用于生产风力发电机叶片的夹芯材料主要分为轻木和硬质泡沫。

轻木是一种天然材料，具有可降解和可再生的特点。轻木主要产自南美洲，由于气候原因在当地生产速度特别快。轻木比普通木材轻很多，且其纤维具有良好的强度和韧性，特别适用于复合材料夹芯结构，密度范围在 100～250kg/m^3。轻木本身是一种类似微孔的蜂窝结构，用于叶片时一般会在两个表面用专用处理剂涂刷封孔，防止树脂渗入内部。

用于风电叶片的硬质泡沫，主要有聚氯乙烯（PVC）泡沫、丙烯腈–苯乙烯（SAN）泡沫、聚对苯二甲酸乙二醇酯（PET）泡沫等。PVC 泡沫有良好的静力和动力特性，适合用于承载要求较高的产品，并且耐化学腐蚀性能良好；SAN 属于热固性泡沫，具有良好的耐热性；PET 泡沫属于热塑性泡沫，虽因其密度较大减重效果一般，但价格低廉一致性好，因此逐渐获得市场认可，可用于替换 PVC 和部分轻木。PET 的另一个优点是能够 100%回收再利用。

4. 胶黏剂

胶黏剂是叶片的重要结构材料，直接关系到叶片的刚度、强度以及寿命，目前可用于叶片制造的黏接剂产品按基本化学结构可分为环氧、聚氨酯、聚烯酸酯，其中环氧应用最广、用量最大，具有黏接强度高、聚合度高、硬度高、韧性足、固化收缩率小、易于改性等优点。

6.2 复合材料风力发电机叶片特点

6.2.1 复合材料风电叶片

在风电的发展历史中，人们先后用木材、布、铝合金等制造叶片，但后来发现复合材料具有高比强度、可设计性强，用于制造叶片具有更大的优势。现今最常用的风力发电机是三叶片、上风向、水平轴风力机，其叶片中复合材料的比重达到 90%以上。近年来中国风力发电技术取得飞速发展，20 世纪 90 年代初期风电机组单机容量仅为 500kW，现在单机容量 10MW 的海上风力发电机组都已产品化，风轮直径也已经从 20m 发展至现在的 200m，复合材料的使用种类、叶片的气动外形和结构型式都随着技术发展趋于成熟。

从总体上看，叶片结构型式的发展经历了从实心结构到空心结构、从直叶片到弯叶片的发展过程。水平轴风力机的复合材料叶片外形呈刀状外形，从叶根至叶尖方向，叶片截面从圆形逐渐变扁。为了增大叶尖与塔架的间隙，提高叶片的安全性能，现在的大型商用叶片开始采用预弯型式。为了达到最佳气动效果，叶片具有复杂的气动外形，在风轮的不同半径处，叶片的弦长厚度、扭角、截面各不相同，保持近百米长的大中型叶片外形精确度，制造难度很大。复合材料叶片的成型工艺简单，采用真空灌注工艺，只要有符合外形要求的模具即可，制成的叶片表面光滑、叶形贴合准确，有利于降低摩擦力，进一步提高效率。

到目前为止，小型叶片很多采用实心结构，大部分由玻璃钢壳体加轻质填充材料组成；对于中型和大型风机叶片，为了尽可能减少叶片的材料用量，通常采用空心的梁–壳结构型式，主要由叶片外壳（蒙皮）、主梁和尾缘梁等梁结构、腹板、黏接系统、叶根及叶根连接系统、防雷系统等构件组成。根据风力发电机叶片受力特性，一般情况下叶片蒙皮、腹板蒙皮、叶根加强层采用双轴或三轴布铺层，主梁、后缘梁等梁结构采用单轴玻璃纤维布，叶片外壳和腹板夹芯结构采用芯材进行填充，叶片整体采用合模黏接，同时叶片整体与变桨轴承、轮毂连接，叶片叶根段采用螺栓连接。

6.2.2 复合材料风电叶片主要构件

通过叶片剖面来看叶片结构，剖面基本上由蒙皮、主梁和腹板形成箱型等多闭室结构，主梁为上下蒙皮成对出现，腹板根据具体设计思路存在单腹板、双腹板、三腹板等多种形式，如图 6–3 所示。风力发电机叶片主要是纵向受力及气动弯曲和离心力，气动弯曲窄和比离心力大得多，由剪切和扭转产生的剪应力不大，主梁等梁结构主要承受载荷，蒙皮用来传递载荷，采用空腹加层结构和设置加强筋，可提高叶片的刚度。

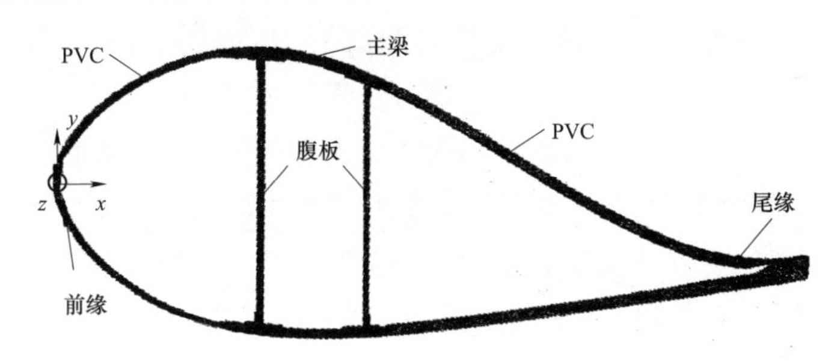

图 6–3 叶片剖面结构图

1. 主梁

主梁是叶片结构的主要承力构件，以某 50m 叶片为例，其主梁占叶片重量百分比约为 20%，占表面积百分比约为 12%。叶片主梁构型为多层单向铺层组成的层合板结构，与叶片外形与受力情况对应，主梁一般采用等宽不等厚的形式，叶根至叶片中段主梁铺层最厚，越靠近叶尖越薄，主梁位置参考叶片上模具和下模具的中心线。

2. 腹板

腹板作为支撑蒙皮结构、承受切向载荷的部件具有多种构形形式。按照腹板个数分可分为单腹板、双腹板、三腹板等；按形状分可分为 H 形、箱形、几形、C 形腹板等；按加工工艺可分为带缘条预制、腹板预制、腹板中段连接等；按芯材可分为 PVC 腹板、轻木腹板、PET 腹板等；按根部开口形状可分为不开口、开弧形口、开梯形口等腹板；按根部翻边分为无翻边和有翻边腹板。

叶片腹板与主梁组成近似于工字形梁的主承力结构件，腹板位于主梁之间。叶片展向和弦向合理的腹板位置布局，直接影响叶片整体闭室传递剪切力和扭转力的能力及叶片整体抗屈曲的能力。叶片腹板的展向起点一般距离叶根截面 0.5～2.5m，至叶尖保证叶片腹板的连续性。随着叶片越来越大，叶片局部三腹板的构型设计显得更为重量，可以有效避免最大弦长局部的芯材发生屈曲破坏，同时有效避免后缘开裂。

3. 蒙皮

叶片蒙皮需保证叶片气动外形，而气动外形存在一定曲率，尤其在叶片最大弦长附近叶片曲率较大。叶片蒙皮沿叶片上下模具铺满，保证叶片蒙皮鱼模具的贴合度，使叶片产品获得与模具要求一致的外形。通常选用双轴布或三轴布或者三轴与双轴布结合的铺层方式。

4. 芯材结构

叶片芯材的出现是叶片结构追求轻量化的主要标志，叶片结构铺层如只有内外蒙皮，将造成薄壁厚度不够，易被冲击损失及发生局部屈曲，因此应该加厚叶片薄壁。加厚薄壁段在叶片的结构型式中不属于受载作用较大的部分，因此应考虑叶片重量及成本，选择轻质材料。叶片蒙皮壁板与芯材组成夹芯结构，可提高叶片整体和局部的抗屈曲能力，因此叶片芯材不仅要有一定的厚度要求，还应保证一定的剪切和压缩特性。

6.3 复合材料风力发电机叶片的设计

6.3.1 叶片设计与流程

风轮设计的目标首先要求追求一定条件下具有最佳气动效率的风轮，其次是根据风场的各种运行类型改进叶片特性，实现风轮捕获能量最大化，最后通过将能量成本最小化的设计理念加入风轮设计中，从多学科角度共同对风轮设计进行优化。这些手段包括风特性计算、气动模型、叶片结构模型、叶片和风力发电机主要部件的成本模型（Tangler，2000），在设计中获得捕风能力、承受载荷、能量总成本的平衡。

风力发电机叶片设计技术是风力发电机组的核心技术，应确保叶片满足在全生命周期内安全运行并按照预期要求捕获风能，要求产品具有：

（1）高效的专用翼型、合理的安装角、优化的升阻比、叶尖速比和叶片扭角分布等。

（2）合理的结构、先进的复合材料和制造工艺。

（3）保证质量轻、结构强度高、抗疲劳、耐候性好。

（4）成本低、易安装、方便维修、运输可靠安全等。

（5）典型的叶片设计和分析校核流程如图6-4所示。

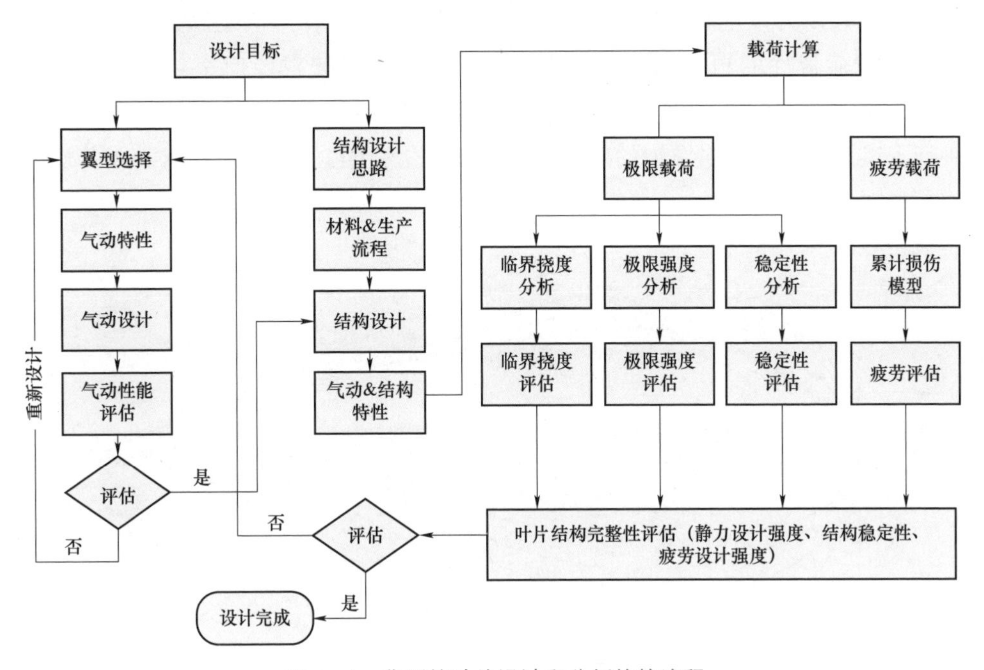

图6-4　典型的叶片设计和分析校核流程

如图6-4所示，叶片设计在确定设计目标后，通过翼型选择、气动特性评估、气动设计、叶片气动性能评估完成并确定初始气动外形；考虑材料和生产方面的影响，根据设计输入和初始外形进行初始的结构设计和气动设计调整；对获得的叶片外形和结构设计在简化后的设计载荷下进行完整性分析评估（包括静力强度、疲劳强度、结构稳定性等），通过评估后最终完成叶片设计。

叶片设计是一个反复评估迭代的过程，需要综合平衡来自于风电整机计算、叶片气动性能、结构安全性、材料和工艺实现性的各种反馈。为了更好地理解整个设计过程，下面将重点对气动外形设计、设计载荷、复合材料结构设计、其他设计这几个方面简单介绍叶片技术的设计。

6.3.2 气动外形设计

叶片基本形状和尺寸主要取决于风力发电机的总体设计方案和空气动力学方面的考虑。形状的细节，尤其是根部附近，还受到结构因素的影响。在决定叶片精确形状时，材料特性和现有加工方法对此也有很重要的影响。

叶片气动外形的设计过程大概可以分为三大部分工作：

1. 翼型的选择和评估

翼型是风力发电机叶片外形设计的基础，翼型设计是决定风力发电机功率特性和载荷特性的根本因素。风力发电机叶片翼型来源于航空航天翼型的应用，后来在美国和欧洲的丹麦、瑞典、荷兰、德国等风电产业发达的国家陆续进行了风力发电机先进翼型的研究，包括 NREL、DU、Risoe、FEA－W 等翼型族，如图 6－5 所示。

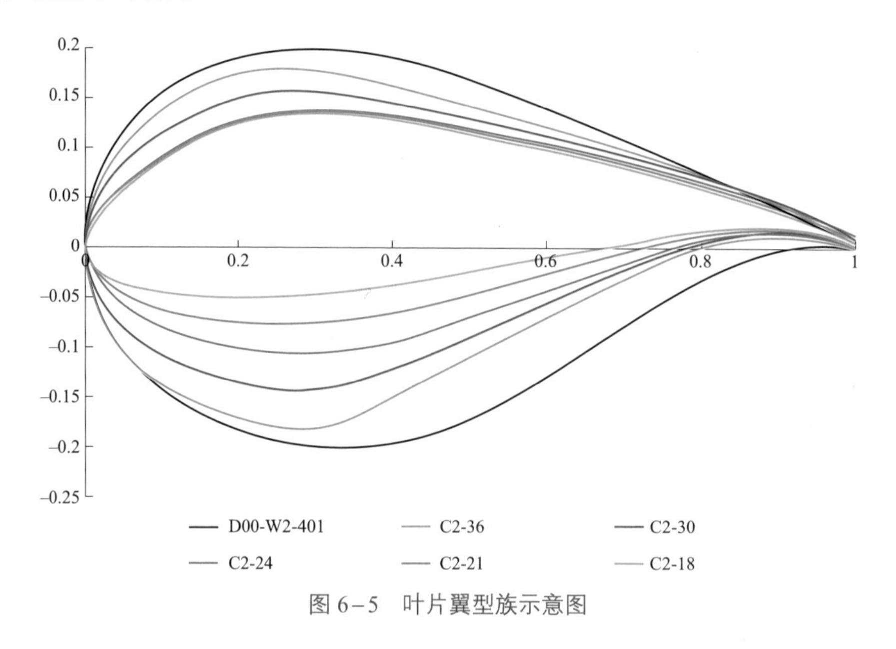

图 6－5 叶片翼型族示意图

翼型形状有着自己的特殊性，一般呈瘦长形，前缘呈圆弧状，后缘呈尖形或钝形，上表面前缘曲率较大，后缘部分曲率较小。翼型在坐标系下弦长远大于翼型高度，且弦长两侧形状不对称，这种不对称使得翼型在气流作用下，上下翼面会产生变化的压力差，这也是叶片转动的基本原理，该现象可以通过伯努利原理得到解释，如图6-6、图6-7所示。

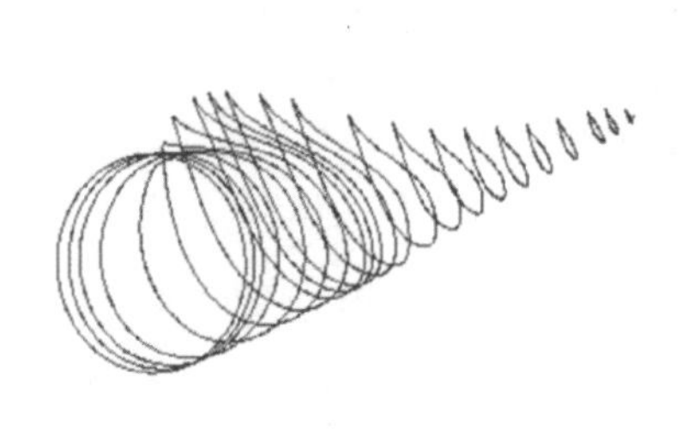

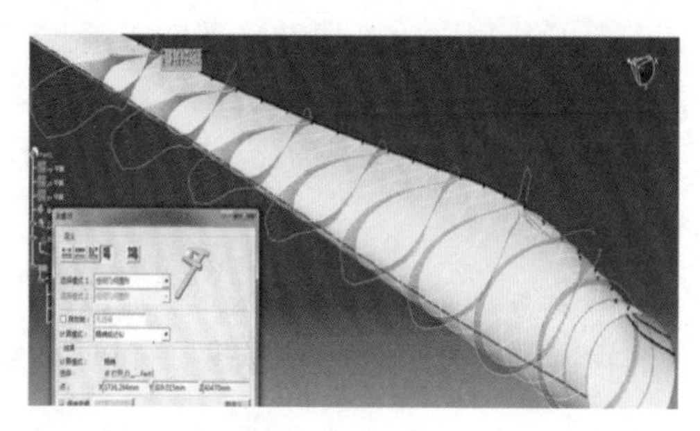

图6-6　沿叶片展向变化的翼型截面和叶片外形

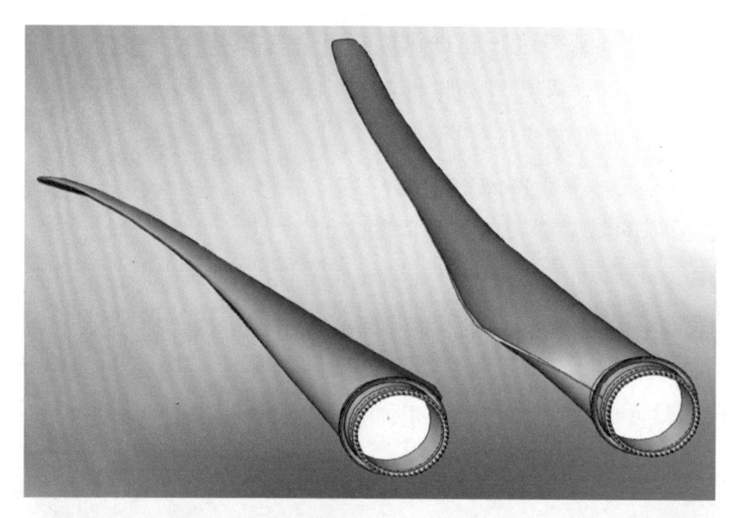

图6-7　叶片外形示意图及实物图

2. 叶片外形设计

根据主机和风区参数、设计输入和叶片设计的空气动力学要求，翼型由厚变薄，沿叶片展向由叶根圆形截面平滑过渡至叶尖，形成一套翼型族。通过选取适宜的弦长、扭转角、相对厚度等决定翼型间的相对位置以及风轮在各种流动状态下的性能，通过翼型间过渡段的设计和优化，形成外形光顺、性能良好的叶片外形。

叶片设计应考虑足够数量的气动翼型，至少包括一个相对厚度在 50%～75%的标准翼型、一个相对厚度在 30%～50%的标准翼型和两个相对厚度小于30%的标准翼型。

3. 气动特性评估

叶片气动设计是基于试验和计算获得叶片气动特性，作为载荷计算和功率性能计算评估的输入。叶片气动特性和应用于叶片上的气动附件（襟翼、涡流发生器等）可选择以下方法进行评估：

（1）3D 模拟的计算流体力学分析。

（2）2D 模拟的翼型空气动力学特性。

（3）对流动分离攻角范围内空气动力学特性的合理假设。

（4）至少涵盖最小至最大升力系数对应攻角范围内的风洞试验。

气动特性的评估至少应满足要求包括：计算应考虑实际的雷诺数和马赫数，使用合理验证的计算代码；为了确保真实的载荷和性能分析，应考虑实际运行中叶片脏污、腐蚀等影响；应考虑足够数量的气动翼型，至少包括一个相对厚度在 50%～75%的标准翼型、一个相对厚度在 30%～50%的标准翼型和两个相对厚度小于 30%的标准翼型；应考虑 3D 效应影响。

评估叶片的功率特性应考虑以下因素：可靠的叶片气动特性；风场湍流度；风切变；风场空气密度和温度；风机控制单元仿真模型；可表征实际叶片表面情况的翼型粗糙度的影响；叶片在运行过程中的变形。

6.3.3 设计载荷

载荷是叶片结构设计的依据，载荷的分析计算是风力发电机各部分设计过程中的关键和基础性工作之一。载荷分析的目的是通过合理的评估和计算方法，提供相对完整、准确的设计载荷数据。载荷分析不准确，可能会导致结构强度设计问题，而过于保守的载荷分析往往会使风力发电机的总体成本大幅度增加。风力发电机载荷分类有：

（1）叶片空气动力载荷。

（2）风轮叶片重力载荷。

（3）由于旋转产生的离心力和科里奥利力。

（4）偏航陀螺载荷。

（5）塔架和机舱气动阻力。

（6）塔架和机舱的重力载荷。

叶片的设计载荷可指用于单一风电机组的设计，也可用载荷包络的形式覆盖一系列风电机组，定义的载荷/载荷包络应基于 IEC61400－1 或 GB/T 18451.1 中的设计载荷工况（海上载荷基于 IEC61400－3），包含非操作工况（如运输、装卸、安装、维修、附件点载荷等），载荷计算中应确保考虑由气动载荷、结构设计与机组控制（转速、变桨角度等）间相互作用引起的任何失稳（如颤振）或共振。

叶片载荷信息至少应包括静力载荷和疲劳载荷作为简化表征，静力载荷为带安全系数的极限载荷、不带安全系数的特征载荷和最小净空载荷；疲劳载荷为 S–N 曲线斜率 $3 \leqslant m \leqslant 14$ 的马科夫矩阵和等效疲劳载荷。

6.3.4 复合材料结构设计

1. 结构设计介绍

风力发电机叶片的外形基于气动特性，内部结构主要考虑强度，在满许极限载荷的同时，能够经受多次疲劳循环，且叶片在一定载荷下的变形不能大于规定值。叶片结构的设计构型与其外形和受力形式有关。除特殊极少数极限载荷工况外，在绝大多数的极限载荷工况下挥舞弯矩最大，因此叶片的结构铺层设计中主梁作为主要构件承受挥舞弯矩的作用，前缘梁/前缘补强带和后缘梁主要承受摆阵弯矩的作用，腹板传递剪力避免发生失稳，蒙皮与腹板的多闭室结构承受扭矩作用同时传递剪力，胶结通过承受剪切力完成其粘接功能，叶根螺栓承受预紧力和弯矩剪力的共同作用实现连接。

2. 层合板在叶片上的应用

铺层设计的理论基础是经典层压板理论，依据层压板所承受载荷来确定。主梁等梁结构作为主要承力结构，受力形式简单，由整块复合材料板构成。叶片作为复合材料部件主要使用了典型的“三明治”复合材料结构，由两边相同薄面板夹着一层厚的轻质量芯材组成，面板与芯材由胶黏剂胶合，保持交界面处位移一致。

层合板中各铺层的设计原则：

（1）为了最大限度地利用纤维轴向的高性能，应用 0° 铺层承受轴向载荷，±45° 用来承受剪切载荷，即将剪切载荷分解为拉压分量来布置纤维承载；90° 部件用来承受横向载荷，以避免树脂直接受载并控制泊松比。

（2）为提高叶片的抗屈曲性能，对受轴压的构件如梁的凸缘部位以及需承受轴压的蒙皮，除布置较大比例的 0° 铺层外，也要布置一定数量的±45° 铺层，以提高结构受压稳定性。对受剪切载荷的构建，如腹板等，主要布置±45° 的铺层，但也应布置少量 90° 铺层，以提高剪切失稳临界载荷。

（3）除特殊需要外，采用均衡对称层压板以避免固化时或受载时因耦合失效引起翘曲。

层压板中各铺层铺设顺序的设计原则：

（1）同一铺设角的铺层沿层压板方向应尽量均匀分布，使每一层中单层数尽量可能少，以减少层间分层的可能性。

（2）层压板的面内刚度只与层数比和铺设角度有关，与铺设顺序无关。但当层压板结构的性能与弯曲刚度有关时，则弯曲刚度与铺设顺序有关。

（3）若含有 45° 铺层，一般要±45° 成双铺设，以减少铺层之间的剪应力。同时尽量使±45° 层位于外表面以改善层合板的受压稳定性、抗冲击性能和连接孔的强度。

3. 结构校核

目前叶片结构分析的主要方法有梁理论和有限元方法，梁理论由于前处理简便、计算速度较快，一般用于叶片初始设计阶段，但由于计算时做了较多假设，很难得到精确结果；有限元方法由于计算时间长、花费大，一般用于叶片结构强度校核。

结构校核常规使用极限状态设计方法，涉及施加载荷后的结构响应（例如应力、应变或挠度）和响应的阻抗（例如强度和刚度），证明叶片结构能够承受指定的静力和疲劳设计载荷。通过有限元建模并对模型施加设计载荷，对结构的失效模式情况进行分析，包括：

（1）极限强度分析（纤维失效、纤维间失效、黏接剪切失效、夹心结构失效、纤维层间失效、黏接剥离或分层失效）。

（2）疲劳强度分析（使用寿命通常为 20 年或者 25 年）。

（3）稳定性/屈曲分析。

（4）危险变形分析（叶片最大变形控制）。

6.3.5 其他设计

1. 防雷设计

随着风力发电机装机容量的增加，轮毂高度已增至几百米以上，加之风机一般安装在开阔地带、高山、海域，风力机组遭受雷击的几率大大增加。风力发电机叶片的损伤对发电量的影响最大，所需维护费用最多。当雷电击中叶片时，雷电释放的巨大能量使叶片结构内的温度急剧升高、气体迅速膨胀、压力上升、造成爆裂破坏，根据对叶片内水气热膨胀的试验研究，水蒸气在电阻加热下将产生体积增加，在叶片内部不同材料不同部位的水蒸气的分布可能不同，材料内部的这种不平衡在雷电过程中高温以及内部电弧作用下产生急剧且不平衡的膨胀，导致各种形式的叶片损伤。

雷电保护的主要方法是将雷电电流安全地从雷击点引入接地轮毂，从而避免叶片内部雷电电弧的形成。可以在叶片表面例如尖端固定一个或多个金属装置作为接闪器，其穿透叶片与内部的引下线导体连接，置于叶片内部的引下线导体将雷电流从雷击点/接闪点传输到叶片根部来实现引流；也可以采用航空工业中机翼的雷电保护方式，在叶片表面材料里添加导电材料或将叶片表面漆下放置金属网，从而使叶片本身能够将雷电流全部引到叶片根部。金属网既可以作为引下线将接闪的雷电引导至大地，也可以作为接闪器拦截雷击，从而防止雷电击中叶片主题而导致叶片损坏。

2. 叶根连接设计

叶片根部离轮毂最近负载最大，承受着剪切、挤压、弯扭载荷作用，应力状态复杂。作用在叶片上的载荷通过叶根连接传递到轮毂上，但由于钢轮毂与叶片材料之间刚度有数个数量级的差别，妨碍了载荷的平滑传递，因此叶片根部连接必须具有足够的厚度和长度来承担叶片的全部载荷，并保证叶片变形程度符合设计要求。叶片根部连接设计主要有预埋螺纹和 T 形螺栓连接两种方式。

某些风力发电机叶片制造商在制造叶片的过程中将金属螺套直接预埋到叶片根部，随同复合材料叶片一起进行灌注固化，如图 6-8、图 6-9 所示。预埋件操作可以降低后期叶片的处理工序，有效避免对玻璃纤维复合材料层的再加工损伤，并减轻连接件构件的重量，然而，在铺放和后期叶片脱模搬运过程中金属预埋件各部位容易产生错位变形。

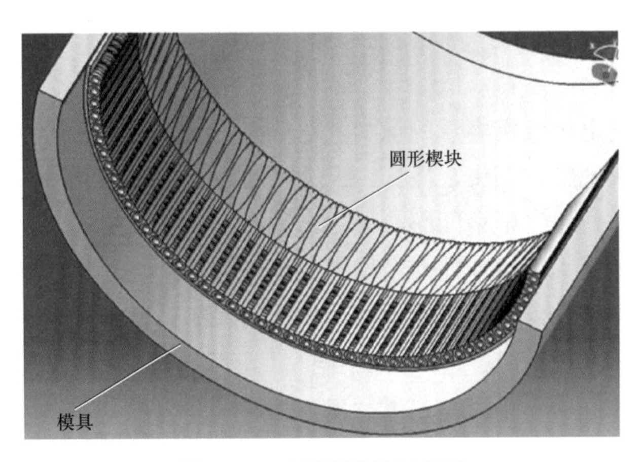

图 6-8　叶根预埋件示意图

图 6-9　叶根预埋件的复合材料风机叶片实物图

T 形螺栓连接主要是沿着叶片根部环形面纵向钻入若干均匀分布的圆孔，钻入深度视叶片尺寸而定，装入圆柱形螺栓，然后在叶片内部孔端垂直于叶片表面钻入圆孔与其交接，在开孔内配置螺母，使螺栓与螺母咬合，如图 6-10、图 6-11 所示。

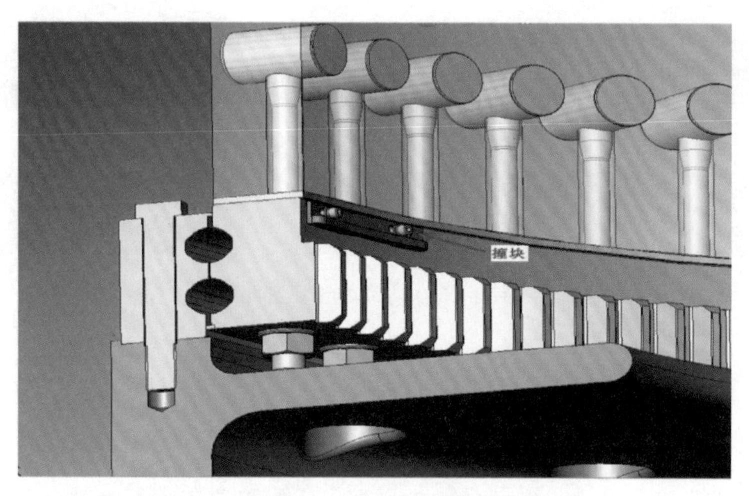

图 6－10　风机叶片底部 T 形螺栓连接示意图

图 6－11　风机叶片底部 T 形螺栓连接实物图

6.4　复合材料风力发电机叶片的制造

6.4.1　工艺流程

目前复合材料叶片的制造工艺一般是在各专用工具上分别成型叶片蒙皮、主梁、腹板、预制叶根及其他部件，然后在主模具上把这些部件胶结组装在一起，合模加压固化后制成整体叶片，如图 6－12 所示。

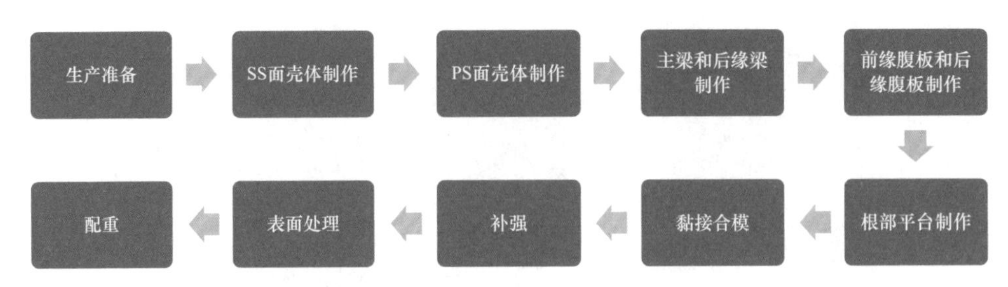

图 6-12　叶片总体制造工艺路线图

6.4.2　主要复合材料工艺类型介绍

叶片制造工艺经历了从手糊成型到真空灌注成型、从开模成型到闭模成型的过程。小型风力发电机叶片的加工主要以手糊工艺为主，大部分采用木质材料，外包玻璃纤维布。大型风力发电机叶片采用的工艺主要有两种，包含手糊成型、预浸料成型的开模成型工艺和真空灌注成型等闭模模塑工艺。

用开模手工铺层是最简单、最原始的工艺，不需要昂贵的工装设备，但效率比较低，质量不够稳定，通常只用于生产长度比较短和数量比较小的叶片，或者用于叶片部件制造。闭模真空灌注技术效率高、成本低、质量好，是为大多数叶片生产厂商所采用的最常见的生产方式。

1. 手糊成型工艺

传统的复合材料叶片多采用手糊工艺制造，在事前清理好或者表面处理好的模具成型面上涂脱模剂，充分干燥后将树脂和纤维布分别或者浸润后的纤维布铺放在模具中，重复铺放直到达到设计厚度，再进行固化脱模、后处理及检验等。

手糊工艺的主要特点在于手工操作、开模成型、操作简单；其主要缺点是产品质量对工人的操作熟练程度及环境条件依赖性较大、生产效率低，树脂固化程度往往偏低，产品质量均匀性波动较大，废品率高。特别是对高性能的复杂气动外形和夹心结构叶片，往往还需要黏接等二次加工，黏接面的贴合要求使工艺生产更加复杂和困难。手糊工艺制造的叶片在使用中往往由于工艺过程的含胶量不均匀、纤维/树脂浸润不良及固化不完全等，引发裂纹、断裂和叶片变形问题。此外，开模成型往往会伴有大量有害物质和溶剂的释放，有一定的环境污染问题。

目前，手糊工艺更多地使用在产品较小且质量均匀性要求较低的部件制造和产品补强维修中。

2. 预浸料成型工艺

预浸料是指用树脂基体在严格控制的条件下浸渍连续纤维或织物，制成树脂基体和增强体的组合物，可直接用于复合材料结构如风电叶片的制造。预浸料树脂黏度较高，在室温下呈固态，便于操作、切割和在模具中铺层，且不需要导入树脂，可以减小树脂污染。在模具中铺层完成后，预浸料可以在真空中高温固化。

预浸料是生产复杂形状结构件的理想工艺，其工艺和设备也发展到成熟阶段。实际生产中，由于叶片蒙皮、主梁、根部等各个部位的力学性能及工艺要求各不相同，因此，在不影响性能的条件下，为了降低成本，不同部分使用不同预浸料。

使用预浸料的主要优势在于生产中纤维增强材料排布完好，产品性能优异；主要缺点是成本高，多用于航空航天领域。

3. 真空灌注成型工艺

真空灌注成型工艺是将纤维增强材料直接铺在模具上，在材料上铺设一层剥离层（通常是一层孔隙率和渗透率低的纤维织物），剥离层上铺放高渗透介质，然后用真空膜包覆和密封。真空泵抽气至负压状态，树脂通过进胶管进入整个体系，通过导流管引导树脂流动主方向。

真空灌注成型工艺是风力发电机叶片制造的理想选择，与树脂传递模塑工艺相比自动化程度较高、有机挥发物少，满足人们对环保的要求，改善了工作环境，工艺操作简单。从制品性能上讲，真空辅助工艺可以充分消除气泡，有效控制产品含胶量。产品质量稳定、中复性能好，铺层厚度易控制，相对于手糊成型拉伸强度提高 20%以上，模具成本比树脂传递模塑工艺降低 50%～70%。

真空灌注成型工艺作为风电行业最常使用的工艺技术，其使用中需重点选择浸润性和流动性较好的树脂；模具设计必须合理，特别是模具树脂注入孔的位置，流通分布应确保树脂均衡的充满任何一处。

6.4.3 叶片主要部件的工艺

1. 主梁

风力发电机叶片主要应用预制主梁和一体成型两种，根据不同的环境和工艺条件、叶片材料特性和量产需求，选择合适的工艺路线。

预制主梁是指在做叶片整体灌注之前，已完成叶片主梁的铺设、导注和成型，在叶片完成蒙皮与其他主材的铺设之后，将预制主梁按照正确的位置放入叶片整体中，通过二次灌注工艺完成叶片的整体成型。当叶片批量任务较重时，预制主梁可显著提高生产时间成本，缩短叶片整体生产周期，提高生产效率，但是由于预制主梁与叶片整体需要二次灌注固化，成型工艺缺陷诸多，例如灌不透和干纤维等时有发生，导致整个叶片质量下降，修补工作量较大，更严重的可能引起整个叶片的报废。

一体成型主梁与叶片整体铺布同时铺设、导注和成型，保证叶片导注管铺设位置的合理性，严格控制树脂胶注速度及合理的工艺、环境条件，可避免一体成型主梁的工艺缺陷。但是当叶片批量产的任务量较重时，一体成型主梁铺设时间较长，占用人工和模具成本较高，造成叶片生产周期较长，降低生产效率。

2. 蒙皮

叶片蒙皮需保证叶片气动外形，而气动外形存在一定曲率，尤其在叶片最大弦长附近叶片曲率较大。叶片使用的玻璃纤维布的随型性不是非常优良，将幅宽很大的玻璃纤维布铺满于叶片模具表面不能保证铺层与叶片模具的贴合度，会造成玻璃纤维布皱褶以及叶片表面积胶等工艺缺陷。同时，由于叶片各截面周长的不同，会造成铺层结构的浪费。因此在蒙皮铺设工艺中，通常将满铺的蒙皮分为幅宽相等的 N 段玻璃纤维织物，各段之间应满足复合材料工艺设计中的弦向搭接尺寸，沿叶片蒙皮面从叶根至叶尖彻底抚平蒙皮层，不允许有折痕或褶皱。

3. 芯材结构

叶片夹心芯材铺设应严格按照叶片套材图进行剪裁和铺设。由于设计理想性和工艺操作中往往存在理论与实际的偏差，实际生产中叶片新材套图的剪裁不可能与设计完全一致，因此生产过程中芯材的铺设质量尤为重要，应确保芯材之间的间隙严格被控制在范围内，否则会造成叶片夹芯间积胶过多而导致局部屈曲破坏。若在叶片芯材铺设过程中出现间隙过大，需要切一块适当大小的芯材用于填充。

由于叶片主梁和后缘梁沿叶片展向和弦向的厚度和铺设范围不连续，叶片芯材沿展向和弦向存在厚度变化，并且弦向的厚度变化比展向突变严重很多，因此叶片壳体展向和弦向芯材存在倒角设计，以保证叶片铺层厚度不发生突变。

6.5　复合材料风力发电机叶片的应用

6.5.1　风力发电机应用

风能应用常见分布式发电和混合电力系统。分布式发电是指如风力发电机这样的电机被连接到电压等级较低的配电系统中；混合电力系统是指包含常规能源及一种或几种可再生能源的系统，存在风力发电机与混合电力系统相集成带来的特殊系统问题，例如许多孤立地区、海岛、发展中国家的社区使用的风能/柴油动力系统。

从应用环境上来看，陆上风力发电机是指安装在陆地或山区的风力发电机，海上风力发电机是指离岸安装在海洋（或湖中）的风力发电机，如图 6–13、图 6–14 所示。陆上风区环境相对简单，安装方便，在我国已经广泛应用，近年更多的选择安装陆上风力发电机的西南部山区属于高原型风力发电机环境，部分风力发电机需满足低温运行环境。海上风区有着更大的区域，与陆上相比一般具有较高的风速和较低的特征湍流强度，同时存在安装特殊、较昂贵的支撑结构、更困难的工作条件、维修限制等挑战。海上风力发电机常年处于盐雾环境，雷雨天较多，多对风力发电机的防雷防腐放盐雾等做出补充要求。

图 6–13　海上风电叶片

图 6-14　陆上风电叶片

6.5.2　特殊的应用环境对复合材料的要求

根据标准 IEC 6400-1 中的要求，作为外部条件的一部分，环境条件主要被分为风况和其他条件，包括除风以外的可以通过热、光化学、腐蚀、机械、电气或者其他物理作用影响风力机完整性、安全性、设计功能、耐用性等功能的因素。在设计文件中，其他环境条件一般包括：

（1）温度、湿度、空气密度、太阳辐射。

（2）下雨、冰雹、冰雪。

（3）化学活性物质、机械火星颗粒。

（4）盐度。

（5）闪电。

（6）地震。

风力发电机在常温下的极限环境温度通常为-30～+50℃，当风力发电机生存极限温度超过+50℃，属于高温环境；极限温度低于-30℃，属于低温环境。特殊的温度环境影响复合材料的性能，根据标准要求需要在极端温度环境下对原材料包括层合板、黏接胶、芯材、树脂的力学性能和热稳定性等进行额外的验证工作，确保叶片结构在特殊温度环境下的安全性。

除了环境温度以外，特殊的太阳辐射、盐度、湿度、活性物质或颗粒等也会对风机叶片表面涂漆的性能做出额外要求，避免环境使叶片表面涂层失效进而无法保护内部复合材料结构；冰雹、下雪等会造成额外的载荷，同时覆冰在一定程度上改变了叶片的外形，对风力发电机的功能和安全性均有一定影响；高雷暴环境对风电叶片的防雷系统有着更大的挑战，如叶片使用碳纤维材料，更需要对叶片的绝缘性或导电性进行设计和验证。

6.6　风力发电复合材料的发展趋势

6.6.1　未来风电叶片发展趋势

1. 风电量的增长趋势

风能作为主力可再生能源，风能发电量持续增高，2019 年全球新增并网容量 60GW，与 2018 年相比增幅 17.6%，累计并网容量达到 651GW。其中，全球大半风能增量来自亚洲，2019 年中国新增 26.8GW 占全球第一，与 2018 年相比增幅近 22%，美国新增 9.1GW 排名第二，欧洲风能新增情况保持稳定。

2019 年下半年开始，中国风能行业进入“抢装”时代，这直接导致风电投资、建设、并网一系列环节的加速，2019 年全年新增并网风电装机 2574 万 kW，累计并网装机 21 005 万 kW，其中陆上风电新增并网装机 2376 万 kW，海上风电新增并网装机 198 万 kW。陆上风电累计并网装机 2.04 亿 kW、海上风电累计并网装机 593 万 kW，风电装机占全部发电装机的 10.4%。在国家能源局印发的《风电发展“十三五”规划》中指出，到 2020 年底，风电累计并网装机容量应确保达到 2.1 亿 kW 以上，以 2019 年数字来看，已经提前完成了“十三五”风电装机目标。

在 2020 年 1 月 23 日三部委印发的《关于促进非水可再生能源发电健康发展的若干意见》中明确，自 2020 年起，新增海上风电和光热不再纳入中央财政补贴范围，由地方按照实际情况予以支持。受风电补贴退坡的影响，根据 Wood Mackenzie 预测，未来 10 年风电累计并网容量将以每年 8%的速度增长，陆上风电仍是 10 年预测期内新增容量主力市场板块，但增速缓慢，并将在 2024 年后呈现下降趋势。而海上风电在未来 10 年的新增并网装机容量预计将达到 40.4GW，抵消陆上风电增速放缓带来的影响。

2. 风电追求更大更轻，风电由陆地转向海洋

全球装机规模屡创新高，大型化风电机组普遍应用，更大更轻的机组可以提高发电量，减少单位功率投资，降低运维成本，是降低海上风电项目度电成本的重要途径，预计 2030 欧洲年海上风电单机功率将达到 15～20MW。“十四

五”时期，以百万级或千万级海上风电基地模式示范建设，通过发挥“统一规划、统一实施”的规模效益，市场将加快海上风电集约化发展，进而带动成本快速下降。为响应“十四五”发展布局，我国海上风电产业政策和标准体系不断完善，风电厂规模将持续扩大，深远海域开发趋势明显。与欧洲相比，我国海上风资源总体不算丰富，容量利用系数仅为 23%～34%（低于全球 43%的平均水平），且我国年平均风速为 8m/s（低于欧洲 10m/s），一味提高单机容量，年发电量并不能随着单机容量提升而持续增长，因此，中国应合理地对标国外风电机组容量，选择与我国风资源相适应的大容量机组。

从技术上讲，陆上风电技术日趋成熟，而海上风电技术相对落后，加之海洋环境复杂，高盐雾浓度、台风、海浪等恶劣的自然环境均对海上风力发电机运行提出了严峻挑战。因此海上风力发电机对风电机组的安全性、可靠性、易维护性和施工成本控制提出了更高的要求。

3. 绿色环保叶片开发

废旧破损及退役的复合材料玻璃钢叶片一般是不易分解和燃烧的，在 2004 年，欧盟通过相关法律，禁止填埋碳纤维复合材料。根据现在风力发电机叶片生产速度推断，在 2024 年左右，每年约有 225 000t 重的废旧叶片生成。因此，若不对现有风力发电机叶片生产工艺进行调整，风力发电机叶片垃圾将会再次成为“白色污染”，且要花费巨大的人力物力进行处理。近年来，学者和研究机构已经开始积极探索对可回收材料的使用和对退役叶片再利用的课题研究。

6.6.2　未来风力发电机叶片复合材料使用趋势

为了更好地配合风力发电机的发展，实现轻质高效的叶片生产，未来风力发电机叶片复合材料的使用趋势更加需要考虑先进性能材料（高性能如高模和碳纤维，高品质如流动浸润性和固化速度提升）、高效的工艺（如拉挤工艺、缠绕工艺等）、环境友好（如热塑性树脂）等。

1. 热塑性复合材料

随着人类环保意识的与日俱增，研究开发“绿色叶片”成为摆在人们面前的一大课题。所谓“绿色叶片”就是指在叶片退役后，其废弃的材料可以回收再利用，因此热塑性复合材料成为首选材料。与热固性复合材料相比，热塑性复合材料具有密度小、质量轻、抗冲击性能好、生产周期短等一系列优点，但该类材料的制造工艺技术和传统的热固性复合材料成型工艺差异较大，制造成本较高，成为限制热塑性复合材料用于风力发电机叶片的关键问题。

2. 碳纤维复合材料

PAN 基碳纤维按照丝束规格可以分为小丝束（低于 24k）和大丝束（大于 48k）。小丝束纤维力学性能优异，拉伸强度 3.5～7.0GPa，拉伸模量 230～650GPa，主要用于航空航天、国防军工以及高端体育用品领域。大丝束纤维拉伸强度 3.5～5.0GPa，拉伸模量 230～290GPa，一般都是应用到纺织、医药卫生、机电、土木建筑、交通运输和能源等领域，因此又称为工业级碳纤维。大丝束碳纤维制备属于低成本生产技术，其售价约为小丝束碳纤维的一半。

近年来，随着风力发电机组朝着大型化、轻量化的方向发展，碳纤维与玻璃纤维复合材料相比，可以实现 20%～30%轻量化的效果，保持更加有益的刚度和强度。大丝束碳纤维可以较好地满足风力发电叶片对性能和成本的要求，用于例如碳纤维拉挤主梁。

碳纤维的高成本和在工艺特性、导雷特性和修补特性方面的不足，可能会超过其高强性能所带来的优势。相比于小丝束，大丝束碳纤维原丝制备、聚合、预氧化、碳化等多个环节的制备技术都很困难，主要存在丝束均匀度不稳定、毛丝占比高和碳化环节毛丝凸显等问题，进而导致浸润性较差，容易出现空隙等缺陷。碳纤维的制备和使用技术仍存在较大的提升空间。

3. 拉挤工艺

拉挤成型工艺一般用于生产具有一定断面，连续成型的制品。在这种连续成型工艺中，增强材料在拉挤设备的牵引下在浸润槽里得到充分浸润后，经过一系列与成型模板的合理导向，得到初步定型，最后进入被加热的模具中在一定温度作用下反应固化，从而得到连续的、表面光滑的、尺寸稳定且高强度的复合材料型材。

拉挤制品的纤维含量高、质量稳定，由于是连续成型易于自动化，适合大批量生产。但拉挤工艺不能制造截面变化复杂的产品，目前拉挤工艺更多地用于生产截面标准的板材结构，进行产品二次拼接。如何将拉挤工艺与产品设计要求更好地结合，还需要未来进一步的研究。

4. 聚氨酯树脂叶片

在生产叶片中使用大型纤维复合材料部件时，全新的聚氨酯树脂具有灌注速度快和固化速度快的优势，实现叶片生产中的快速灌注。同时，聚氨酯基复合材料结合聚氨酯灌注工艺，可以提高纤维含量，带来优于传统环氧树脂复合材料的力学性能，从而使降低叶片重力成为可能。

5. 热固性复合材料叶片回收

随着风电叶片服役寿命周期的来临，废弃叶片越来越多，节省资源和保护环境的压力愈加严重，热固性复合材料叶片的回收和再利用成为风电发展的重大关键技术难题。

目前主流的回收技术包括机械回收法、热回收法、化学回收法。机械回收法通过将复合材料切碎或研磨成不同尺寸的块状颗粒、短纤维和其他材料，用做新复合材料中的填料或增强材料。该方法工艺简单，但在回收过程中纤维结构受到很大损害，限制了再次获得长纤维的可能性。热回收法可以通过空气或惰性气体的热量来分解树脂基体，从而获得纤维。化学回收法利用化学试剂将复合材料的树脂基体转化为小分子，从而回收纤维。

目前，复合材料废弃物的回收和再利用技术非常有限，其中大部分仍处于实验室阶段。因此，最终实现商业化生产仍需要大量工作。总的来说，复合材料的回收与再利用技术必将朝着绿色环保和低能耗的方向发展，回收产物需要高价值地再利用，以满足可持续发展的要求。风能是可再生能源，天然纤维材料是绿色材料，热塑性复合材料是可回收复合材料。所以，天然纤维材料、可回收复合材料和风能的有机结合，符合世界能源的发展方向，具有很高的生态和经济效益，这将使风电产业更加绿色。

第 7 章　火力发电复合材料脱硫塔

7.1　火力发电复合材料介绍

火力发电厂简称火电厂，是利用可燃物（例如煤）作为燃料生产电能的工厂。它的基本生产过程是：燃料在燃烧时加热水生成蒸汽，将燃料的化学能转变成热能，蒸汽压力推动汽轮机旋转，热能转换成机械能，然后汽轮机带动发电机旋转，将机械能转变成电能。

燃煤电厂发电的生产工艺流程是将煤炭破碎后经制粉设备制成煤粉，靠煤粉风机做功，将煤粉输入粗细粉分离器进行分离，分离出来的合格煤粉送入锅炉燃烧。燃烧后的灰粉和渣再通过气压输入电除尘设备收集贮存，而含有 SO_2 以及 NO_x 污染气体和部分粉尘则经过烟气脱硫、脱硝等装置进行化学转化和沉降而被清除。在整个生产工艺中，工作环境恶劣，设备材料必须满足耐腐蚀、耐高温、耐磨损、保温性强等要求。

7.1.1　耐腐蚀、耐高温、抗渗透复合材料

火力发电厂的特高温原烟道和烟囱，瞬间高温达 200℃乃至 220℃以上，长期温度也接近 180℃，且烟气含酸量高，进入脱硫装置后化学环境复杂。因此，原烟道、脱硫塔、烟囱等设备材料需要同时满足耐腐蚀、耐高温、抗渗透、柔韧性、耐温骤变、耐应力骤变、高温下的黏结性能强等要求。

1. 玻璃鳞片胶泥内衬复合结构

基材一般为钢材，内衬层为耐高温的乙烯基酯树脂玻璃鳞片胶泥。该复合结构具有耐酸性和抗渗性极好、施工方便、综合成本低、性价比高等优点，但存在玻璃鳞片胶泥本身韧性不佳、容易发脆、胶泥底漆层与基材的黏结性能不足、容易脱落等问题。

2. 玻璃鳞片胶泥玻璃钢复合结构

在乙烯基酯树脂玻璃鳞片胶泥与基材之间增加一层玻璃钢隔离层，可起到胶泥和基材层的过渡作用，大大提高结构整体强度和耐冲击，在保证耐温、耐酸、抗渗的前提下，较玻璃鳞片胶泥内衬复合结构的耐温骤变和耐应力变化会有所改善，但也存在韧性不足、界面易脱落等问题。

3. 砖板衬里复合结构

砖板衬里复合结构采用乙烯基酯树脂胶泥勾缝黏结，具有耐温及耐温变性好、耐蚀好、耐磨好、传热慢等优点，存在韧性不足、抗冲击差、黏结勾缝材料易渗漏、隔离层材料使用不当易引起砖板脱落、成本较高等缺点。

4. 玻璃钢挂片拼接复合结构

将耐腐蚀耐高温的玻璃钢板材固定在烟囱、烟道内筒，用手糊方法对接缝进行修缮，它是一种变相的玻璃钢内筒复合结构。由于手工修缮接缝，存在FRP 板不易安装固定、对工人操作水平要求极高、接缝容易渗漏、施工周期较长等问题。

5. 整体玻璃钢复合结构

整体玻璃钢结构相对其他结构，具有轻质、高强、耐化学腐蚀、绝缘隔热、耐瞬时高温烧蚀、强度和形状可设计性强等优点。成型后的玻璃钢抗拉强度与普通钢材相当，但其容重仅为钢材的 1/4～1/5，特别适用于火力电厂脱硫系统的湿热腐蚀环境，但也存在成本高、易老化、高温下强度保留率低、易燃等缺点。

7.1.2 耐磨损复合材料

我国电力、冶金、建材、农机、煤炭、化工等行业磨损件的消耗量相当大，其中火力发电厂是消耗大户。火力发电厂磨损件集中在与燃煤有关的系统中，如破碎机、制粉机、煤粉输送管、煤灰输送管、喷燃器、泵、阀、风机等，可提高易磨损件的使用寿命，有很高的经济效益和社会效益。

1. 双液浇注复合球磨机衬板

材料为高铬白口铸铁与低碳钢。高铬白口铸铁的主要合金元素是铬，还有部分钼和铜。按其复合工艺分为双液平浇双金属复合球磨机衬板和双液立浇双金属复合球磨机衬板。

平浇复合工艺的优点是工艺简单、成品率高、结合强度高，缺点是铸造缺陷都集中在工作面上，影响使用性能，此复合工艺只适用于结合面为平面。

立浇复合工艺的优点是结合强度高、工作层质量好、适合任意形貌的结合面，缺点是生产工艺较复杂，对内浇口的设置要求较高。

2. 输送粉料复合管道

火力电厂粉料输送系统要求设备材料有高的抗磨损性和焊接性，目前生产复合管道的材料主要有抗磨白口铸铁复合管、橡塑、橡胶复合管、陶瓷复合管等。

抗磨白口铸铁复合管的钢材选用低碳低合金钢，变形性和焊接性好；抗磨白口铸铁选用低铬白口铸铁或高铬白口铸铁，抗磨损性好，耐腐蚀性强。铸铁复合管具有抗磨性好、可焊接、耐腐蚀的优点。

橡塑和橡胶同属一种物质，即高分子聚合物，只是在室温所处状态不同。橡塑、橡胶复合管优点是摩擦因数小、自润滑性好、抗磨性好、抗酸碱腐蚀；缺点是强度低，使用温度低，不耐有机溶剂，部分塑胶有吸水性。

陶瓷复合管是内衬为 Al_2O_3 陶瓷，外壁为低碳钢的复合管，具有优良的耐磨性、很好的抗腐蚀性和耐热性，缺点是脆性大、易裂、易剥落。

7.1.3　保温复合材料

随着科学技术的发展，近年来越来越多的新型保温材料被应用到了火力发电厂的设备及管道保温上。高效节能的环保保温材料不但具有绝热效率较高、改善生产环境的功能，还能够在较大程度上保障设备、生产以及人身安全。火力发电厂使用比较广泛的保温材料为硅酸铝纤维、岩棉、玻璃棉、微孔硅酸钙等。

火力发电厂在选择保温材料时，一般以温度作为首要考虑的因素，以 350℃为分界线。温度高于 350℃时，选用微孔硅酸钙或硅酸铝纤维作为设备或者管道的保温材料。微孔硅酸钙属于硬质材料，其强度比较大，结构不易被破坏，但是在施工时其工序比较复杂。硅酸铝纤维属于软质材料，在施工时工序比较灵活、方便，但强度比较小，易被破坏。温度低于 350℃时，一般选用玻璃棉或者岩棉，其中玻璃棉的保温性、施工和运输能均要强于岩棉。

7.2　火电厂复合材料脱硫塔特点

我国是世界上最大的煤炭生产国和消费国，而煤中的硫是有害杂质，它的危害主要是钢铁热脆、设备腐蚀，更重要的是燃烧产生的 SO_2 污染大气，危害动植物生长以及人类的健康生活。针对这种现状，中华人民共和国环境保护部发布了 2012 年 1 月 1 日实施的《火电厂大气污染物排放标准》，与之前的 2003

年版本相比，新标准大幅收紧了氮氧化物、SO_2 和烟尘的排放限值，针对重点地区还制定了更加严格的大气污染物特别排放限值。

由于大量燃用煤炭，硫化物大大增多，我国火电厂面临很多挑战：必须建设配套脱硫以及除尘的装置，控制 SO_2 污染物和烟尘的排放，所以大量的脱硫塔应运而生。脱硫塔又叫吸收塔，广义上讲，在其内部发生 SO_2 吸收等反应的塔都可以叫脱硫塔。狭义上，脱硫塔是指湿法脱硫的核心装置，其结构设计是脱硫塔的核心内容。

目前，我国大型火电厂烟气脱硫主要采用国外应用较成熟、应用较广的湿法脱硫工艺。湿法烟气脱硫环保技术（FGD）具有脱硫率高、煤质适用面宽、工艺技术成熟、稳定运转周期长、负荷变动影响小、烟气处理能力大等特点，已成为国内外火电厂烟气脱硫的主导工艺技术。

脱硫塔是脱硫工艺中的主要结构，由脱硫塔浆池、喷淋区、填料区和除雾器区等组成，正在投入使用的直径 16.00m 的玻璃钢脱硫塔及塔内喷淋层如图 7–1、图 7–2 所示。吸收塔内布置多层喷淋层，浆液通过喷嘴呈雾状喷出，SO_2 被喷淋浆液吸收，通过吸收区后的净烟气经位于吸收塔上部的两级除雾器后排出。

图 7–1　直径 16.00m 玻璃钢脱硫塔

图 7–2　塔内喷淋层

脱硫塔是湿法烟气脱硫（FGD）系统中用来脱除 SO_2 的主要设备，是 FGD 系统的核心部分。脱硫塔入口烟气温度可高达 150～180℃，在运行过程中喷淋区域存在着脱硫剂与烟气之间的热交换、SO_2 吸收反应以及喷淋层喷淋冲刷和雾化作用；而在浆液池中则存在亚硫酸盐的氧化以及强力搅拌造成的颗粒物磨蚀；烟气经过吸收区域，受冷在塔体壁面形成液滴，而这些液滴会继续吸收 SO_2，使得酸性增强，造成很严重的酸腐蚀；另外燃煤烟气中所含的 NO_x、HCl、HF 等气体与水反应易生成腐蚀性液体；同时，整个塔体内则存在着长期的湿热作用。

脱硫塔的工作条件非常严酷，具有介质腐蚀性强、处理烟气温度高、SO_2 吸收液固体含量大、磨损性强、设备防腐蚀区域大、施工技术质量要求高、防腐蚀失效维修难等特点。因此，要求脱硫塔在设计以及制造方面必须考虑防腐措施，以保证脱硫塔能够长期有效地发挥作用。

湿法烟气脱硫塔防腐蚀材料的选择必须考虑以下几个方面：

（1）满足复杂化学条件环境下的防腐蚀要求。脱硫塔内化学环境复杂，烟气含酸量很高，在内衬表面形成的凝结物对于大多数的材料都具有很强的侵蚀性，所以对材料要求具有抗强酸腐蚀能力。

（2）耐高温要求。入口烟气温度可高达 150～180℃，经喷淋后，烟气温度在 50～70℃，烟气温度高、温差变化大，要求防腐材料具有耐高温、抗温差变化能力。

（3）耐磨性能好。烟气中含有大量的粉尘，同时在腐蚀性的介质作用下，磨损的实际情况可能会较为明显，所以要求防腐材料具有良好的耐磨性。

（4）具有一定的抗弯性能。脱硫塔大多为直立高耸结构，基本上都达到50m以上，在压力、温度、重力载荷、风载荷和地震载荷等作用下，脱硫塔尤其是高空部位可能会发生摇动等角度偏向或偏离，同时脱硫塔在安装和运输过程中可能会发生一些不可控的力学作用等，所以要求防腐材料具有一定的抗弯性能。

（5）具有良好的黏结力。防腐材料必须具有较强的黏结强度，这不仅指材料自身的黏结强度较高，而且材料与基材之间的黏结强度也要高，同时要求材料不易产生龟裂、分层或剥离，附着力和冲击强度较好，从而保证较好的耐蚀性。

现行的脱硫塔防腐技术主要有以下三种：金属塔体内衬有机防腐材料、耐腐蚀合金、整体玻璃钢材质。

金属塔体内衬有机防腐材料主要是防腐橡胶以及玻璃鳞片。橡胶衬里是在碳钢塔体内部表面上贴衬高分子橡胶，从而形成连续并且封闭的隔离层，将腐蚀介质和基体隔开，防止发生腐蚀反应。近年来，随着国内对于合成橡胶以及橡胶黏接剂的研究进一步加深、更多性能优异的合成橡胶和胶黏剂出现，提高了橡胶衬里与金属表面、混凝土或者FRP材料接触性能，扩展了橡胶衬里在防腐领域的应用。但橡胶材料性能受温度影响严重，该材料一般在50～90℃的环境中可使用较长时间，但温度一旦超过规定值则会迅速失效。当温度变化较大时，橡胶内衬层会与塔壁由于热膨胀而分离。

碳钢衬玻璃鳞片由于价格低廉、施工工期短，被广泛应用于脱硫系统中的烟道、脱硫塔、地坑和沟道等需要防腐保护的部位。玻璃鳞片与树脂复合以后，在衬里内部形成了一种不连续的片状迷宫型结构，而这种结构的存在相当于增加了防腐层的厚度，有效地提高了内衬的防腐性能。但实际工程应用中仍出现很多问题，首先，玻璃鳞片作为有机材料，脱硫塔塔壁在受热时内衬与基体膨胀不同步，界面处产生较大的内应力，易造成玻璃鳞片剥落，致使外壳腐蚀漏水，不易维修，增加了运行中的安全隐患，影响使用寿命。其次，有机材料在施工过程中不可避免地会出现一些气泡、裂纹等缺陷，这些缺陷对内衬材料整体性能影响较大，对施工要求较高。经常有施工半年到一年时间就发生空鼓、起泡、大面积剥落的现象，有效防腐时间短。玻璃鳞片也存在着安全隐患，目前常用的玻璃鳞片胶泥普遍使用挥发性较差的苯乙烯作为稀释剂，且该成膜物自身就是可燃有机物，用于受限空间安全隐患极大。2018年3月23日，正在新建施工中的国电元宝山发电有限责任公司2号机组脱硫吸收塔发生火灾，2017 年下半年仅仅半年时间，国内就发生了 7 起脱硫塔火灾事故，皆因其使用的常规防腐材料（如乙烯基玻璃鳞片胶泥等）耐温较低、树脂本身不阻燃等问题导致。

耐腐蚀合金主要包括钛、镍基合金板以及不锈钢等。高镍合金是以金属镍为主要成分，同时与 Co、Fe、W、Mo 以及 Cr 等金属形成连续固溶体合金，高镍合金性能优异，耐腐蚀性好，但成本较高，施工要求较高，不太适合国情。钛合金板是一种组合材料，具有非常好的力学性能，在一定条件下钛合金板的耐腐蚀性能比钢的防腐蚀性能好，但作为稀有金属钛合金价格较高，同时，钛板的防腐蚀性能受温度影响非常大，其耐腐蚀性能随着温度的升高急剧降低。贴衬钛合金板制造工艺非常复杂，钛合金板与脱硫塔塔壁的钢板之间还非常容易发生电偶腐蚀，对施工要求高。

脱硫塔整体采用耐高温玻璃钢材质制作，同时解决了耐高温、耐酸碱、耐腐蚀等问题，在火电厂脱硫系统中已成为一大优势。世界上最早使用玻璃钢材质做脱硫塔塔体材质的国家是美国，然而，直到 20 世纪 80 年代初，欧美国家才开始广泛地将玻璃钢材质运用到脱硫行业。在美国，大批量的玻璃钢制造企业花费了大量时间和财力、物力致力于长期研究玻璃钢材质在脱硫系统中的使用情况。据统计，已有超过 30 年的安全使用历史。随着玻璃钢缠绕技术的突飞猛进，玻璃钢脱硫塔越来越普遍化、大型化。在中国，采用耐腐蚀合金制作塔体价格不菲，很少在工程中应用，钢衬玻璃鳞片的脱硫塔存在玻璃鳞片易剥落、施工过程不可控等缺点，脱硫塔塔体材质的主流已逐渐由原来的钢衬玻璃鳞片转变为整体玻璃钢材质。

玻璃钢脱硫塔具有以下优点：

（1）玻璃钢脱硫塔对烟气中 SO_2 的浓度波动适应性强，不同的脱硫工艺可适应不同的煤中含硫量；脱硫剂可选用石灰、碱、氧化镁等多种形式，达到脱硫和附加产品生成的双重目的。

（2）玻璃钢良好的加工设计性，可以按照烟气温度、压力的条件对结构层进行铺层设计，满足了玻璃钢脱硫塔抗压、耐磨损、耐高温等方面的要求，同时塔体外表面为胶衣树脂抗老化层，有耐候、耐水、抗紫外线等特点。

（3）玻璃钢脱硫塔重量轻、体积小、整体性强，并且运输、安装和维修都较方便。塔体成型后，不存在因腐蚀穿透而造成的漏水、漏气的情况，使用寿命通常在 20 年以上。

目前玻璃钢湿式脱硫塔已经具备了耐高温、耐腐蚀、抗冲击、耐磨损、脱硫效率高、占地面积小、噪声低、维护修补方便、适应性广等特点，在火电厂、冶炼、油田等行业有着很大的应用价值。

7.3 火电厂复合材料脱硫塔的设计

复合材料脱硫塔结构设计是一个很复杂的系统工程，需要考虑的因素很多。复合材料是各向异性材料，脱硫塔结构为大跨距开孔、带加强筋的圆柱曲面薄壳结构，其结构形式复杂，工作环境恶劣，荷载及组合工况复杂，结构设计尤显得重要。玻璃钢脱硫塔的设计通常包括原材料设计、铺层设计、结构设计等。

整体防腐的玻璃钢脱硫塔一般由内衬层、防腐层以及表面层组成，其中内衬层主要是防止腐蚀介质侵蚀内部结构层，结构层主要是起到支撑结构的作用，表面层主要防紫外线和大气老化。

7.3.1 原材料与铺层设计

7.3.1.1 原材料

1. 树脂

以某火电厂 FGD 系统脱硫塔设计为例，烟气入塔温度高达 160℃左右，塔体高温区域为浆液面以上，第一层喷淋区域以下。烟气进入脱硫塔内部，与喷淋液滴进行热交换后烟气温度下降很快，最后维持在 65℃左右，此温度也正好是脱硫反应进行的最佳温度，此区域称为低温区域。

进气烟道内衬、结构层树脂推荐耐高温乙烯基酯树脂，浇铸体热变形温度需高于 160℃。塔体高温段内衬层推荐乙烯基酯树脂，浇铸体热变形温度需高于 150℃，结构层推荐乙烯基酯树脂，浇铸体热变形温度需高于 140℃。塔体低温段内衬层推荐乙烯基酯树脂，浇铸体热变形温度需高于 60℃、结构层推荐耐腐蚀不饱和树脂，浇铸体热变形温度需高于 50℃。

2. 增强材料

ECR 纤维是一种耐腐蚀性较好的玻璃纤维，不含硼和氟化物。由于组分中加入了适量的 ZnO 以及 TiO_2，提高了 ECR 纤维的长期耐酸性以及短期耐碱性，并降低了纤维成型温度，提高了纤维耐热性。考虑到脱硫塔塔壁温度相对较高且处于酸性的工况条件，增强材料推荐选用 ECR 纤维及其织物作为增强材料。

（1）内衬增强材料。内衬增强材料推荐选用浸润性能优良的聚酯表面毡、ECR 玻璃纤维表面毡、ECR 喷射纱或 ECT 喷射纱、ECR 玻璃纤维布、网格布、碳化硅耐磨粉等。

（2）结构层增强材料。结构层增强材料推荐选用 ECR 玻璃纤维及其织物作为增强材料，如 ECR 玻璃纤维缠绕纱、ECR 玻璃纤维方格布、ECR 玻璃纤维单向布、ECR 玻璃纤维针织毡（或短切毡）等。

7.3.1.2　铺层设计

1. 封头、底板内衬层铺层设计

封头、底板内衬铺层为：聚酯表面毡 2 层+短切毡 1 层/网格布 1 层/短切毡 1 层/网格布 1 层……（直至设计厚度）。

2. 封头、底板结构层铺层设计

封头、底板结构层的铺层从里至外为：M1/R2/M1/R2/M1/…/R2/M1（直至设计厚度）。其中，R2 表示采用 2 层 ECR 玻璃纤维布，M1 表示 1 层针织毡或短切毡。

底板制作工艺与封头相反。底板是先制作结构层，后制作内衬层。

3. 封头加筋、塔体补强铺层设计

采用 M1/R2/M1/R2/M1/…/R2/M1 糊制封头加筋，直至设计厚度。其中，R2 表示采用 2 层 ECR 玻璃纤维布，M1 表示 1 层针织毡或短切毡。

4. 塔体内衬层铺层设计

筒体内衬铺层为：聚酯表面毡 2 层+喷射纱 1 层/网格布 1 层/喷射纱 1 层/网格布 1 层……（直至设计厚度）。其中，喷射纱为 ECR 喷射纱或 ECT 喷射纱。

5. 塔体结构层铺层设计

筒体结构层铺层由内到外为：喷射纱 1 层+环向缠绕 2 层/单向布 1 层/环向缠绕 2 层/单向布 1 层（环向缠绕、单向布层数可适当调节）……环向缠绕 2 层/交叉缠绕 1 层（直至设计厚度）。

7.3.2　结构设计

7.3.2.1　荷载统计与工况组合

1. 风载荷统计

风荷载根据 GB 50009—2012《建筑结构荷载规范》统计，风荷载统计前需

模态分析脱硫塔自振频率。风荷载标准值为

$$w_k = \beta_z \mu_s \mu_z w_0 \tag{7-1}$$

式中 w_k ——风荷载标准值，kN/m^2；

β_z ——高度 Z 处的风振系数；

μ_s ——风荷载体型系数；

μ_z ——风压高度变化系数；

w_0 ——基本风压，kN/m^2。

以直径 16m、高度 56.30m、基本风压 0.30kN/m^2（重现期为 50 年）为例，统计的风荷载见表 7-1。

表 7-1　　风荷载统计

基本风压（kN/m^2）	0.30	0.30	0.30	0.30	0.30	0.30	0.30	0.30
筒体高度（m）	5.0	10.0	15.0	20.0	30.0	40.0	50.0	56.3
筒体直径（m）	16.0	16.0	16.0	16.0	16.0	16.0	16.0	16.0
风压高度变化系数 μ_z	1.17	1.38	1.52	1.63	1.80	1.92	2.03	2.12
风荷载体型系数 μ_s	0.50	0.50	0.50	0.50	0.50	0.50	0.50	0.50
振型系数 ϕ_z	0.02	0.05	0.11	0.19	0.38	0.60	0.85	1.00
风振系数 β_z	0.035	0.075	0.151	0.236	0.427	0.637	0.850	0.955
风荷载标准值（kN/m^2）	0.215 6	0.269 2	0.327 5	0.388 3	0.521 2	0.664 0	0.818 1	0.914 4
风荷载设计值（kN/m^2）	0.301 9	0.376 9	0.458 5	0.543 7	0.729 7	0.929 6	1.145 3	1.280 2

风荷载对脱硫塔底部的弯矩计算中，脱硫塔按风压高度变化系数取值分段后，每段风荷载等效为不同高度上的集中荷载 F_i，则风荷载对脱硫塔的倾覆弯矩为

$$M = \sum F_i H_i \tag{7-2}$$

式中 H_i ——等效集中荷载距脱硫塔底部的高度。

2. 地震荷载统计

地震作用由地运动引起的结构动态作用，按照发生概率分为多遇地震和罕遇地，按照作用的方向分为水平地震和竖向地震。根据 GB 50011—2010（2016 版）《建筑抗震设计规范》，当抗震设防烈度为 8 度以上则必须考虑竖向地震作用。当抗震设防烈度为 7 度及以下时，可以不考虑竖向地震作用，只考虑水平方向的地震作用。

采用底部剪力法时，由于支撑梁及梁上荷载主要集中在各层梁上，各层梁可仅取一个自由度，脱硫塔水平地震作用标准值为

$$F_{\mathrm{Ek}}=\alpha_1 G_{\mathrm{eq}} \tag{7-3}$$

$$F_{\mathrm{i}}=\frac{G_{\mathrm{i}}H_{\mathrm{i}}}{\sum_{j=1}^{n}G_jH_j}F_{\mathrm{Ek}}(1-\delta_{\mathrm{n}})\quad (i=1,2,\cdots,n) \tag{7-4}$$

式中 F_{Ek}——结构总水平地震作用标准值；

α_1——相应于结构基本自振周期的水平地震影响系数值；

G_{eq}——结构等效总重力荷载，取总重力荷载代表值的 85%；

F_{i}——质点的水平地震作用标准值；

G_{i}、G_j——集中于质点的重力荷载代表值；

H_{i}、H_j——质点的计算高度；

δ_{n}——顶部附加地震作用系数，脱硫塔地震分析中，一般取值为 0.0。

当抗震设防烈度为 8 度以上时，其竖向地震作用标准值

$$F_{\mathrm{Evk}}=\alpha_{\mathrm{vmax}}G_{\mathrm{eq}} \tag{7-5}$$

$$F_{\mathrm{vi}}=\frac{G_{\mathrm{i}}H_{\mathrm{i}}}{\sum G_{\mathrm{j}}H_{\mathrm{j}}}F_{\mathrm{Evk}} \tag{7-6}$$

式中 F_{Evk}——结构总竖向地震作用标准值；

α_{vmax}——竖向地震影响系数的最大值，可取水平地震影响系数最大值的 65%；

F_{vi}——质点 i 的竖向地震作用标准值；

G_{eq}——结构等效总重力荷载，取总重力荷载代表值的 75%。

地震荷载统计中，不能忽略脱硫塔内浆液的影响，根据动液理论，地震时浆液将发生晃动因而会产生压力并施加于塔体上。为了简化计算，引入动液系数，将动液理论中的一系列系数折算到动液系数 ψ_{w} 中去，ψ_{w} 由 D/H 的比值得到，浆液的等效重力荷载 $G_{\mathrm{eq}}=\psi_{\mathrm{w}}G$，$G$ 为浆液总重量。

水平地震荷载对脱硫塔底部的弯矩

$$M=\sum F_{\mathrm{i}}H_{\mathrm{i}} \tag{7-7}$$

3. 荷载工况组合

建筑结构上的荷载可以分为永久荷载、可变荷载和偶然荷载三类。进行荷载组合时，按照 GB 50009—2012《建筑结构荷载规范》规定，建筑结构设计应根据使用过程中在结构上可能同时出现的荷载，按承载力极限状态和正常使用

极限状态分别进行荷载组合，并取各自的最不利的组合进行设计。

对于承载力极限状态，应按荷载的基本组合或偶然组合计算荷载组合的效应设计值。基本组合的荷载分项系数取值：

（1）当永久荷载效应对结构不利时，对由可变荷载效应控制的组合应取1.2，对由永久荷载效应控制的组合应取1.35。

（2）当永久荷载效应对结构有利时，不应大于1.0。

（3）可变荷载分项系中对标准值大于 $4kN/m^2$ 的工业房屋楼面结构的活荷载，应取1.3，其他情况下应取1.4。

对于大型的脱硫塔，各层梁荷载总和高达500t左右，结构设计中，分项系数的准确取值也至关重要，直接影响塔壁的厚度。以某氨法脱硫塔为例，各层梁的永久荷载分项系数取值见表7–2。

表7–2　　脱硫塔各层梁的永久荷载分项系数取值方案

梁位置	组件名称	荷载性质	分项系数
洗涤段梁组件	洗涤喷淋管自重+冲洗喷淋管自重	不利永久荷载	1.35
	洗涤喷淋管液重+冲洗喷淋管液重	不利可变荷载	1.2
	挂料重	不利可变荷载	1.2
	梁自重	有利永久荷载	1.0
填料梁组件	填料自重+格栅板自重	不利永久荷载	1.35
	持液重	不利可变荷载	1.2
	梁自重	有利永久荷载	1.0
升气盘梁组件	升气盘自重	不利永久荷载	1.35
	持液重	不利可变荷载	1.2
	梁自重	有利永久荷载	1.0
其他喷淋层梁组件	喷淋管自重	不利永久荷载	1.35
	喷淋管液重	不利可变荷载	1.2
	梁自重	有利永久荷载	1.0

地震荷载、风荷载的分项系数分别取1.3、1.4，雪荷载、风荷载的组合系数分别取0.7、0.6。

7.3.2.2　脱硫塔结构设计

作为连接锅炉与烟囱的烟气脱硫装置，其建设与运行质量不仅可以充分发挥火电厂烟气脱硫的环境保护效益，而且对于锅炉的稳定、安全运行意义重大。脱硫塔是脱硫工艺中的主要结构，内部设有多层支撑梁，梁上放置喷淋、喷雾和填料等装置，塔体开设开孔宽度较大的烟气进出口、管道洞孔等，塔体有些部分设置有加强筋、抗风圈等。对于这类结构形式复杂、载荷种类形式较多的结构，难从理论上推导出解析解，一般采用有限元法进行结构设计。

1. 设计依据

国外标准主要为《ASME RTP−1−2019 Reinforced Thermoset Plastic Corrosion Resistant Equipment》标准，该标准规定，强度设计依据为：内衬强度比 $R \geqslant 9$，结构层强度比 $R \geqslant 1.6$，材料许用应变值 $[\varepsilon]=0.2\%$，塔体的稳定安全系数 $m \geqslant 5$。刚度设计依据为：位移与直径之比 $\frac{u}{D} < \left[\frac{u}{D}\right]=0.005$。

目前国内没有制定玻璃钢脱硫塔设备设计的相关标准，一般参考 HG/T 20696—1999《玻璃钢化工设备设计规定》，该标准规定，应力安全系数取 $n \geqslant 10$，材料许用应变值 $[\varepsilon]=0.1\%$，对于受外压的圆筒，其稳定安全系数 $m \geqslant 10$，对于受外压的凸形封头，其稳定安全系数 $m \geqslant 15$。

我国玻璃钢化工设备设计标准高于 ASME 标准，结合目前国内的玻璃钢现场施工的工艺水平，脱硫塔结构设计中相关安全系数的取值以不低于两种标准为基本要求，同时考虑经济性。设计依据如下：

（1）强度依据。在正常工况下，$\varepsilon < [\varepsilon]=0.1\%$，在极端偶然工况下（如地震荷载），$\varepsilon < [\varepsilon]=0.2\%$。应力安全系数 $n \geqslant 10$。在极端偶然工况下（如地震荷载），应力安全系数 $n \geqslant 5$。

（2）刚度依据。局部位移时，刚度采用位移与直径之比 $\frac{u}{D} < \left[\frac{u}{D}\right]=0.005$，整体位移时，刚度采用位移与塔高之比 $\frac{u}{H} < \left[\frac{u}{H}\right]=0.005$。

（3）稳定性依据。封头的稳定安全系数 $m \geqslant 10$，塔体的稳定安全系数 $m \geqslant 5$。

2. 有限元结构设计

以直径 16.00m、高度 56.3m 脱硫塔为例，进行有限元结构设计。设计工况为：

工况 1，结构恒载、设计压力、塔内液压等运行荷载作用下结构的强度刚度分析。

工况 2，在运行荷载基础上附加风荷载与雪载荷作用下结构的强度刚度分析。

工况 3，在运行荷载基础上附加地震荷载作用下结构的强度刚度分析。

工况 4，结构恒载、风荷载、雪载荷作用下结构的稳定性分析。

（1）脱硫塔材料参数。大型玻璃钢脱硫塔由于直径大、高度高，支撑梁上荷载高达 500 多吨，在恒载、风载荷及地震荷载作用下的轴向应力较大，必须要有足够的轴向强度。如果仅采用传统的环向缠绕和交叉缠绕工艺，成型后的塔体轴向强度较低，无法满足轴向强度，所以在铺层设计中通过合理地增加单向布，提高塔体轴向强度。

常温下塔体的材料参数见表 7–3。在设计温度下，塔体高温段、低温段的材料的强度、弹性模量保留率可以试验获取，或者由相关树脂生产厂家提供。

表 7–3 常温下塔体材料参数

材料参数	内衬层	塔体结构层 6	塔体结构层 5	塔体结构层 4	塔体结构层 3	塔体结构层 2	塔体结构层 1	封头、封头筋和底板结构层
X（MPa）	60.00	359.23	358.16	359.23	361.11	361.74	344.18	145.00
X_c（MPa）	60.00	290.07	289.36	290.24	291.70	292.25	278.15	130.00
Y（MPa）	60.00	84.78	86.91	87.57	87.12	87.90	92.72	145.00
Y_c（MPa）	60.00	72.49	74.30	74.80	74.35	74.97	78.56	130.00
S（MPa）	33.00	44.41	44.64	44.95	45.20	45.46	46.27	49.64
E_x（GPa）	3.50	29.51	29.41	29.49	29.63	29.67	28.21	11.75
E_y（GPa）	3.50	9.86	10.04	10.11	10.10	10.18	10.31	11.68
V_{xy}	0.30	0.30	0.30	0.30	0.30	0.30	0.30	0.32
G_{xy}（GPa）	2.10	2.71	2.69	2.65	2.63	2.60	2.72	4.16

（2）脱硫塔结构有限元模型。脱硫塔整体有限元模型如图 7–3 所示。计算模型中包含塔体、底板、封头、进气烟道、排气烟道、底板地基支撑。模型中壳体采用 SHELL181（壳单元），支撑梁、加强筋、钢支撑、抗风圈等采用 BEAM188（梁单元），各标高处梁上荷载采用 MASS21 等效质量点模拟，设置在塔体各支撑梁上。计算地震工况时液体对塔体的晃动效应采用 MASS21 等效质量点模拟。

底板支撑采用双线性（只设定压弹性）三维弹性杆支撑（LINK10 单元），杆单元的弹性模量为

$$E_t = \frac{K_b A_{shell} L}{nA} \qquad (7-8)$$

式中　K_b——地基基床系数；

A_{shell}——所支撑的底板面积；

A——每个等效杆单元的截面积；

L——等效杆单元的长度；

n——杆单元数。

脱硫塔有限元模型施加的约束为：底板支撑杆下端所有节点自由度全约束，对塔体底部螺栓锚固处节点全约束。

（3）脱硫塔结构有限元计算及结果。

由于篇幅的原因，只列举工况 2（结构恒载、设计压力、塔内液压、风荷载、雪载荷作用下结构的强度计算）有限元分析结果。

1）刚度分析。图 7-4～图 7-6 分别为脱硫塔的 X、Y、Z 方向位移云图，最大位移为 23.89mm，为风荷载方向局部位移。

图 7-3　脱硫塔整体有限元模型

最大位移与直径之比为

$$\frac{u_{max}}{D} = \frac{23.89}{16\,000} = 0.001\,5 < \left[\frac{u}{D}\right] = 0.005$$

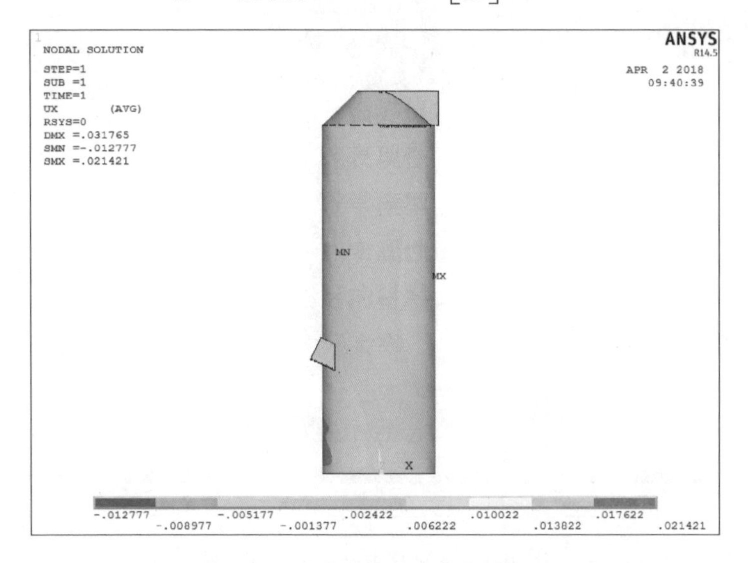

图 7-4　脱硫塔的 X 方向位移云图

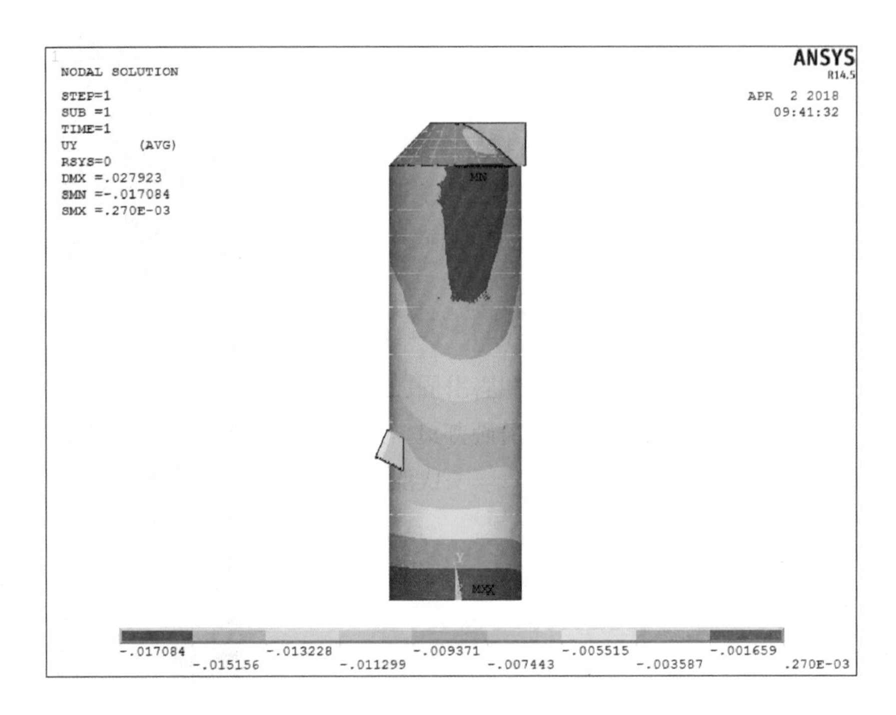

图 7–5　脱硫塔的 *Y* 方向位移云图

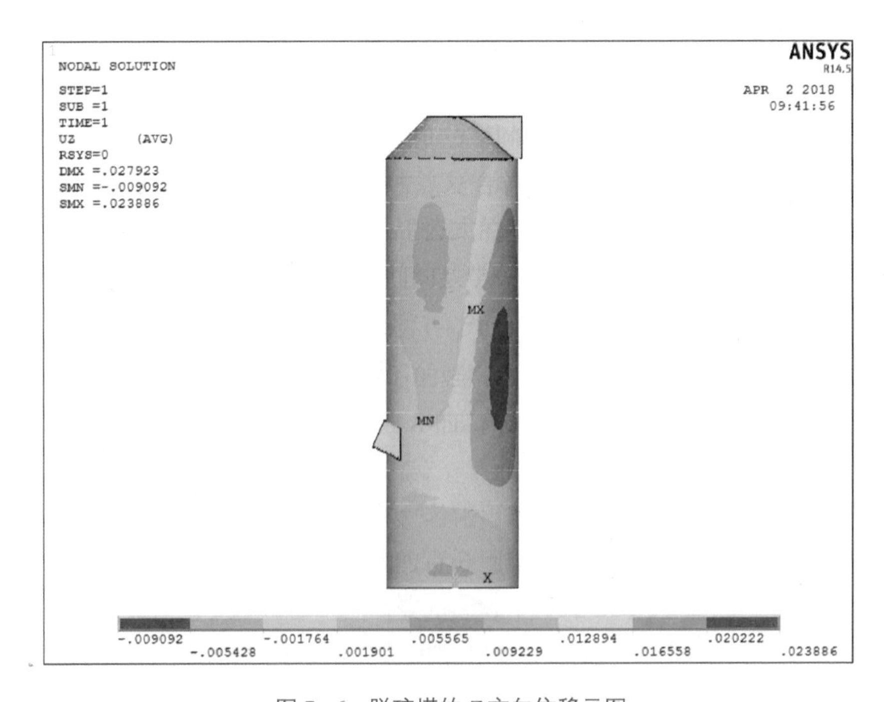

图 7–6　脱硫塔的 *Z* 方向位移云图

2）强度分析。图 7-7～图7-9分别为脱硫塔径向、环向、轴向应变图。最大应变为 969μ_ε，小于 1000μ_ε。

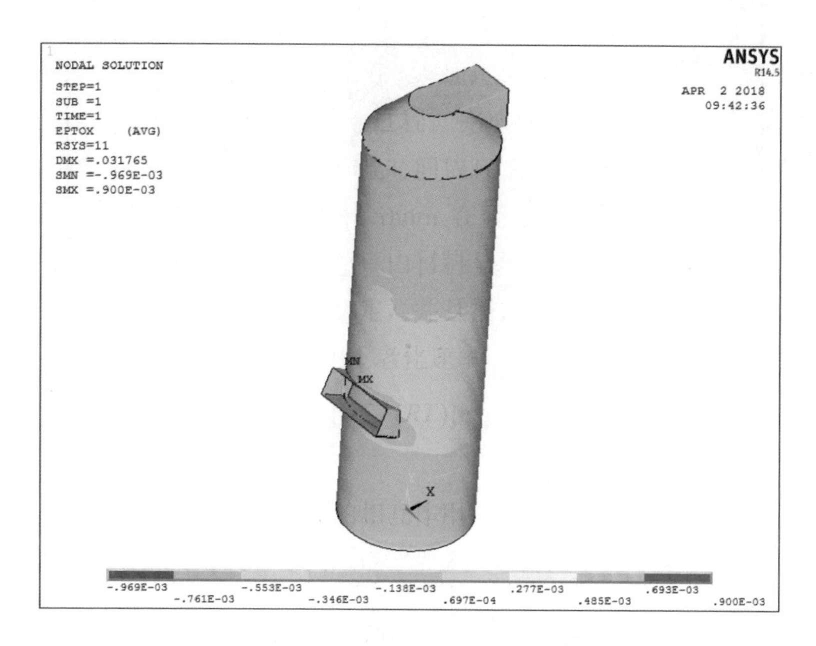

图 7-7　脱硫塔的径向应变云图

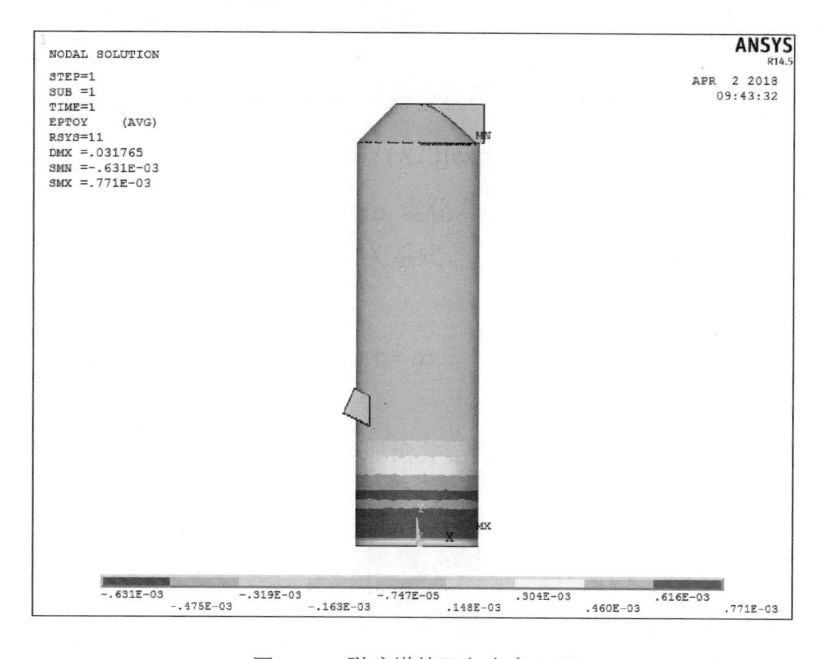

图 7-8　脱硫塔的环向应变云图

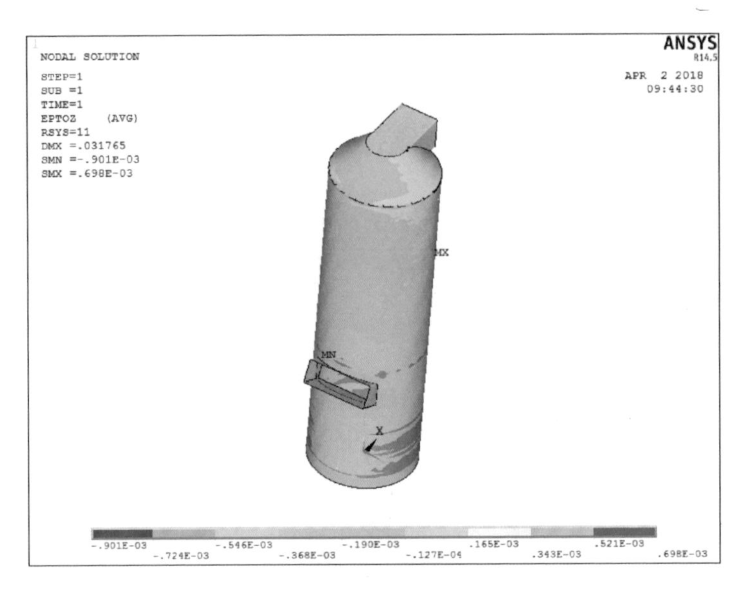

图 7-9　脱硫塔的轴向应变云图

图 7-10、图 7-11 分别为脱硫塔径向、轴向应力图。最大拉应力为 4.33MPa，位于封头上，其最小安全系数 $n=\dfrac{145\times0.9}{4.33}=30.14>10$；最大压应力为 11.3MPa，位于塔体与进气口连接补强处，其最小安全系数 $n=\dfrac{130\times0.9}{11.3}=10.35>10$。

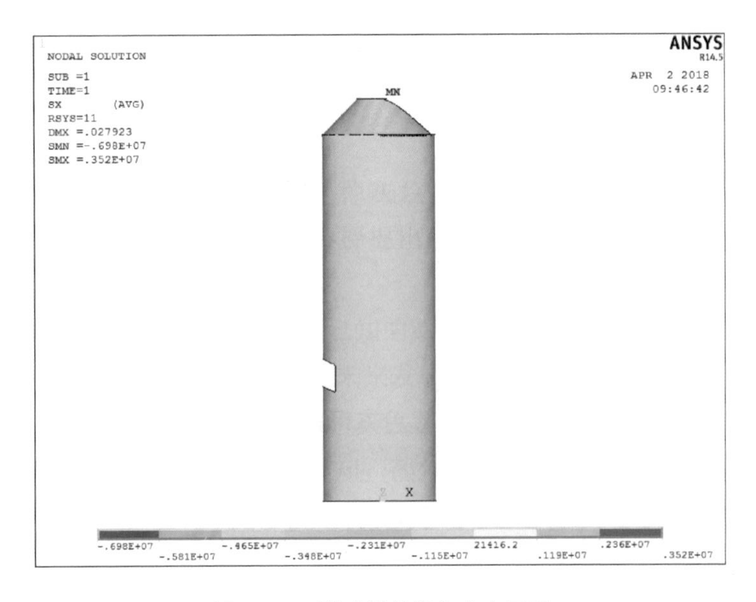

图 7-10　脱硫塔的径向应力云图

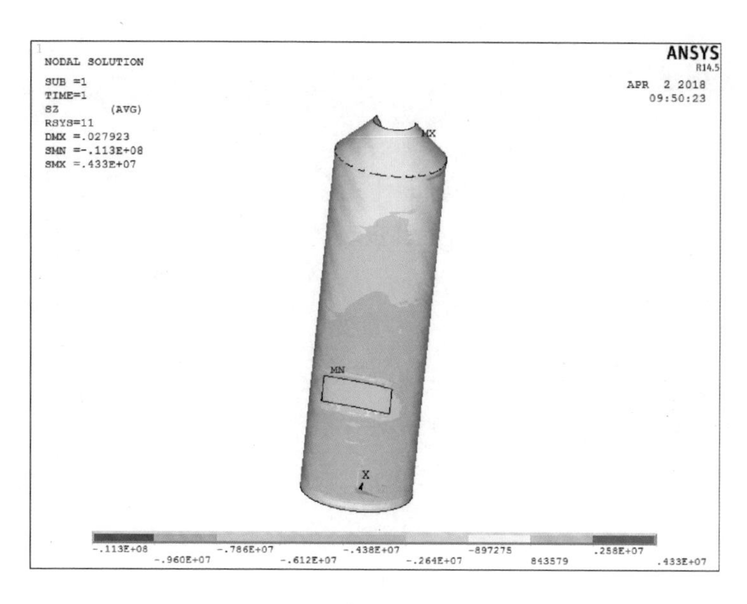

图 7－11　脱硫塔的轴向应力云图

图 7－12 为环向应力云图，最大拉应力为 21.6MPa，位于塔体结构层 2 处，其最小安全系数 $n=\dfrac{361.7\times0.9}{21.6}=15.07>10$；最大压应力为 8.49MPa，位于筒体与进气方管接口补强处，其最小安全系数 $n=\dfrac{130\times0.9}{8.49}=13.78>10$。

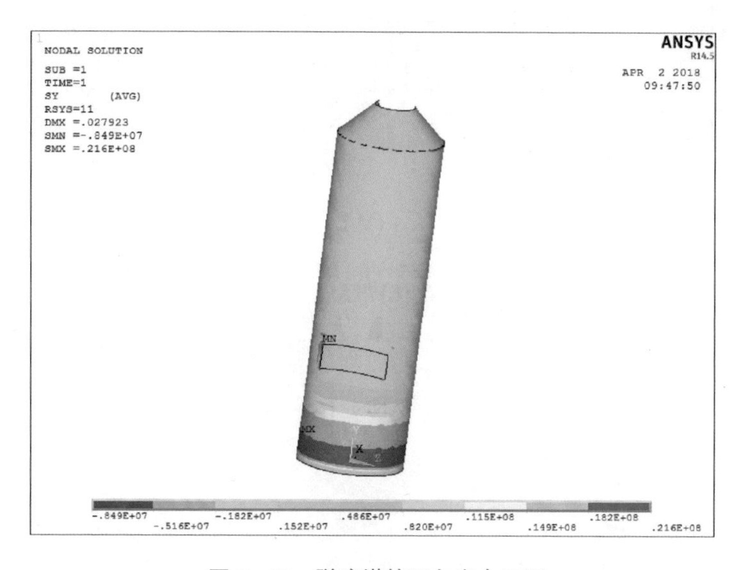

图 7－12　脱硫塔的环向应力云图

7.3.2.3 补强设计

1. 封头–塔体连接处补强设计

由于制作工艺的不同，脱硫塔塔体和封头常单独成型，再通过补强连接成整体。封头–塔体连接处补强设计如图 7–13 所示。

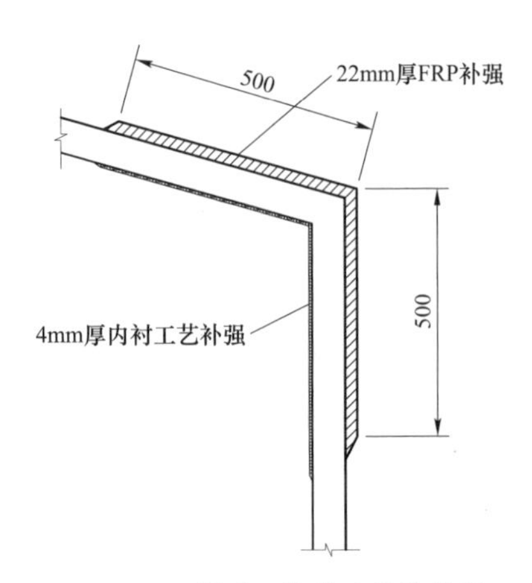

图 7–13　封头–筒体连接处补强

2. 塔内支撑梁补强设计

为了支撑塔内各层梁，需要将塔体开孔。支撑梁补强采用两种形式，一端为固定端，另一段为简支端，如图 7–14 所示。

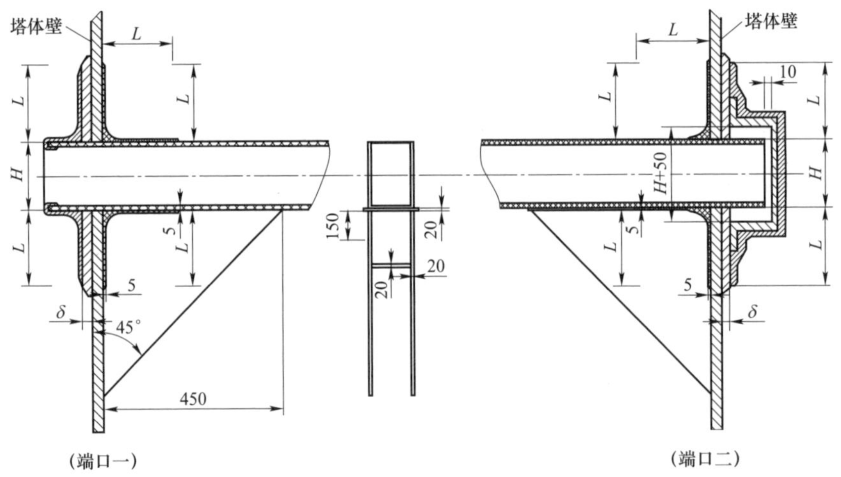

塔体开孔补强说明：
1. 塔外补强厚度δ同塔体壁厚。
2. 塔内补强采用内衬厚度。
3. 顶部及底部补强范围L：$H>400$时，$L=H/2$
   $H\leqslant 400$时，$L=200$。
4. 侧面补强范围：200m。

图 7–14　塔内支撑端口补强

3. 塔体进烟口开孔补强设计

对进烟口进行补强，在外壁设置加强框和加筋肋板，加筋肋板每隔 550mm 设置 1 个，进气口周围塔壁采用 20 号热轧槽钢加固。

脱硫塔的进烟口一般为方形，尺寸很大，一般达脱硫塔直径的 2/3。如此大的开孔对塔体抗弯矩能力的削弱是很大的，开口周边塔壁的应力也很大。因此必须对塔体进烟口附近区域进行补强，必要时在烟道内增加了 3～4 根支撑柱。同理，对烟气出口补强方式与烟气入口差不多。

4. 塔体上下段连接补强设计

脱硫塔塔体高达 50～60m，由于立式缠绕模具高度的限制，需要将塔体分为多段缠绕成型，再通过对接补强成整体。塔体上下段对接补强设计如图 7-15 所示。

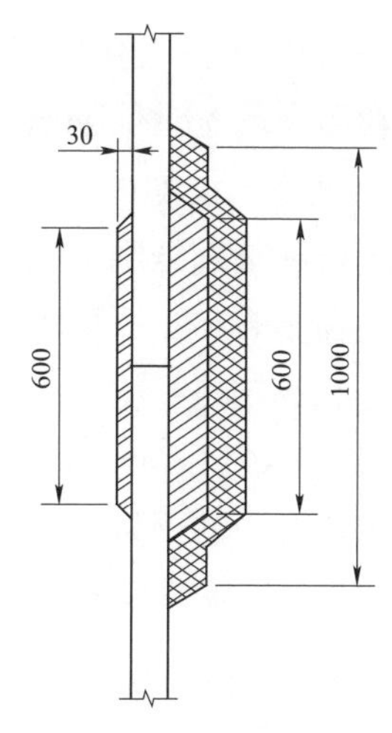

图 7-15　塔体上下段连接补强设计

7.4　火电厂复合材料脱硫塔的制造

目前脱硫塔制作工艺较成熟，塔身部分主要采用立式缠绕成型工艺，封头、进气烟道、排气烟道、加强筋、补强层主要采用手糊成型工艺。

1. 筒体制作工艺

筒体制作一般分多段完成，主要采用立式缠绕成型工艺。具体制作流程如下。

（1）缠绕模具组装。将支撑环的下环、上环依次固定到水平放置的伸长臂上，并校核上环和下环的垂直度。为减轻模具重量，将木材做成条状，并沿圆周方向依次等距排开，并将其固定在支撑环上。选用五合板、三合板作为模具蒙皮，将其固定到条形木材上，校核模具圆周尺寸，并在模具表面蒙上一层塑料布，制作完成的模具如图 7-16 所示。

图 7-16　筒体模具图

（2）内衬制作。内衬树脂中加入 20%±2%的碳化硅耐磨粉，用树脂喷淋头将内衬树脂均匀地涂刷在模具表面，随即在模具上缠绕一层聚酯表面毡，要求搭接宽度为 2cm 为宜，树脂含量控制在 90%以上，制作聚酯表面毡如图 7–17 所示。重复以上操作，再缠绕一层聚酯表面毡。将混有促进剂和引发剂的内衬树脂从喷枪内喷出，同时将玻璃纤维无捻初纱用切割机切断并由喷枪中心喷出，与树脂一起均匀喷涂在模具上，并用辊轮滚压，使树脂浸透纤维，压实并除去气泡。模具绕中心轴线旋转，喷枪上下运动，直至喷射纱布满模具筒身段表面为止，此时完成一层喷射纱层，喷射纱制作过程如图 7–18 所示。制作完一层喷射纱后，缠绕一层上好张力的网格布，以排除喷射纱层的气泡并保持内衬层的平整和密实。按铺层要求，重复以上操作，直到设计厚度。

图 7–17　聚酯表面毡制作过程

图 7–18　喷射纱制作过程

（3）结构层制作。将结构层树脂按比例调好，待内衬层固化、打磨后，在内衬层上制作一层喷射纱，以提高内衬层和结构层的界面黏接强度。开启树脂泵，将混合后的树脂倒入浸胶槽中，纤维经过浸胶槽和挤胶辊后，被分成若干组，通过分纱装置后集束，引入绕丝嘴。环向缠绕时，模具绕自身轴线做匀速转动，导丝头在平行于塔体轴线方向（垂直方向）筒身区间运动，模具每转动一周，导丝头移动一个纱片宽度，按此循环，直至纤维缠满模具筒身段表面为止，这时完成一层环向缠绕，环向缠绕制作过程如图 7–19 所示。为满足轴向强度的要求，一般缠完二层环向后，要求缠绕一层单向布，单向布缠绕过程中，需要控制好缠绕张力及单向布的受力均匀性，并要求搭接宽度为 2cm 以上。为了方便控制单向布的张力和树脂含量，一般一层单向布和一层环向缠绕一起同时制作，单向布制作过程如图 7–20 所示。按铺层要求，重复以上操作。结构层缠绕应分 2～3 次进行，每次缠绕厚度不超过 25mm，需根据天气情况、固化情况确定，每次缠绕前需进行打磨，把表面的毛刺和气泡打掉后才可以进行缠绕。结构层铺层最后一层是交叉缠绕层，制作交叉缠绕层时，模具绕自身轴线匀速转动，导丝头按一定的速比要求沿轴线方向往复运动，其缠绕角度一般为 45°～70°，交叉缠绕制作过程如图 7–21 所示。

结构层固化后，在其表面喷涂一层抗老化、防紫外线的树脂胶衣外表面层。

图 7–19　环向缠绕制作过程

图 7–20　单向布制作过程

图 7–21　交叉缠绕制作过程

2. 封头制作

脱硫塔封头主要采用手糊成型工艺，制作工艺如下。

（1）模具制作。现场制作整体封头模具，小型封头模具一般用砖头与土堆堆成封头形状，外面用水泥加工刮平并确定尺寸。大型封头模具类似筒体模具制作，由工装制成蒙皮模具。

（2）内衬层制作。在清理好或经过表面处理的模具成型面上涂抹脱模剂，并铺上聚酯薄膜。将混合均匀的内衬树脂涂刷在模具成型面上，随即铺一层聚酯表面毡，用羊毛辊或者猪鬃辊将布层压实，使含胶量均匀，排除气泡。第二层短切毡的铺设必须在第一层树脂胶液凝结后进行。其后按设计铺层在其上铺放裁剪好的网格布、短切毡，每铺一层，用羊毛辊或者猪鬃辊将该层压实，使含胶量均匀，排除气泡。

（3）结构层制作。待内衬层固化后，表面打磨，将加有固化剂、促进剂、颜料糊等助剂并搅拌均匀的结构层树脂混合料涂刷在内衬层上，随后在其上铺放一层裁剪好的短切毡，用于提高内衬层和结构层的界面黏接强度，用毛刷将该层压实，使含胶量均匀，排除气泡。其后采用二布一毡的形式进行逐层糊制，每次糊制 2～3 层后，要待树脂固化放热高峰过了之后（即树脂胶液较黏稠时，在 20℃一般 60min 左右），方可进行下一层的糊制，直到所需厚度。

（4）封头加强筋制作。常规封头加强筋的设计如图 7-22 所示，手糊加强筋前，需按二布一毡制作一个厚度约 2mm 的 U 形加强筋初胚，待初胚固化后，将加强筋初胚黏在封头结构层上，按二布一毡的形式在加筋与蒙皮上进行糊制到结构设计的尺寸。

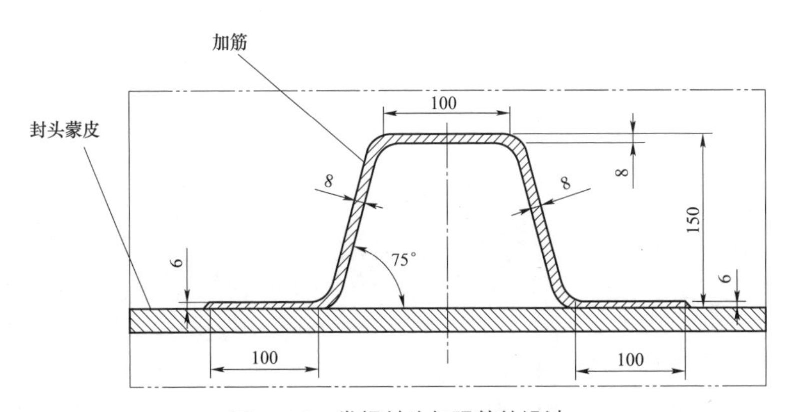

图 7-22　常规封头加强筋的设计

注意事项：

（1）糊制时玻璃纤维布必须铺放平整，玻璃布之间的接缝应相互错开，棱角处要避开搭接。

（2）严格控制树脂含量，既要充分浸润纤维，又不能过多。含胶量高，气泡不易排除，而且固化放热大，收缩率大。含胶量低，容易分层。

3. 基础制作

（1）沿混凝土基础上制作一空心圆盘。

（2）筒体缠绕完成后，将筒体装配在空心圆盘上。

（3）进行底板其余结构层部位的糊制。

（4）将底板与筒体连接处进行糊制。

（5）糊制底板内衬以及糊制底板与筒体连接处的内衬。

（6）采用树脂砂浆浇注底板边缘与筒体外缘的间隙。

（7）采用表面毡和针织毡将填充的树脂砂浆外表进行修复。

成型后的底板制作工艺如图 7-23 所示。

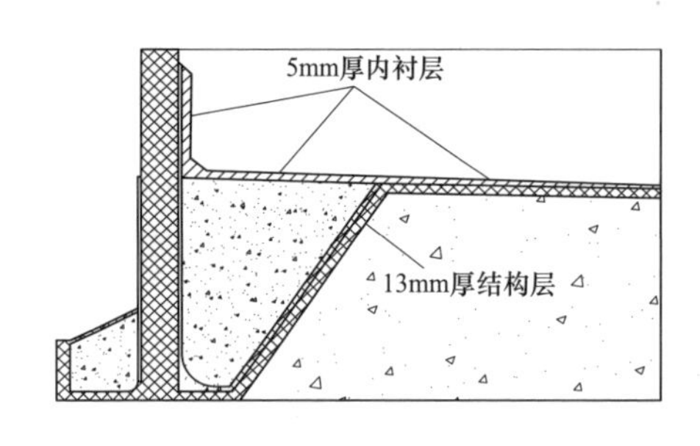

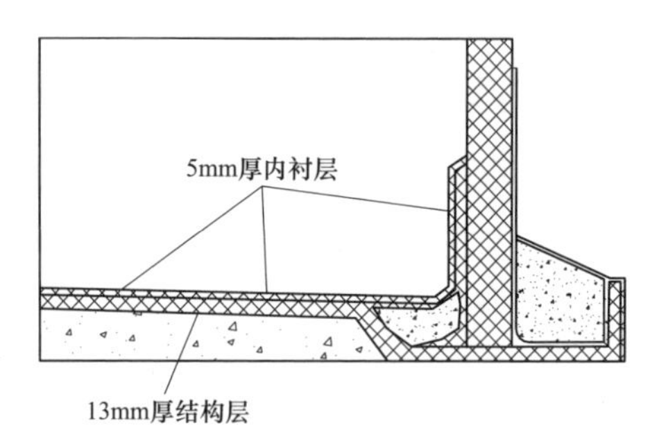

图 7-23　底板制作工艺

脱硫塔采用地脚螺栓将筒体与地基固定，其固定方案如图 7-24 所示，支座安装后，需在其与塔体结合部位进行补强糊制，糊制范围应延伸至肋板上。

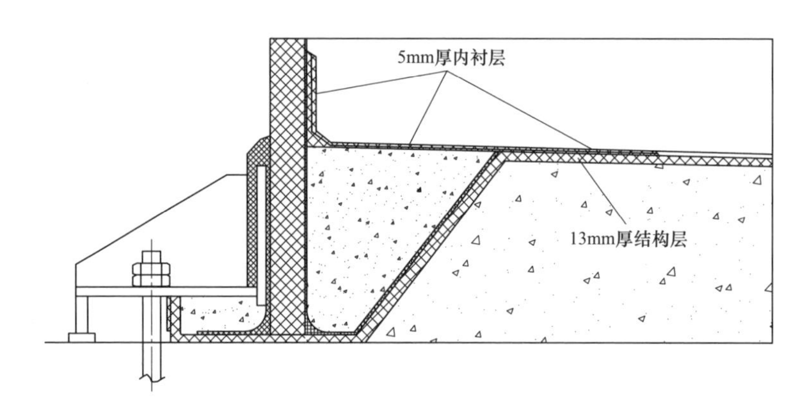

图 7-24　地脚螺栓固定方案

4. 筒体吊装

为了防止筒体在吊装过程中不被破坏，采用有限元分析吊装过程，设计合理的吊装方案，图 7-25 为筒体 8 点均布吊装时的轴向应力云图。

筒体吊装时，需要在筒体上安装导向槽或导向板，导向板如图 7-26 所示。当第一节就位后，校正找直，并安装导向板或导向槽，再吊装第二节筒体。当上端筒体插入下端筒体后，进行校正，并对上下两段筒体在对接处补强，补强方案见 7.3 节。筒体吊装过程如图 7-27 所示。吊装具体方案为：筒体上端吊装孔附近加装支撑环，内支撑安装于每段顶部向下 700mm 位置，一段直接连接设备壁，一段与内连接环连接，吊装采用 8 点均布吊装形式，吊装孔径为 110mm，位置在顶部往下 400mm。如果吊装口所在筒体壁厚不够，需要在开吊装口之前进行局部补强。

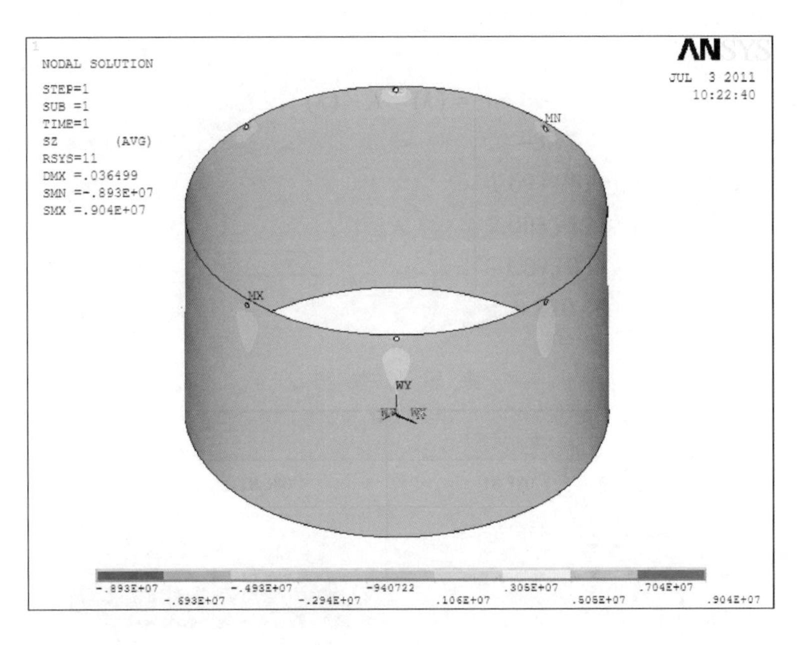

图 7-25　筒体 8 点均布吊装时的轴向应力云图

图 7-26　吊装时筒体导向板

图 7-27　吊装过程

5. 塔内件安装

筒体吊装安装完成后，在安装封头前，将塔体内件从塔体上部吊入塔内，支撑梁起吊图如图 7-28 所示。大荷载梁一般支撑在筒体上，吊入前需要将筒体开孔，大梁吊入塔内后，穿过筒体开孔，支撑在筒体上，大梁支撑在筒体上如图 7-29 所示，支撑梁开孔补强方案见 7.3 节。小荷载梁一般支撑在托架上，如图 7-30 所示。

图 7-28　支撑梁起吊

图 7-29　梁支撑在塔体上

图 7－30　小荷载梁托架支撑

7.5　火电厂复合材料脱硫塔的应用

2017 年 10 月 18 日，习近平在十九大报告中指出，坚持人与自然和谐共生，必须树立和践行绿水青山就是金山银山的理念，坚持节约资源和保护环境的基本国策。中国煤炭学会理事长濮洪九表示："我国的燃煤电厂耗煤量占全国煤炭消费总量的 50%以上，推行燃煤电厂清洁发电和排放治理工程，实现燃煤电厂绿色高效洁净低碳发展，是控制我国大气环境污染的重要途径。应加快推广应用先进的煤炭清洁高效利用技术和工艺，提高煤炭资源的综合利用水平。合理设计、建设脱硫装置以及加快除尘装置的改进建设，将构建新型煤炭工业体系，促进煤炭工业节约发展、清洁发展、安全发展，实现可持续发展是我国能源长期安全稳定供应的战略选择。"从国家的政策和环境的保护的角度，今后几年，我国将会有大量的烟气脱硫工程设计建设。有了脱硫塔，可以很大程度上减少 SO_2 的排放量，对环境保护、空气污染的治理起到了关键性的作用。脱硫塔在这方面无疑是有利于人类的发展的。

目前我国燃煤电厂烟气脱硫装机比重高于美国 30 个百分点，烟气脱硝比例高出美国 5 个百分点。我国火电厂脱硫脱硝改造进程仍在快速推进。

随着环境污染越来越严重，应国家环保政策的要求，对脱硫系统的要求也越来越高。玻璃钢脱硫塔以其自身优势迅速占据了国内燃煤行业烟气脱硫系统。据相关部门的统计，截止到 2014 年，烟气脱硫行业中正在大量使用玻璃钢产品，市场销售总额已经超过 10 亿美元，在将来的 20 年内容量估计会翻番。

近年来，随着我国在玻璃钢产品的研发以及制造设备上的不断创新，玻璃钢脱硫塔具有不可估量的市场和前景。

7.6 火力发电复合材料的发展趋势

近年来，我国高效、清洁、低碳火电技术不断创新，相关技术研究和实际运用达到国际领先水平，为优化我国火电结构和技术升级做出了贡献。整体来看，火电在当前和今后仍然具有许多独特的优势，这些都是其他非化石能源在相当长时期内无法替代的，面对如今日益严格的绿色发展要求，火力发电行业必须加大科技创新力度，提升绿色管理水平，增强行业绿色竞争力。火力发电设备工作环境恶劣，对设备材料的高要求势必促进我国由复合材料大国向复合材料强国转化。

如何同时解决耐高温、耐腐蚀、抗渗、耐温骤变、耐冲击、耐应力这些难题是耐腐蚀、耐高温、抗渗透复合材料的未来发展方向。自主研发热变形温度更高并且价格相对较低的耐高温性树脂，研发热膨胀系数小、韧性耐冲击好、耐温更高的胶泥涂层对解决这些难题具有十分重要的意义。

我国经济正处在高速发展的时期，火力发电对耐磨材料的需求量惊人，耐磨防腐材料在未来的发展中，需要从改进制造工艺和热处理技术、采用表面合金化技术、添加相对廉价的合金元素等方面开展技术攻关，以提高耐磨材料的强韧性和硬度均匀性，减少其制造成本，使耐磨材料的应用更广泛。

近年来随着经济的发展，保温材料的生产和应用技术得到了进一步的发展，火力发电厂保温材料向低密度、低导热率、多功能方向发展。

第 8 章　电力用复合材料的性能评估

在现代工业中，检测起着十分重要的作用，对于任何产品，不论是进入实际使用前还是正在使用期间，都需要对其采取有效评价方法进行检测以评估其性能是否满足标准使用要求。复合材料具有比重轻、强度高、耐腐蚀老化、结构设计性强等优点，近些年在电力行业中广泛应用。随着应用面的不断拓宽、应用量的不断加大，需要依据相关检测标准要求对产品质量的关键性能进行投运前把控和运行中的把控，以保障电力系统长久安全运行。

8.1　复合材料的性能评估方法

8.1.1　基本物理性能

1. 密度

密度是对特定体积内的质量的度量，等于物体的质量除以体积，可以用符号 ρ 表示。根据密度公式可以计算出物体的质量和体积，进行产品性能判定、工业设计、计算、分析等。

试验标准：参照 GB/T 1463—2005《纤维增强塑料密度和相对密度试验方法》。

试验采用标准规定的浮力法。在标准环境温度下，在空气中称量后，用金属丝悬挂试样，然后将试样全部浸入温度控制在 23℃±2℃的水中（水放在有固定支架的烧杯或其他容器里）。试样上端距液面不小于 10mm，试样表面和金属丝上不能黏附空气泡。

试样体积计算公式为

$$V = \frac{m_2 - m_1}{\rho_0} \tag{8-1}$$

式中　m_1——放入试样前烧杯的质量，g；

m_2——放入试样后烧杯的质量，g；

ρ_0——水的密度，kg/m^3，在 23℃下的值为 $997.6kg/m^3$。

试样密度计算公式为

$$\rho=\frac{m}{V} \tag{8-2}$$

式中　m——试样质量，g；

V——试样体积，m^3。

2. 吸水率

吸水率是物质吸水性的量度，指在一定温度下物质在水中浸泡一定时间所增加的重量百分率，表征材料在标准大气压力下吸水的能力。不同用途的材料对吸水率均有不同的要求，对于电力用复合材料来说，因电力运行环境的特殊要求，一般要求控制极低的吸水率。

试验标准：GB/T 1462—2005 参照《纤维增强塑料吸水性试验方法》。

将试样放入 50℃±2℃烘箱内干燥 24h±1h，然后在干燥器内冷却至室温，称量每个试样，精确至 1mg。将试样浸入温度为 23℃±0.5℃的蒸馏水中，浸泡 24h±0.5h 后，将试样从水中取出，用清洁的布或滤纸除去表面的水分，1min 内再次称量每个试样，精确至 1mg。

绝对吸水量为

$$m_a=m_2-m_1 \tag{8-3}$$

式中　m_a——试样的绝对吸水量，g；

m_1——试样浸水前的质量，g；

m_2——试样浸水后的质量，g。

相对于试样质量的吸水率计算公式为

$$m_w=\frac{m_2-m_1}{m_1} \tag{8-4}$$

式中　m_w——试样的吸水率，%；

m_1——试样浸水前的质量，g；

m_2——试样浸水后的质量，g。

单位表面积吸水量计算公式为

$$m_s=\frac{m_a}{S} \tag{8-5}$$

式中　m_s——试样单位表面积吸水量，g/cm^2；

m_a——试样的绝对吸水量，g；

S——试样的表面积，cm^2。

3. 树脂含量

树脂含量是指复合材料中树脂所占的质量百分比，树脂含量的测定有助于进行复合材料质量控制及开展相关性能评价。

试验标准：参照 GB/T 2577—2005《玻璃纤维增强塑料树脂含量试验方法》。

试样用蘸有溶剂（对试样不起腐蚀作用）的软布擦净进行预处理，在干燥器内至少放置 24h，然后在 80℃下干燥 2h，放入干燥器内冷却至室温后称量材料的质量。在 625℃±20℃的马弗炉内加热坩埚 10～20min，然后放在干燥器中，冷却至室温，称量坩埚质量，精确至 0.1mg。如此重复操作直至连续两次称量结果相差不超过 1mg。把预处理的试样置于坩埚内，称量，精确至 0.1mg。将盛有试样的坩埚放入马弗炉中，升温至 350～400℃；恒温 30min，再升至 625℃±20℃或所选择的温度，恒温，直到全部碳消失为止。把带有残余物的坩埚从马弗炉中取出，放入干燥器中，冷却至室温，称量烘后质量，精确到 0.1mg。重复灼烧、恒温、冷却、称量，直至连续两次称量结果相差不超过 1mg 为止。

树脂含量按下式计算

$$M_r = \frac{m_2 - m_3}{m_1 - m_3} \times 100 \tag{8-6}$$

式中　M_r——树脂含量，%；

m_2——坩埚和试样总质量，g；

m_3——灼烧后坩埚和残余物总质量，g；

m_1——坩埚质量，g。

4. 氧指数

氧指数（OI）是指在规定的条件下，材料在氧氮混合气流中进行有焰燃烧所需的最低氧浓度。以氧所占的体积百分数的数值来表示。氧指数的测定可以评价材料的阻燃性，氧指数高表示材料不易燃烧，氧指数低表示材料容易燃烧，氧指数越高表明阻燃性能越好。

试验标准：试验参照 GB/T 8924—2005《纤维增强塑料燃烧性能试验方法》。

试验采用氧指数仪进行。首先根据经验或试样在空气中点燃的情况，估计开始试验时的氧浓度。如在空气中迅速燃烧，则开始试验时的氧浓度为 18%左右；在空气中缓慢燃烧或时断时续，则为 21%左右；在空气中离开点火源即灭，则至少为 25%以上。

将试样夹在夹具上，垂直地安装在燃烧筒的中心位置上，保证试样顶端低于燃烧筒顶端至少 100mm，试样暴露部分最低处应高于燃烧筒底部至少 100mm。

使火焰的最低可见部分接触试样顶端并覆盖整个顶表面，勿使火焰碰到试样的棱边和侧表面。在确认试样顶端全部着火后，立即移去点火器，开始计时。点燃试样时，火焰作用时间最长为 30s，若在 30s 内不能点燃，则应增大氧浓度，继续点燃，直至 30s 内点燃为止。

反复进行下面（1）和（2）的操作，测得 3 次试样燃烧时间为 3min 以上的最低氧浓度，即（1）的氧浓度值，但（1）和（2）所得的氧浓度之差应小于 0.5%。

（1）试样燃烧时间大于 3min，则降低氧浓度。

（2）试样燃烧时间小于 3min，则增加氧浓度。

氧指数 OI 计算为

$$OI = (O_2)/[(O_2)+(N_2)]\times 100 \tag{8-7}$$

式中 OI ——氧指数，用体积分数表示，%；

(O_2) ——氧气的流量，L/min；

(N_2) ——氮气的流量，L/min。

5. 巴氏硬度

巴氏硬度是一种压痕硬度，以特定压头在标准荷载弹簧的压力作用下压入试样，以压入的深浅来表征试样的硬度，巴氏硬度大小可反映复合材料固化程度，硬度值偏低说明材料的树脂固化程度不佳，达不到使用要求。巴氏硬度检测属于非破坏性试验，对质量控制有重要意义，因此它被广泛应用于复合材料检测。

试验标准：试验参照 GB/T 3854—2005《增强塑料巴柯尔硬度试验方法》。

硬度大于或等于 60 时，需测试 10 次；硬度小于 60 时，测试次数由表 8-1 查取。

表 8-1　推荐的巴氏硬度测试次数

巴氏硬度	最少测定次数
30	29
40	22
50	16
60	10
70	5

计算：

（1）单个测试值：X_1，X_2，X_3，…，X_n。

（2）一组测试值的算术平均值 $\bar{X}$ 按式（8-8）计算，修约到整数。

$$\bar{X}=\frac{\sum_{i=1}^{n}x_i}{n} \tag{8-8}$$

式中　$\bar{X}$ ——一组测试值的算术平均值；

x_i ——单个测试值；

n ——测试次数。

8.1.2　力学性能

力学性能是材料性能评价体系中的重要指标之一，是产品设计参数及应用的主要依据。材料力学性能评价主要有拉伸性能、弯曲性能、压缩性能、剪切性能等。

1. 拉伸性能

对试样匀速施加拉伸荷载，直到试样断裂或者达到预定的伸长，在整个过程中测量施加在试样上的荷载和试样的伸长，以测定拉伸应力、拉伸弹性模量、泊松比、断裂伸长率等。

对于板材试样，参照 GB/T 1447—2005《纤维增强塑料拉伸性能试验方法》，如图 8-1、图 8-2、表 8-2 所示。

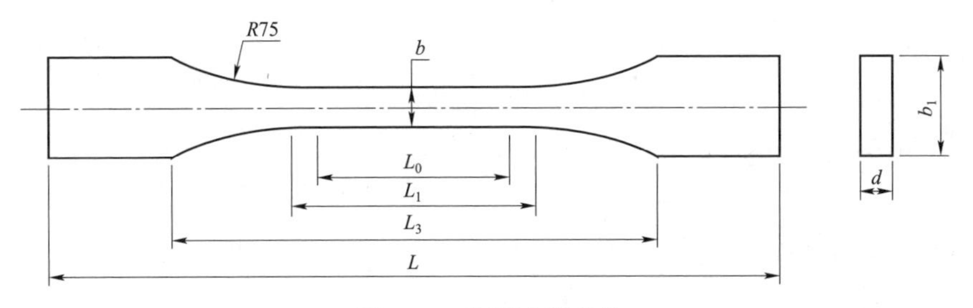

图 8-1　Ⅰ型试样型式

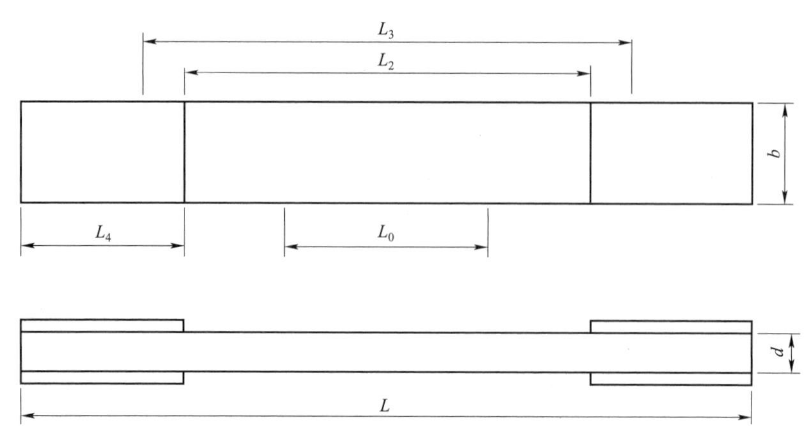

图 8-2　Ⅱ型试样型式

表 8-2　　试 样 尺 寸 表　　（单位：mm）

符号	名称	Ⅰ型	Ⅱ型
L	总长（最小）	180	250
L_0	标距	50±0.5	100±0.5
L_1	中间平行段长度	55±0.5	—
L_2	端部加强片间距离	—	150±5
L_3	夹具间距离	115±5	170±5
L_4	端部加强片长度（最小）	—	50
b	中间平行段宽度	10±0.2	25±0.5
b_1	端头宽度	20±0.5	—
d[a]	厚度	2～10	2～10

a　厚度小于 2mm 的试样可参照本标准执行。

拉伸强度计算公式为

$$\sigma=\frac{F}{bd} \tag{8-9}$$

式中　σ——拉伸强度，MPa；

F——屈服荷载、破坏荷载或最大荷载，N；

b——试样宽度，mm；

d——试样厚度，mm。

对于棒材试样，参照 GB/T 13096—2008《纤维增强塑料杆力学性能试验方法》。

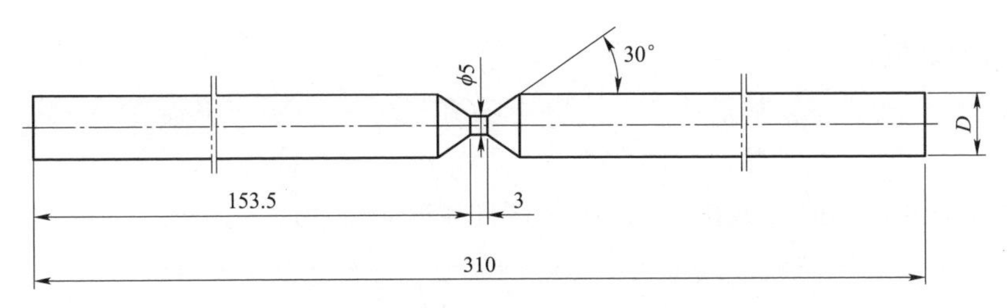

图 8−3　V 形切口拉伸试样型式

D—试样直径

拉伸强度计算公式为

$$\sigma = \frac{4P_b}{\pi \times D^2} \tag{8-10}$$

式中　σ——拉伸强度，MPa；

P_b——试样破坏时的最大荷载，N；

D——试样工作段直径，mm。

2. 弯曲性能

采用无约束支撑，通过三点弯曲，以恒定的加载速率使试样破坏或达到预定的挠度值。在整个过程中，测量施加在试样上的荷载和试样的挠度，确定弯曲强度，弯曲弹性模量等。

对于板材试样，参照 GB/T 1449—2005《纤维增强塑料弯曲性能试验方法》。

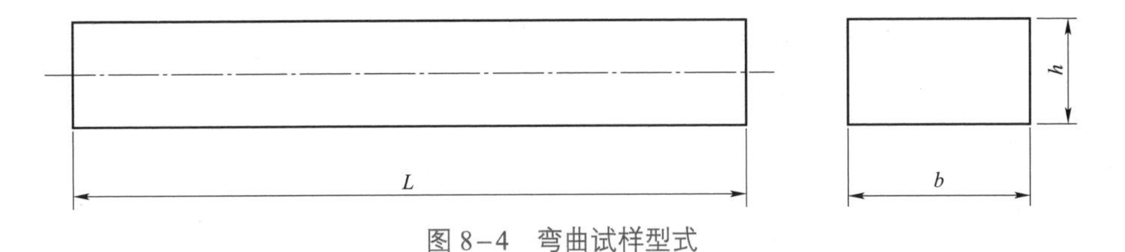

图 8−4　弯曲试样型式

表 8−3　试样尺寸表　（单位：mm）

厚度	纤维增强热塑性塑料宽度（b）	纤维增强热固性塑料宽度（b）	最小长度（L_{min}）
$1<h\leqslant3$	25 ± 0.5	15 ± 0.5	$20h$
$3<h\leqslant5$	10 ± 0.5	15 ± 0.5	
$5<h\leqslant10$	15 ± 0.5	15 ± 0.5	
$10<h\leqslant20$	20 ± 0.5	30 ± 0.5	
$20<h\leqslant35$	35 ± 0.5	50 ± 0.5	
$35<h\leqslant50$	50 ± 0.5	80 ± 0.5	

弯曲强度计算公式为

$$\sigma=\frac{3Pl}{2bh^2} \tag{8-11}$$

式中 σ——弯曲强度或挠度为1.5倍试样厚度时弯曲应力，MPa；

P——破坏荷载（或最大荷载，或挠度为1.5倍试样厚度时荷载），N；

l——跨距，mm；

b——试样宽度，mm；

h——试样厚度，mm。

对于棒材试样，参照GB/T 13096—2008《纤维增强塑料杆力学性能试验方法》，如图8-5所示。

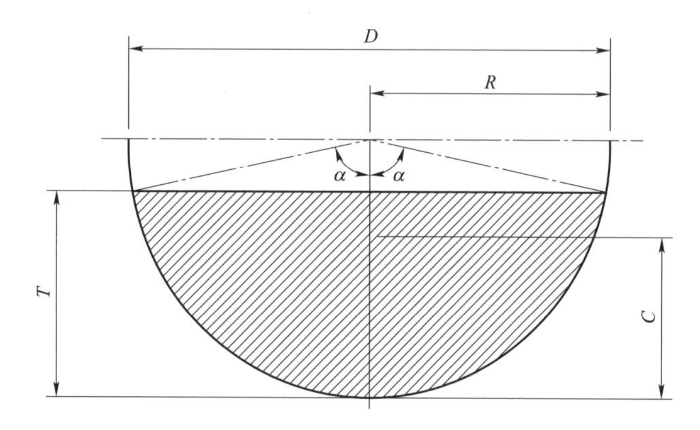

图8-5 弯曲试样型式

D—试样直径；R—试样半径；T—试样高度；C—试样形心到低端的距离；

α—弓形截面的半圆心角 $\left(\frac{\pi}{4}<\alpha<\frac{\pi}{2}\right)$

弯曲强度计算公式为

$$\sigma=\frac{PlC}{4I} \tag{8-12}$$

$$C=0.3R\alpha^2(1-0.097\,6\alpha^2+0.002\,8\alpha^4) \tag{8-13}$$

$$I=0.001\,143R^4\alpha^7(1-0.349\,1\alpha^2+0.045\alpha^4) \tag{8-14}$$

$$\alpha=2\arcsin\sqrt{T/D} \tag{8-15}$$

式中 σ——试样跨距中点底部的最大应力，MPa；

P——荷载-挠度曲线上任意点的荷载，N；

L——跨距，mm；

C——试样形心到底端的距离，mm；

I——惯性矩，mm^4；

R——试样的初始半径，mm；

α——弓形截面的半圆心角的弧度；

T——试样高度，mm；

D——试样直径，mm。

3. 压缩性能

以恒定速率对试样进行压缩，使试样破坏或者高度减小到预定值。整个过程中，测量施加在试样上的荷载和试样高度或应变，测定压缩应力和压缩模量等。

试验参照 GB/T 1448—2005《纤维增强塑料压缩性能试验方法》，如图 8-6、表 8-4 所示。

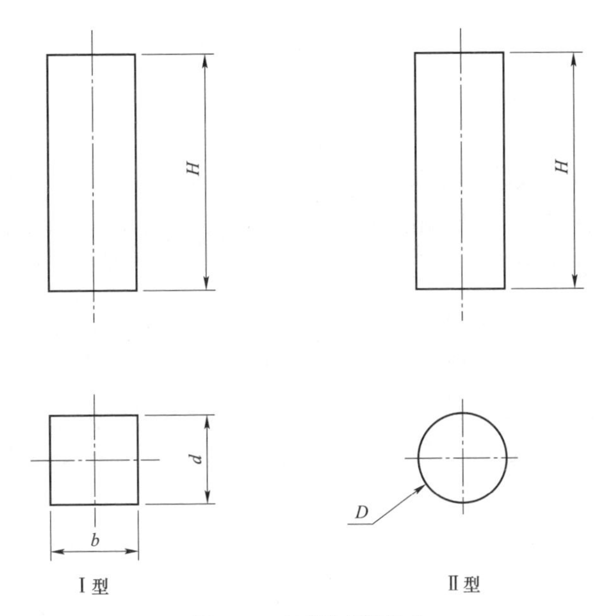

图 8-6　压缩试样型式

表 8-4　试样尺寸表　（单位：mm）

尺寸符号	Ⅰ型		尺寸符号	Ⅱ型	
	一般试样	仲裁试样		一般试样	仲裁试样
宽度 b	10～14	10±0.2	—	—	—
厚度 d	4～14	10±0.2	直径 D	4～16	10±0.2

续表

尺寸符号	Ⅰ型		尺寸符号	Ⅱ型	
	一般试样	仲裁试样		一般试样	仲裁试样
高度 H	$\frac{\lambda}{3.46}d$	30±0.5	高度 H	$\frac{\lambda}{4}D$	25±0.5

注 （1）Ⅰ型试样厚度 d 小于10mm 时，宽度 b 取（10±0.2）mm；试样厚度 d 大于10mm 时，宽度 b 取厚度尺寸。

（2）测定压缩强度时，λ 取10。若试验过程中有失稳现象，λ 取6。

（3）测定压缩弹性模量时，λ 取15或根据测量变形的仪表确定。

压缩强度计算公式为

$$\sigma = \frac{P}{F} \tag{8-16}$$

Ⅰ型试样 $F = bd$

Ⅱ型试样 $F = \frac{\pi}{4}D^2$

式中 σ——压缩强度，MPa；

P——屈服荷载、破坏荷载或最大荷载，N；

F——试样横截面积，mm^2；

b——试样宽度，mm；

d——试样厚度，mm；

D——试样直径，mm。

4. 剪切性能

对试样进行匀速加载，荷载方向与试样剪切面方向一致，使其在规定的受剪面内剪切破坏。

对于板材试样，参照 GB/T 1450.1—2005《纤维增强塑料层间剪切强度试验方法》。

剪切强度计算公式为

$$\tau = \frac{P}{bh} \tag{8-17}$$

式中 τ——剪切强度，MPa；

P——破坏荷载或最大荷载，N；

b——试样受剪面宽度，mm；

h——试样受剪面高度，mm。

对于棒材试样，参照 GB/T 13096—2008《纤维增强塑料杆力学性能试验方法》。

剪切强度计算公式为

$$\tau = \frac{P}{DH} \tag{8-18}$$

式中　τ——剪切强度，MPa；

　　P——破坏荷载或最大荷载，N；

　　D——试样直径，mm；

　　H——受剪面高度，mm。

8.1.3　电气性能

1. 体积电阻率及表面电阻率

电阻率是用来表示各种物质电阻特性的物理量，某种材料制成的长为 1m、横截面积为 $1m^2$ 的导体的电阻，在数值上等于这种材料的电阻率。它反映物质对电流阻碍作用的属性。电阻率是直接反映导体导电性能好坏的物理量。电阻率小，导电性能好；电阻率大，导电性能差。在电力系统中，常用体积电阻率及表面电阻率表征材料电阻特性。

试验标准：

（1）表面电阻率：参照 GB/T 31838.3—2019《固体绝缘材料　介电和电阻特性　第 3 部分：电阻特性（DC 方法）表面电阻和表面电阻率》。

（2）体积电阻率：参照 GB/T 31838.2—2019《固体绝缘材料　介电和电阻特性　第 2 部分：电阻特性（DC 方法）体积电阻和体积电阻率》。

测量材料体积电阻率与表面电阻率的原理图如图 8-7 所示。

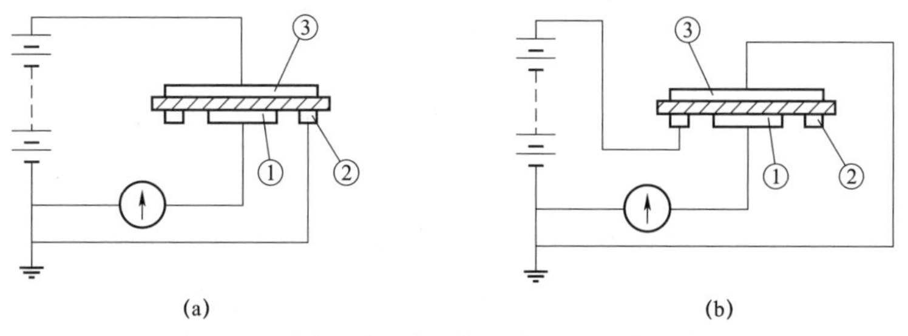

图 8-7　使用保护电极测量体积电阻率和表面电阻率的基本线路

（a）测量体积电阻率线路；

①—被保护电极；②—保护电极；③—不保护电极

（b）测量表面电阻率线路

①—被保护电极；②—不保护电极；③—保护电极

体积电阻率按下式计算

$$\rho_{\mathrm{v}} = R_{\mathrm{X}} \frac{A}{h} \tag{8-19}$$

式中 ρ_{v}——体积电阻率，Ω·m；

R_{X}——测得的体积电阻，Ω；

A——被保护电极的有效面积，m^2；

h——试样的平均厚度，m。

表面电阻率应按下式计算

$$\rho_{\mathrm{s}} = R_{\mathrm{x}} \frac{P}{g} \tag{8-20}$$

式中 ρ_{s}——表面电阻率，Ω；

R_{x}——测得的表面电阻，Ω；

P——特定使用电极装置中被保护电极的有效周长，m；

g——两电极之间的距离，m。

2. 介质损耗因数

绝缘材料在电场作用下，由于介质电导和介质极化的滞后效应，在其内部引起能量损耗，也叫介质损失。介质损耗因数是衡量介质损耗程度的参数。

$$\text{介质损耗因数}(\tan\delta) = \frac{\text{被测试品的有功功率}P}{\text{被测试品的无功功率}Q} \times 100\% \tag{8-21}$$

试验标准：参照 GB/T 1409—2006《测量电气绝缘材料在工频、音频、高频（包括米波波长在内）下电容率和介质损耗因数的推荐方法》。

3. 染料渗透

染料渗透可以测定复合材料是否存在贯穿间隙，防止因内部间隙的存在形成电气贯穿通道。

试验标准：参照 GB/T 20142—2006《标称电压高于 1000V 的交流架空线路用线路柱式复合绝缘子——定义、试验方法及接收准则》。

在流动的冷水下，从复合材料试样上与轴线成 90° 的方向锯取 10 只样品，样品长度为 10mm±0.5mm，切面应用 180 目细砂布打磨光滑，两端切面应整洁且平行。

将试品沿纤维束的轴向放入培养皿内。底部放有一层相同直径的钢珠或玻璃珠（球径 1～2mm），将染色液倒入容器，染色液为含 1%红色或紫罗兰色次甲基染料的酒精溶液，其液面应比球顶高出 2～3mm，因毛细作用，染料从材料底面穿过试样上升，测量染料贯通试样的时间。

4. 耐漏电起痕和耐电蚀损性

固体绝缘材料表面在电场和电解液的联合作用下逐渐形成导电通路的过程，称为漏电起痕和电蚀损性。而绝缘材料表面抗漏电起痕及和电蚀损的能力，称为耐漏电起痕和电蚀损性。试验主要是模拟绝缘材料表面沉积的导电物质是否引起绝缘材料表面爬电、击穿短路和起火危险。

试验标准：参照 GB/T 6553—2014《评定在严酷环境条件下使用的电气绝缘材料耐电痕化和蚀损的试验方法》。

试样与水平面成 45° 角，两电极之间相距 50mm±0.5mm，如图 8－8 所示。

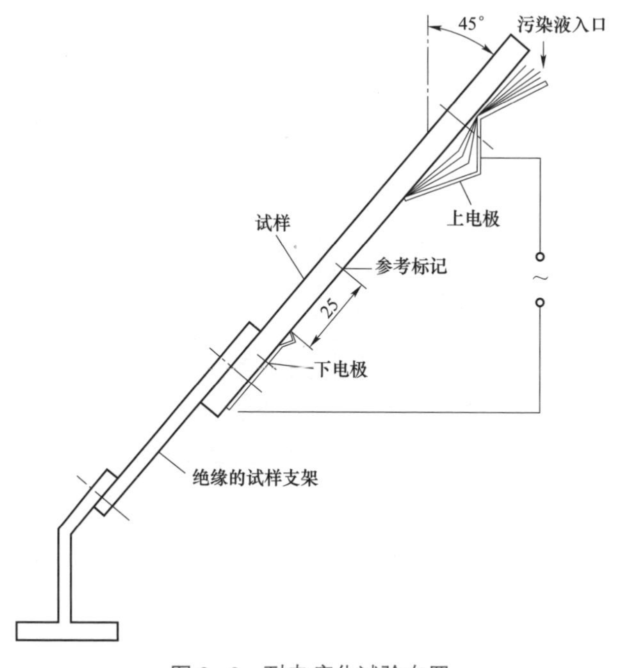

图 8－8　耐电痕化试验布置

采用恒定电痕化电压法。电源频率为 48～62Hz，输出电压可调到约 6kV，并稳定在±5%，对于每个试样的额定电流应不小于 0.1A。优先采用的试验电压为 2.5、3.5kV 和 4.5kV。

5. 水扩散

水扩散试验可用以检测复合材料耐水解能力以及内部隐蔽性缺陷，是材料电气性能试验的重要组成部分。

试验标准：GB/T 20142—2006《标称电压高于 1000V 的交流架空线路用线路柱式复合绝缘子——定义、试验方法及接收准则》。

在流动的冷水下，从复合材料型材上与轴线成 90° 的方向锯取 10 只样品，样品长度为 30mm±0.5mm，切面应用 180 目细砂布打磨光滑，两端切面应整洁且平行。

试品表面在煮沸前应用乙醇和滤纸擦洗干净，然后将其置于含有 0.1%（重量）NaCl 的去离子水的玻璃容器内沸腾 100h±0.5h，如图 8-9 所示。煮沸后，从玻璃容器中取出试样，并置于盛有自来水的玻璃容器中，在室温下放置至少 15min，试样自煮沸容器内取出 3h 内完成耐压试验。

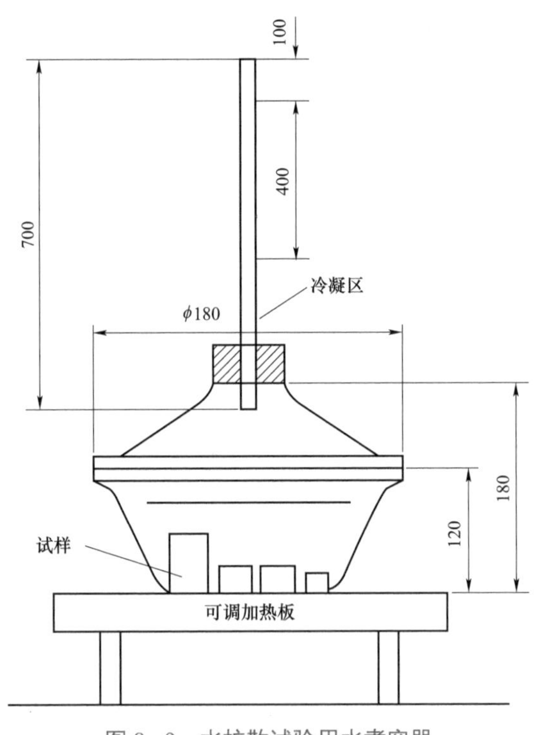

图 8-9　水扩散试验用水煮容器

将从玻璃容器中取出的试样用滤纸将其表面擦干，然后按图 8-10 所示，将试样置于两电极间，试验电压按大约 1kV/s 速率升到 12kV，在此电压下维持 1min，然后卸除电压到零。

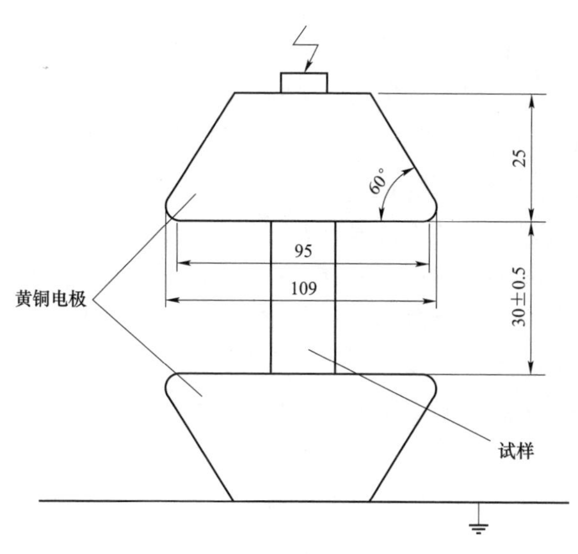

图 8-10　耐压试验用电极

6. 击穿强度

材料在电场作用下，避免被破坏（击穿）所能承受最高的电场强度。

试验标准：GB/T 1408.1—2016《绝缘材料电气强度试验方法　第 1 部分：工频下试验》，GB/T 1408.2—2016《绝缘材料电气强度试验方法　第 2 部分：对应用直流电压试验的附加要求》。

从复合材料型材上与轴线成 90° 的方向锯取 10 只样品，样品长度为 10mm±0.5mm，切面应用 180 目细砂布打磨光滑，两端的切面应是整洁且平行。交流和直流击穿强度试验样品各 5 只。

将试样放入平行平板电极间，为防止试样沿面闪络，试验应在变压器油中进行。

8.1.4　耐老化性能

复合材料在自然环境下，性能会受到许多环境因子（如紫外辐射、氧、臭氧、水、温度、湿度、化学介质、微生物等）的影响，这些环境因子通过不同的机制作用于复合材料，导致其性能下降、状态改变，直至损坏变质，通常称之为腐蚀或老化。自然环境下，复合材料电力设备在长期经受自然环境下各种因素的侵蚀和破坏下，尤其是大气环境下的紫外线照射、高湿气、高低温交替、电化学腐蚀、雨水和酸碱盐等条件的侵蚀老化，并且随着时间的增加，老化程度持续增加，其物理性能、力学性能及电气性能等方面会发生弱化。因此复合材料电力设备的使用必须经过全面的耐老化性能评估才能保证运行的稳定性、安全性。

在环境作用下的老化性能评估上，目前国内外主要有两种方式：自然老化和人工加速老化。自然老化因存在试验周期长、试验件易受非试验因素要求的外界环境影响，难以满足技术快速发展的要求。目前，在材料老化性能研究上主要采用人工加速老化，研究内容可归结为单一外界条件影响的单因子老化（紫外老化、氙灯老化、湿热老化、高低温老化及盐雾老化等）和多种外界条件叠加影响的多因子老化。

单一外界条件影响的单因子老化评估方法在诸多书籍及文献中均有大量、详尽的介绍，本文主要结合复合材料在电力系统的运行环境特性，选取更加全面、科学的评价方法——多种外界条件叠加影响的多因子老化来进行电力用复合材料性能评估。

影响电力用复合材料的老化因素见表 8–5。

表 8–5　　复合材料的老化因素和老化特征

老化因子	表现形式	老化特征
热老化	连续	画法、枯缩、化学变质、机械强度降低、散热性能变差
	冷热循环	离层、龟裂、变形
电老化	运行电压	局部放电腐蚀、表面漏电灼痕
	冲击电压	树枝状放电
机械振动老化	振动	磨损
	冲击	离层、龟裂
	弯曲	离层、龟裂
环境老化	紫外辐射	龟裂、泄漏电流增大，形成表面漏电通道和炭化灼痕
	盐雾侵蚀	
	吸湿	
	凝露	
	浸水	
	导电物质污损	
	油、药品污损	侵蚀和化学变质

1. 紫外老化

由于紫外光波长短、能量高，因而对高聚物有强烈的破坏作用。高分子吸收紫外光能量后，光子处于激发状态，这种激发态分子能产生光物理和光化学反应。在氧气和臭氧的存在下，光化学反应引发高分子的氧化降解反应，称为光氧化反应。光氧化反应是高聚物大气老化的主要因素。

含有双键的高分子能吸收紫外光，容易被激发而引起光氧化反应。某些高聚物，如仅含单键的“纯粹”高分子，聚甲基丙烯酸甲酯和氟塑料则几乎不吸收紫外光，所以不易被激发，具有较好的光稳定性。但仅含单键的“纯粹”高分子是不存在的，任何高聚物都不可避免地含有一些杂质，包括催化剂残渣、各种添加剂以及由于聚合和加工时的热氧化作用而产生的过氧化物、羰基化合物等氧化产物。这些杂质吸收紫外光后，能引发高分子的光氧化反应。因此，这些杂质的存在使得理应对光比较稳定的聚乙烯、聚丙烯等高聚物也变得十分不耐光了。高分子材料在受到光和氧作用时，会发生弗利斯重排反应和光氧化反应，在紫外光有氧条件下，高分子材料的光氧老化机理以光氧化降解反应为主。

因紫外线能量高，其能量能直接传递给化学键中的电子，因此复合材料高分子链会发生断键。复合材料表面经过长时间紫外光辐射后会出现大量微小裂纹，随着老化时间的延长，其吸收的光能被用于使树脂表面的裂纹积聚和向树脂内部扩展，若裂纹沿着树脂与基体的界面扩展，材料界面黏合性明显下降，若裂纹垂直于试样表面，则能量容易集中在裂纹尖端，使玻璃纤维被冲断，结构失效。

2. 湿热老化

高温下的水汽对复合材料具有一定的渗透能力，尤其是在热的作用下，这种水汽渗透能力更强，能够渗透到材料体系内部并产生缺陷，导致材料性能下降。

在湿热老化条件下，造成复合材料性能降低的原因有三方面：一是水分子沿着基体的裂纹、缺陷或是两者间的界面空隙逐步渗透到材料体系内部使大分子间的作用力降低，水分子进一步积聚形成水泡；二是水分子渗入基体树脂导致基体分子链断裂，从而引起基体发生化学降解、摩尔质量下降；三是水分子的渗入降低了树脂基体与玻璃纤维界面的黏接强度，导致界面脱黏。同时，在水分子进入材料空隙后，由于材料的结构变化还会产生新的空隙，这会加速界面的破坏，界面产生的破坏是不可逆的。

湿热老化包括两个基本的老化行为，即在热作用下的行为和在水作用下的行为。热和水两个因素综合作用的结果，构成了整个长玻璃纤维增强复合材料的湿热老化过程。湿、热两种作用对复合材料结构有促进和抵消两种效果，使复合材料性能变化较单纯热或湿作用更为复杂。为提高复合材料的湿热老化性能，行之有效的方法是对纤维表面进行特殊涂覆，使其在玻璃纤维与基体界面产生良好的黏结。由于玻璃纤维表面涂层使树脂基体与玻璃纤维表面产生的化学键合和物理缠绕大大增强了两者间的黏结强度，减少了界面缺陷，从而减缓了水分子通过界面渗入对复合材料的破坏。

3. 热氧老化

热氧老化是聚合物老化的主要形式之一，聚合物的热氧老化是热和氧综合作用的结果，热加速了聚合物的氧化，而氧化物的分解导致了主链断裂的自动氧化过程。在热和氧的共同作用下，聚合物中容易发生自动催化氧化反应，产生大量的自由基和氢过氧化物，继而发生降解、交联反应，聚合物性能变差。影响聚合物热氧老化的结构因素主要包括聚合物的饱和程度、支化结构、取代基和交联键、结晶度、金属离子等。热老化试验是一种耐热老化性能的人工加速老化试验方法。

热氧老化的老化机理主要是游离基的反应过程。随着环境温度的升高，复合材料会先发生后固化反应，然后复合材料中的化学键吸收热能而被打开，又因为其周围环境中有氧存在，树脂基体便会发生自动氧化催化反应：首先是热起到活化作用，由热能引发化学键的断裂生成游离基，然后发生氧化反应。一旦引发反应发生，游离基链式反应便会迅速进行直到游离基浓度达到一定程度，且游离基之间反应生成稳定物而导致反应终止。在热氧老化过程中，复合材料的物理力学性能将发生明显变化。

4. 化学腐蚀老化

聚合物基复合材料在化学介质（酸、碱、盐、有机化学溶剂等）环境中使用，性能也会受到显著影响。化学介质对复合材料的作用除向材料内部扩散、渗透引起聚合物基体溶胀增塑外，还主要体现在与复合材料各组分发生化学反应导致材料结构、性能的破坏。目前研究复合材料化学侵蚀的加速试验方法主要有盐雾老化、酸雾老化、海水浸泡、碱液腐蚀等。

化学介质对聚合物基体有两种作用方式：化学介质扩散或经吸收而进入树脂基体内部，导致树脂基体性能改变，称为物理腐蚀；化学介质与树脂基体发生化学反应，如降解或生新的化合物等，从而改变树脂基体原来的性质，称为化学腐蚀。化学介质受基体表面微裂纹的吸附作用，经扩散和渗透进入复合材料内部，使基体溶胀，导致界面承受横向的拉应力，使界面结合力降低，影响复合材料性能这一过程主要是物理腐蚀。化学介质对基体的化学腐蚀包括氧化腐蚀、水解腐蚀，此外还有侧基的取代、卤化等。强氧化性化学介质（如浓硫酸、硝酸等）可与高聚物基体直接发生化学反应，使其发生氧化分解，造成大分子链断链。在酸或碱等化学介质的催化作用下，聚合物基体中的酯基可发生如下水解反应，水解反应使基体分子量显著下降，C–X 键发生溶解分解，聚合物基体大分子主链断裂，基体结构破坏。

5. 盐雾腐蚀老化

盐雾老化主要是模拟海边大气中的盐雾及其他因素对材料的老化，其主要因素是盐雾浓度、温度和相对湿度等，盐雾导致应力腐蚀、脱胶、光学性能降低。英美等一些西方国家一直非常重视盐雾老化的研究，并已经在多功能循环腐蚀试验的 CCT 试验箱中，采用盐雾试验和湿热试验等相结合的方法进行材料研究。

盐雾老化腐蚀对复合材料的影响离不开水分子对复合材料的影响。复合材料在盐雾环境中发生的化学变化主要可能有两种情况：水分子的存在导致的水解反应以及接触受温度及空气的原因引起的氧化反应及后固化反应。

6. 人工加速老化试验–多因子循环过程设计

人工加速老化–多因子循环模拟电力用复合材料在电力系统真实运行环境，实现淋雨（约 1.2L/h）、喷酸碱盐雾（7kg/m^3）、高温（50℃）、高湿（95%）、低温（–30℃）、紫外光照（波长 310nm，光能 0.26W/m^2）及额定电压（10kV）多因素同时作用，实现材料老化性能评估，同时叠加电动机拉动的曲柄连杆做 0.6Hz 低频摆动，在预先植入光纤的电力构件中实现模拟振动情况，通过光纤监测应力–应变来评估构件老化。多因子老化循环过程设计见表 8–6，试验周期可为 1000、2000、3000h 和 4000h 等，也可采用更长周期。整个多因子老化系统的基本构成如图 8–11 所示。

表 8–6　多因子老化循环过程设计

加湿 RH=95%			■					■				
高温 50℃		■	■				■	■				■
低温 –30℃					■					■		
淋雨	■											
盐雾 7kg/m^3				■	■				■	■		
紫外光照	■	■	■				■	■	■			
0.6Hz 振动			■	■					■	■		
10kV 电压	■	■	■	■	■	■	■	■	■	■	■	■
时间/小时	2	2	2	2	2	2	2	2	2	2	2	2

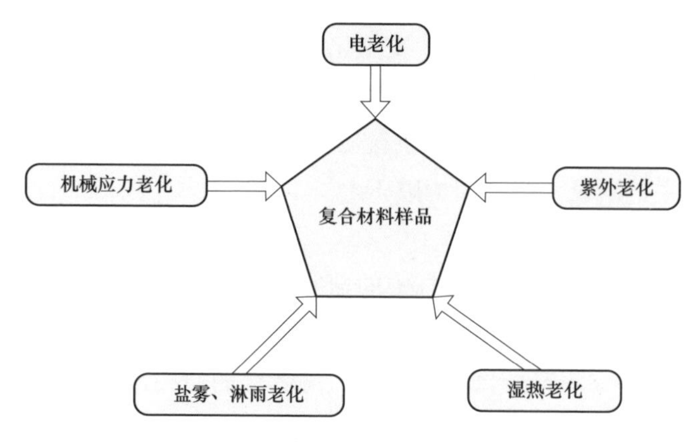

图 8-11　多因子老化系统简易图

以 10kV 复合材料杆塔及横担成套设备老化性能评估为例，杆塔及横担所用材料性能老化评估通过本体取样，按照 GB/T 1449 标准要求的试样尺寸，以自由悬挂方式置于多因子老化箱进行老化试验（见图 8-12）。复合材料杆塔及横担构件通过有限元分析软件 ANSYS 仿真计算杆塔及横担的受力情况，确定杆塔及横担受力应变较大的部位以植入光纤光栅，施加载荷并确定约束条件，模型如图 8-13 所示。

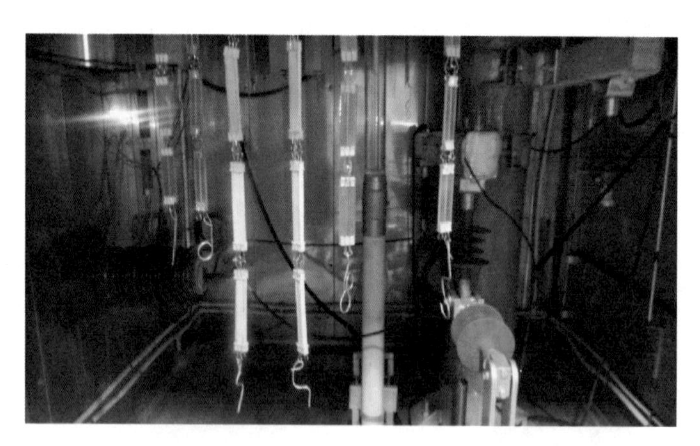

图 8-12　复合材料老化试样

7. 老化性能评价

（1）力学性能。弯曲模量 E（Bending Modulus）又称挠曲模量，即弯曲应力与弯曲所产生形变的比值，体现材料在弹性极限内抵抗弯曲变形的能力，是材料老化后进行力学性能评价的重要表征之一。弯曲模量越大，表示材料在弹性极限内抵抗弯曲变形能力相对性越小。

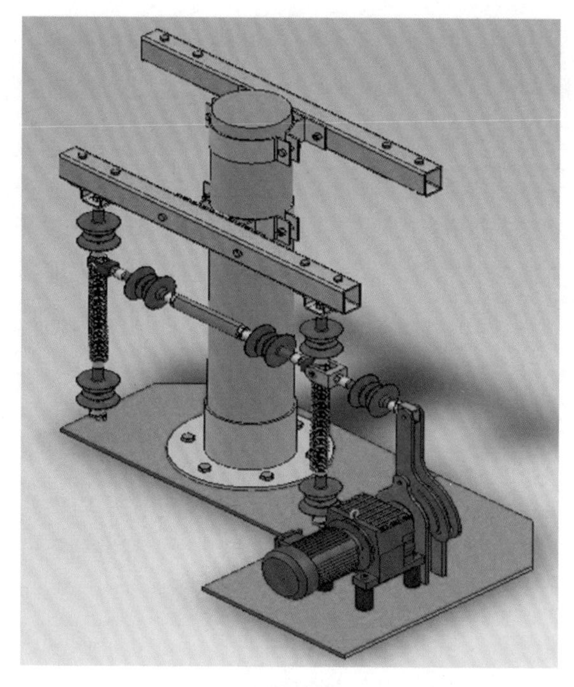

图 8－13　复合材料杆塔及横担试验模型图

湿度、温度、淋雨、酸碱、盐雾及光照等环境都可能会引起复合材料强度的退化。水通过树脂基体（扩散）、复合材料中的裂纹和孔洞进入复合材料，树脂吸湿后会引起体积膨胀、玻璃化转变温度 T_g 下降、热膨胀系数提高，从而导致性能下降。紫外光照射对样品的影响主要是光化学反应对样品的降解作用。除了水、温度、光照环境外，化学介质（盐雾）对复合材料的作用要复杂且强烈得多，表现为使复合材料性能发生变化的程度高、速度快，化学介质除了向复合材料内部渗透、扩散，使基体溶胀外，还与其发生化学反应，引起其主价键破坏、裂解等，此时复合材料中的被溶物、降解及氧化产物也从复合材料向介质析出、流失，化学介质对复合材料的腐蚀除了引起其性能降低外，还会引起其外观和状态变化，例如失去光泽、变色、起泡、裂纹等。

从分子结构的角度来说，高聚物之所以具有抵抗外力破坏的能力，主要靠分子内的化学键合力和分子间的范德华力和氢键。多因子老化会破坏分子间的范德华力和氢键，导致材料在较小应力下产生较大的应变，因此其模量下降。还有多因子老化环境对纤维/基体间界面的影响，纤维/基体间界面是增强纤维和基体相连接的“纽带”，也是应力及其他信息传递的桥梁，其最主要的功能是将作用在基体上的应力传递给纤维，而由于各种因素的综合影响，会使得这种传递及协同作用发生失效，从而会使得复合材料发生模量降低。因此，模量保留率的大小能反应复合材料老化的程度。

在实际工程应用中，材料模量随时间的延长衰减不能太快，即模量保留率值下降幅度不能太大，要求在一定要求值内且变化越小越好。

根据 GB/T 3857—2005 的规定计算每组试样在试验条件下，经历不同试验周期后，样品弯曲模量保留率为 R。假设经历时间 t，每组样品平均模量值为 $\overline{X_i}$，而每组样品初始模量标准值为 $\overline{X_0}$，则经历该段试验周期，样品模量保留率计算为

$$R=\frac{\overline{X_i}}{X_0} \tag{8-22}$$

（2）电气性能。作为电力用复合材料，材料老化后电气性能是否满足要求是重要指标。经历不同试验周期后，根据本章第 3 部分进行电气性能老化测试评估。

（3）微观性能分析。除了一些宏观性能表征之外，微观性能表征对研究复合材料的老化破坏情况有着极其重要的意义。

扫描电子显微镜（scan electron microscope，SEM）对于复合材料来说是一种有效分析其微观形态的方法，它是研究复合材料界面变化的一种重要分析手段。SEM 是一种介于透射电子显微镜和光学显微镜之间的一种观察手段，其利用聚焦很窄的高能电子束来扫描样品，通过光束与物质间的相互作用，来激发各种物理信息，对这些信息收集、放大、再成像以达到对物质微观形貌表征的目的。扫描电子显微镜的分辨率可以达到 1nm，放大倍数可以达到 30 万倍及以上连续可调，并且景深大、视野大、成像立体效果好，所以可以根据 SEM 图像来观察试样界面的变化。在复合材料的老化试验中，利用扫描电子显微镜来对试样老化前后做扫描分析，能够清楚地了解老化前后试样的形貌。

热重分析（thermo gravimetric analysis，TG 或 TGA），是指在程序控制温度下测量待测样品的质量与温度变化关系的一种热分析技术，用来研究材料的热稳定性和组分。复合材料热稳定性的因素有化学因素和物理因素：化学因素包括刚性主链结构、主链强度、键断裂机理、交联度、支化度、范德华力、氢键、分子共振稳定性、分子对称性等；物理因素则包括分子质量及其分布、结晶度、分子偶极矩和纯度等。复合材料样品经过综合老化试验，在高低温、潮湿、紫外、淋雨、污秽、高压等因素的共同作用下，其上述化学因素与物理因素会发生变化，影响复合材料耐老化性能。通过对不同老化时期的复合材料样

品进行热重分析，测试样品的热稳定性，间接判断综合老化试验对样品微观化学、物理性质的影响，从而判断电力用复合材料的耐老化性能水平。

8.2　复合材料缺陷无损检测技术

8.2.1　传统无损检测技术

对于产品的检测，很多时候可以机械拆卸进行测试，但考虑到实际时间成本和经济成本，更多时候需要对产品进行非接触的无损检测，即在不改变其物理状态的情况下，利用声、光、热、磁等物质，检测产品内部各种宏观反应或者结构性问题，从而判定产品对应的性能是否合格。例如对于电力设备来说，其质量的稳定性特别重要，一旦出现问题都是直接对大片区域造成影响的，范围巨大，故障缺陷等检测工作就尤为必要，传统的接触式检测经常都是区段拆卸或剖开检测，随着检测次数增加，对于电力设备的结构破坏程度也在增加，很大程度会削减其使用寿命，增大故障隐患，而且给区域生产生活带来的损失影响也会增加，而无损检测不仅能在保持设备正常运转的情况下完成，而且不用破坏其结构完整性，对其多次检测也不会造成损伤，无损检测的价值意义就凸显出来了。为顺应现代工业市场需求，过去几十年传统的无损检测技术得到飞速发展，目前较为成熟的无损检测技术有红外检测、超声检测、X 射线检测和微波检测等技术。

1. 红外线检测技术

红外线是一种波长在 760nm～1mm 的非可见光，其能量与物体本身的温度相关，温度越高，辐射的能量也就越多。红外检测技术是一种基于红外辐射理论的无损检测技术，即任何温度高于绝对零度的物体都会向外发射红外线。将检测目标视作热源，根据目标材料的媒质类别及结构之间的相互作用，对检测目标表面的温度变化进行记录分析并处理获取目标的材质热属性信息及结构性特征，从而实现对检测目标的无损检测。如电力设备运转时由于会有电流，会向外辐射热量，其温度变化能准确反映使用状态，红外检测非常适用，有研究人员就利用红外检测对电力三相套管进行检测，利用主动产生的红外热波传输进三相套管内部，记录反射的热波信息，分析得到套管的最高温度，检测结果如图 8-14 所示。

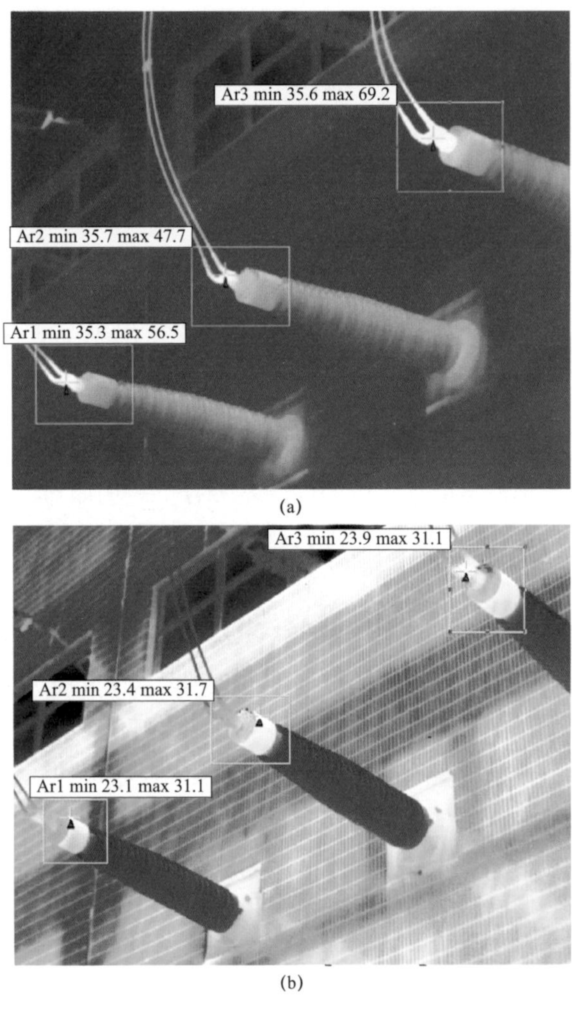

图 8-14　电力三相套管的红外检测

（a）维修前的红外检测结果；（b）维修后的红外复查结果

由性能参数标准及图 8-14（a）的检测结果可知 3 号管最高温度明显偏高，存在老化或者损坏问题，对其进行维修后由图 8-14（b）的复查结果可知套管状态恢复正常。除了暗物质之外，几乎所有物体温度都高于绝对零度，即能够辐射红外线，所以这种检测方式一个明显的优势就是对多种材料都具有较灵敏的反应，尤其是电力等温度变化较明显的设备材料。但是由于需要检测目标的温度能可靠反映其状态信息，在主动式检测中热激励也需要是均匀且能量足够大的，所以总体来说这种方式对于某些极端环境下的检测可靠度较低，适用于普通环境下的无损检测。

2. 超声波检测技术

超声波是频率高于 20kHz 的一种声波，方向性好，反射能力强，声能集中易于探测，超声检测便是利用超声波的传输特性及不同材料结构对于超声波的衰减程度不同，通过发射超声波进入检测目标内部，测定反射或透射的声波，根据声波的变换来推知检测目标内部的结构信息和材料特性，从而达到对材料的无损检测的目的。针对电力设备器件不止是红外检测相关研究，还有研究人员利用超声检测对电力设备中的聚合锂电池进行了检测研究，含有气泡缺陷的锂电池超声检测，在无气泡的部位可以穿透锂电池，透射能量较强，而存在气泡的部位对超声波吸收较大，透射强度弱，检测结果如图 8－15 所示。

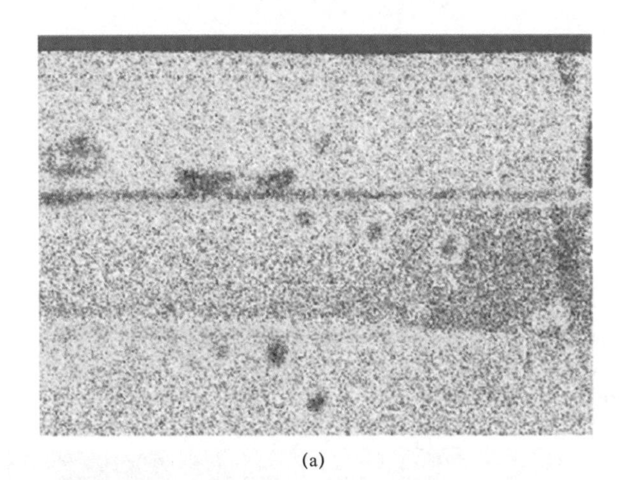

(a)

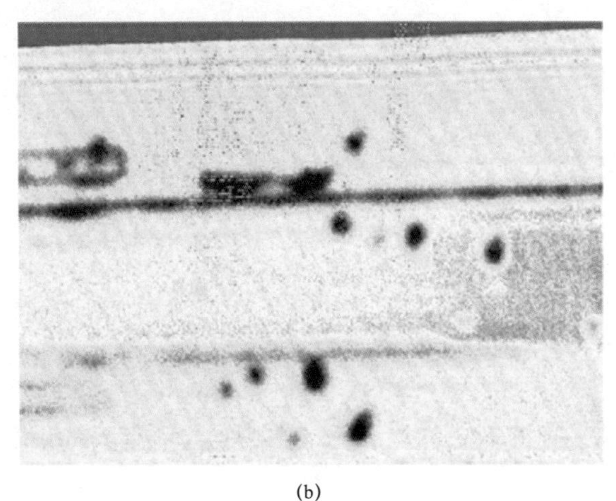

(b)

图 8－15　附带不同大小气泡的锂电池超声检测

（a）原始图；（b）超声检测图

可以看出肉眼仅能观测出较大气泡缺陷，而超声检测可以将小气泡缺陷也准确检测出来，气泡边界清晰，尺寸也可通过计算获取，电力锂电池中小气泡缺陷会造成明显的电池性能受损，所以利用超声检测对其进行缺陷无损检测很有必要，而且这种检测方式灵敏度高，尤其是对于平行型缺陷结构具有较明显的检测反应，由于检测对象面积越大反射声波强度就越高，对于大面积的物理结构检测尤为适用，检测成功率较高，而且对于深度等物理信息检测速度快，不过检测精度偏低，对于较薄的结构或者复杂器件检测结果可靠度不高，超声波对人体基本无害，受检测目标中可能存在的物质结构干扰不大，检测成本低，对于一些现场实时检测比较适用。

3. X 射线检测技术

X 射线检测与超声检测的原理类似，不过是基于 X 射线的传输特点，物质的材料类别和物理结构不同其对 X 射线的衰减程度也不同，对于高密度物质如金属类，X 射线较多被吸收，衰减较大，相反，对于低密度物质吸收衰减较少，穿透较多，根据 X 射线穿透检测目标前后的信号差异变化，可以分析获得目标的材质类别和结构信息，实现无损检测。GIS（气体绝缘组合电器）设备是电力系统重要设备之一，有研究人员针对其内部异物类缺陷利用 X 射线检测进行无损检测，在设备底部摆放若干螺栓螺母等来模拟异物缺陷。摆放情况如图 8-16（a）所示，X 射线检测结果如图 8-16（b）所示。

(a)

图 8-16　带异物的 GIS 设备 X 射线检测（一）

（a）GIS 设备内部异物摆放图

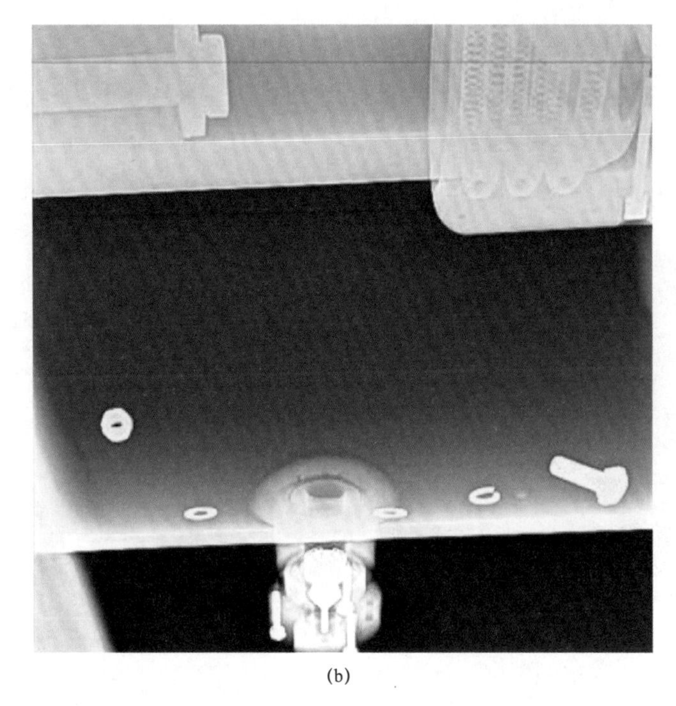

(b)

图 8－16　带异物的 GIS 设备 X 射线检测（二）

（b）附带异物的 X 射线检测图

从结果图中可以清楚看出摆放的异物均可以分辨并成功检出，由于 X 射线电磁能量足够高，合金这类材质对其吸收很小，检测结果区分度很高，反之其晶粒粗大且表面缺陷复杂，利用超声检测的话衰减太大而且干扰严重，不过其与超声检测的特征互补的一点就是这种检测方式对于材料体积型缺陷具有较突出的检测效果，适合垂直型缺陷检测，对于平面裂纹检测效果不佳。X 射线检测方式结果稳定可靠，检测精度很高，对于很小的结构信息都能成功检测，但是由于需要发射高能射线，这种方式对于人体存在一定的辐射危害，而且成本高，对于检测环境也比较苛刻，对于一些内部存在残余吸收较大的介质时或者具有较厚保温层的检测目标，其检测结果会受到较大干扰，误差较大，所以对于特殊物质的精确复杂检测较为适用。

4. 微波检测技术

微波无损检测是基于微波与物质之间的相互作用，微波在不连续面会产生差距较大的透射、反射还有散射，分别对其强度进行检测分析可以得到对应位置的结构信息和材料性质，而且微波还会受材料作用，不同的电磁参数和几何结构对于微波的作用结果都不一样，通过测试微波经过材料前后的参数变化也可以分析得出材料的信息，从而实现无损检测。有研究人员利用微波检测对电力传输系统的复合绝缘子进行缺陷检测，在绝缘子内部人为钻一些小孔，如图 8-17（a）所示，利用微波对其一周 24 个取样点进行检测，结果如图 8-17（b）所示。

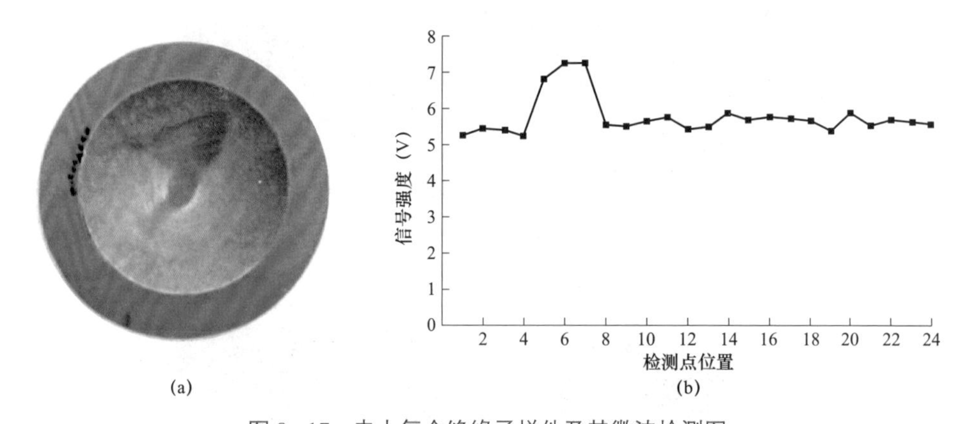

图 8-17 电力复合绝缘子样件及其微波检测图

（a）带缺陷的复合绝缘子；（b）一周 24 个取样点的微波检测结果图

利用微波对不同结构的巨大穿透差距，从结果图中可以明显看出 5、6、7 号采样点的检测信号强度远高于样件其他区域，判定这三处内部存在缺陷。这种检测方式针对性很强，因为微波在检测过程中不仅存在透射和反射，还存在明显的散射，可以同时检测多层多结构复杂度的目标，检测结果包含的信息量大。但是由于微波对金属类物质无法穿透，如若遇到表面具有金属类防护膜的目标，无法有效检测其内部结构信息和材质特性。

8.2.2 太赫兹无损检测技术

传统无损检测技术各有优劣，因此衍生出多种针对不同类型、不同应用场景的像红外、超声、X 射线或者微波等这些具体检测技术，这些技术都已经在各行各业广泛地被应用，实际应用也都基本成熟，但是工业中的新兴材料在不断增加，应用环境也复杂多样，检测手段自然也需要不断更新进化，太赫兹波无损检测就是新兴的一种无损检测技术。

太赫兹波（Terahertz）是指频率在 0.1～10THz 范围内的电磁辐射，其波段位于毫米波与红外线之间，是宏观电磁理论向微观量子理论过渡的区域，具有较为独特的性能。由于太赫兹波产生技术限制以及成本过高，研究人员对该波段的研究工作很少，因此对其的关注度也很低，其独特的辐射性质完全未被开发，曾一度成为电磁波谱中的研究空白。随着近十几年来自由电子激光器和超快激光等技术的发展，太赫兹波有了稳定、可靠的激光源，对其的产生机理、检测技术以及实际应用相关研究也蓬勃发展。太赫兹无损检测技术就是在太赫兹波谱技术的基础上发展起来的，成为一种可以与传统无损检测技术互补的新兴无损检测技术。太赫兹无损检测技术与传统无损检测技术相比具有许多独特的优点，而且在电力相关的检测应用中具有许多更为突出的优势。

电力设备的使用环境大部分都比较恶劣，而空气中的烟尘颗粒尺度在亚微米到几十微米，远小于太赫兹波的波长，这些颗粒对其的散射影响微弱，远小于可见光或红外波段。相比于红外检测技术，太赫兹无损检测可以在恶劣的烟尘环境下也趋于零损耗，具有较好的稳定性，检测结果相对来说也更为可靠。而且电力领域中传统工业材料正逐渐被现代复合材料取代，如电力玻璃钢复合材料等都是高分子非极性材料，太赫兹波具有独特的选择透过性，对于这类非极性材料具有较好的透射表现，而对于金属类材料几乎完全反射，同时水这类极性物质对太赫兹几乎完全吸收，相比 X 射线将材料本身及可能出现的缺陷都几近透明的强穿透性，太赫兹波的这种独特的选择穿透性使得基于其无损检测技术对于电力领域中如玻璃钢复合材料的各类缺陷检测有无法取代的优势，突破 X 射线的检测限制，同时超声检测在较多材料中又衰减太大，容易受噪声干扰，对于这类材料的检测没有太赫兹无损检测结果可靠。这种技术与微波相比有很多相似之处，微波也具有一定程度的选择透过性，两者在光谱中的位置属于紧邻，不过存在一些重要的区别，太赫兹频率略高于微波，理论上利用太赫兹波的检测结果精度极限，即最大分辨率，会高于微波的检测精度极限，所以能检测到微波不能检测的部分小缺陷，同时太赫兹频带更宽，对于微波检测存在的距离模糊等问题能有更好的检测效果。

太赫兹还具有较低的光子能量，在检测应用中对于操作者的辐射危害很小，甚至比可见光的辐射还弱，这也显著优于对人体组织产生较强有害电离的 X 射线检测设备。而且对于高要求的太赫兹检测，其辐射测量是相干测量，不仅是检测信号强度，甚至还能检测信号的相位变化，其检测的吸收和色散光谱能反映检测目标更详细的信息。

太赫兹无损检测主要是利用太赫兹波的选择透过性，利用激光源产生已知的太赫兹辐射探测信号，探测信号与检测目标相互作用之后，利用接收器接收反射的回波信号或者透射的信号，通过测定并分析接收到的信号和发出的探测信号之间的差异变化来推知检测目标的介电性质或者物理结构，从而实现对目标的无损检测。

根据探测信号的种类不同，太赫兹无损检测系统可以分为两大类：脉冲太赫兹无损检测技术和连续太赫兹无损检测技术。脉冲探测原理如图 8-18 所示，产生和探测两束信号光从同一原始激光脉冲中分离，这样能有相同的脉冲持续时间，产生端信号通过半导体或者其他光电材料来产生太赫兹频段脉冲，能量显著大于探测端信号，探测端信号是通过相反的过程来探测太赫兹脉冲的，可以提供其波形等信号，这也对应了检测目标对于太赫兹脉冲信号的作用结果，即太赫兹无损检测的结果。

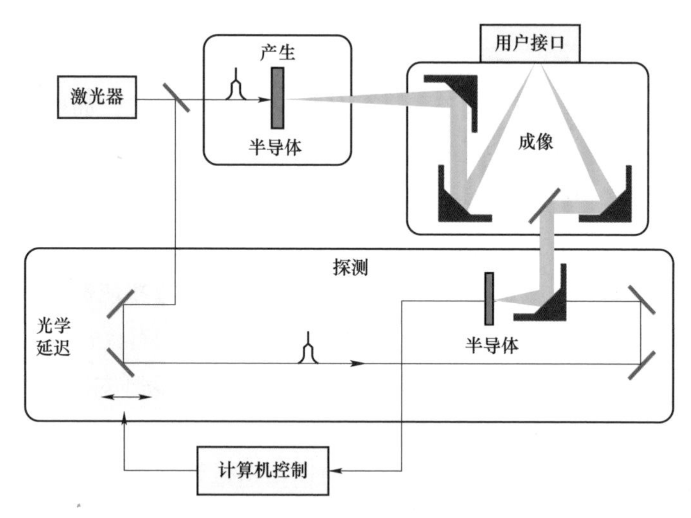

图 8-18　脉冲太赫兹检测示意图

这种检测方式接收信号中信息量包含较大，强度、相位等信息都可以得到，通过傅里叶变换等频谱分析就能得出检测目标的详细信息如空间密度、厚度以及折射率等，典型的系统之一就是太赫兹时域光谱（THz-TDS）测量系统，其检测原理图如图 8-19 所示，探测光经由检测样品透射后附带样品材料信息的太赫兹脉冲由探测器接收，分析其偏振态的变化即可得到样品材料对于太赫兹脉冲的作用信息，经过计算机处理从而推知检测样品的材料介电性质、空间密度以及折射率等物理信息。

对于电力玻璃钢材料的某些检测应用，往往不只需要检测其物理结构上的使用缺陷，还需要尽可能详细地获取其材料的介电性质或者密度分布等内在属性，从而判断材料老化程度及预期使用寿命，及时更换已老化的部分材料，通过

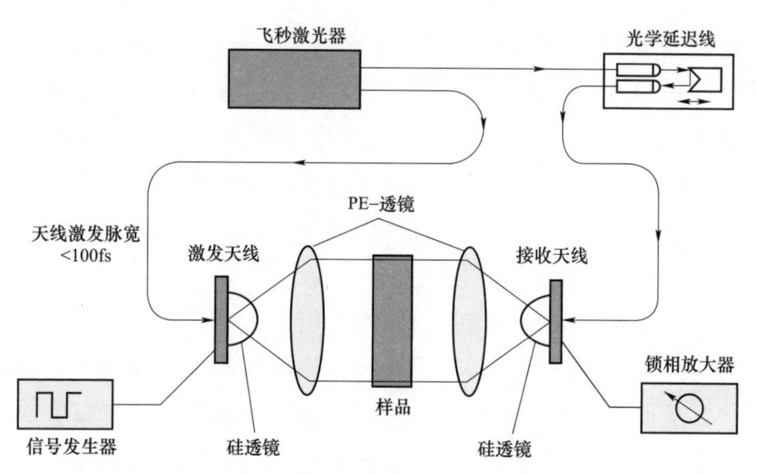

图 8-19　太赫兹时域光谱检测系统原理图

脉冲太赫兹无损检测能有效获取所需的详细信息，能补充传统检测手段在这方面的欠缺。正因为脉冲探测可以获取更多信息，如强度和相位等，对其研究应用也相对偏多，但是脉冲太赫兹信号的激光产生系统成本很高，检测时间也较长，相比之下连续太赫兹信号检测系统虽说获取信息相对更少，但是对于一些检测要求较低的材料设备，利用连续波检测往往能更快速有效。

连续太赫兹波检测技术是根据检测目标反射或者透射的信号强度信息来推知其本身的物理结构。检测原理如图 8-20 所示，利用滤波器实现发射器和探测器集成一体，激光源发射出的单一频率太赫兹信号，探测器接收反射信号，根据发射信号和反射信号强度可以推知检测目标对太赫兹的反射参数，从而分析出目标的结构信息，如缺陷、掺杂等。

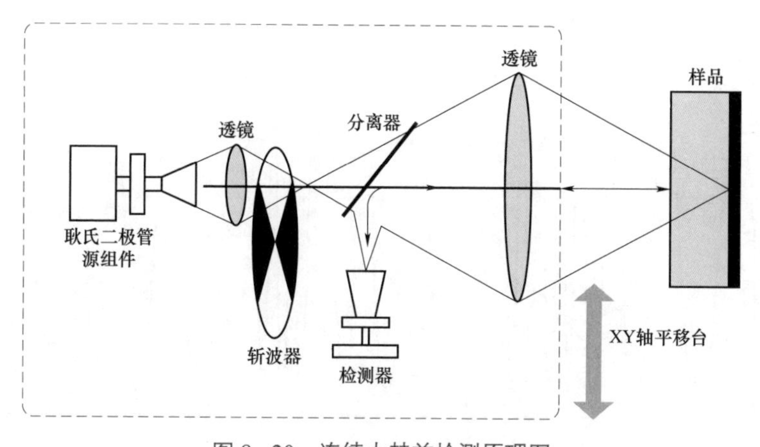

图 8-20　连续太赫兹检测原理图

由于连续太赫兹波检测方式能产生比脉冲太赫兹系统更强的检测信号强度，有时候比脉冲检测更能达到检测要求，而且这种方式不需要分离为两个信号，所以设备系统的复杂度远低于脉冲检测系统，相对来说成本也就显著降低。作为一种强度成像检测方式，连续太赫兹波检测技术的检测速度明显优于脉冲式成像，脉冲式检测的实验研究价值更高，但是从应用的普及化角度来说连续太赫兹无损检测的潜在价值更高。

为了更进一步挖掘太赫兹无损检测的应用价值，调频连续太赫兹波无损检测技术应运而生，这种技术还是基于连续波检测技术，不过融合了调频连续波的原理优势，从而获取更多的检测信息。调频连续波检测技术与单频连续波系统一样，在整个周期内都会连续辐射太赫兹信号，但是这些信号具有多个频率组分，受系统调制周期变化，一般的单频连续波检测无法获取检测目标的距离信息，因为缺少必要的时间标记，无法判断发射和探测周期，但是调频连续波由于具有不同的频率组分，可以通过接收信号与发射信号之间的时间延迟来推知检测目标的距离信息，当然对于连续波依靠信号强度差异来判断检测目标的内部结构信息的能力，调频连续波检测仍然具备。

频率调制分为线性和非线性调制两种，对于非线性调制实现难度较小，典型的如正弦波调制，但是由于这种调制方式在无损检测应用中无法具有稳定的表征参数，检测目标产生的差频是随时间变化的，无法确定具体位置，而线性调制方式实现虽更难一些，但是在实际检测应用中，检测目标的同一距离对于信号的作用产生差频是恒定的，这个参数即能表征检测目标当中的具体位置。典型的线性调制方式之一就是锯齿波调制，即发射信号频率随时间呈锯齿状线性变化，时域图如图 8-21 所示。

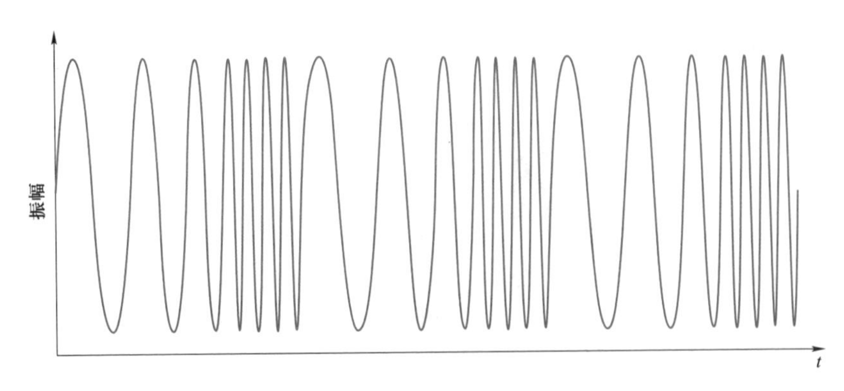

图 8-21　锯齿波调制信号时域图

从频域图对信号进行分析能更为直观地得出信息，于是锯齿波调制信号与接收信号的实时频率变化曲线如图 8－22 所示。

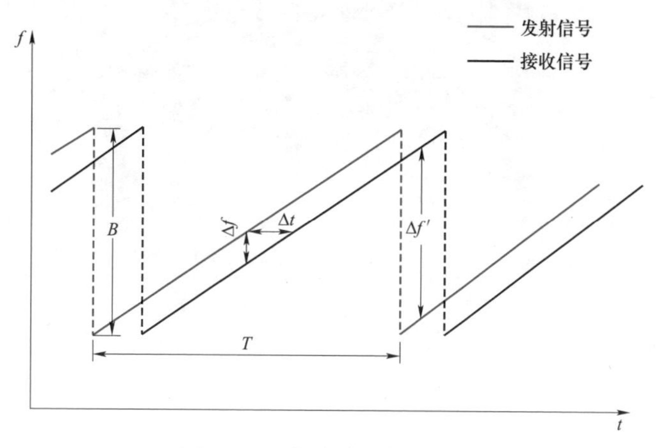

图 8－22　锯齿波调制原理图

可以看出对于任一固定距离，其接收信号与发射信号的时间延迟是恒定的，对应于频域信息即两者差频是恒定的，经由数学推导可得

$$R=\frac{Tc}{2B}\Delta f \tag{8-23}$$

式中　R——检测位置与信号发射端的距离；

T——调制周期；

B——调制带宽；

c——电磁波在空气中传播速度；

Δf——发射与接收信号之间的差频。

所以调频连续波信号可以在连续波检测的基础上获取检测目标更多的信息如距离等，同时还能具备连续波原有的快速简便的优势。

有研究人员利用频率线性调制的连续太赫兹波检测系统对电力玻璃钢复合材料进行缺陷检测研究，充分说明了这种检测技术的优越性能，证明了它的潜在应用价值。检测系统如图 8－23 所示。

与图 8－22 所示的原理图基本一样，连续太赫兹波检测系统主要由收发一体的探头、带有微处理器的控制单元以及控制扫描检测的机械硬件结构组成，这是一个反射式调频连续太赫兹波检测系统，其扫频范围是 0.23～0.32THz，即发射频率在 0.23～0.32THz 范围内周期变化的信号，经由检测目标反射后再接收，接收信号通过微处理器传输给计算机进行处理分析。

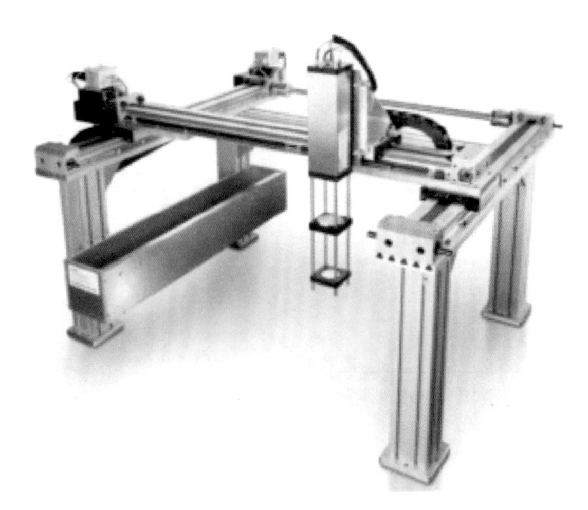

图 8-23　调频连续太赫兹检测系统图

利用该调频连续太赫兹无损检测系统对几组电力玻璃钢复合材料样品进行检测，对于裂纹类缺陷检测结果如图 8-24 所示。

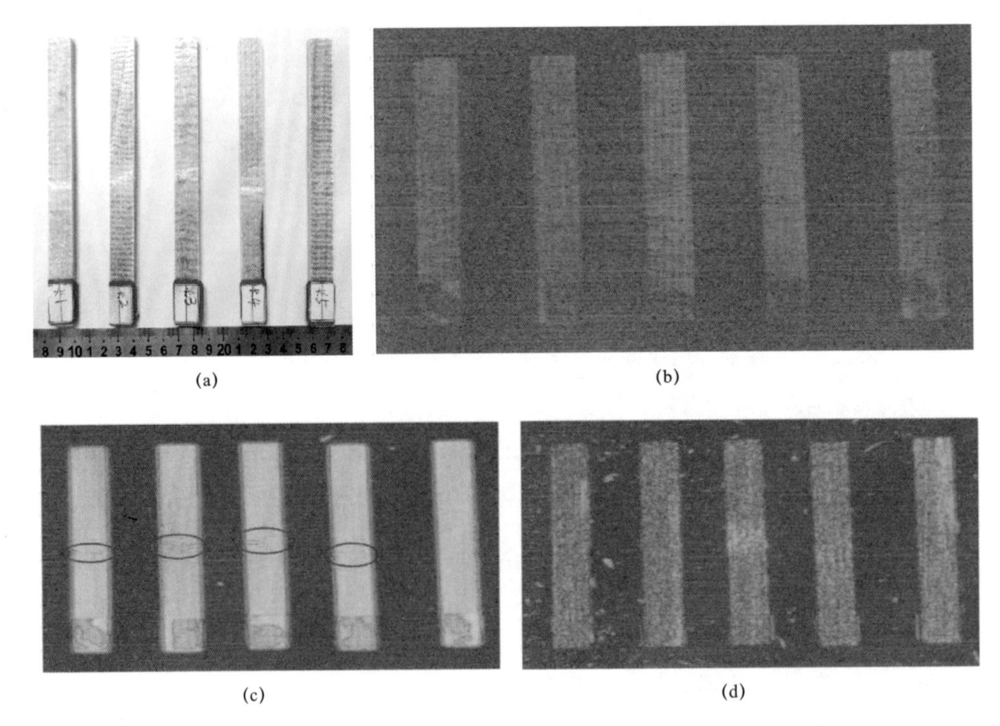

图 8-24　裂纹类缺陷检测结果

（a）原始图；（b）$z=12$mm 处检测结果；（c）$z=7$mm 处检测结果；（d）$z=2$mm 处检测结果

不同频率的差频信号对应于不同检测距离，图 8−24 中不同的结果图即为不同差频信号的强度图，表征了对应距离处的强度分布，根据式（8−23）即可由差频频率计算出对应的检测位置，由这些差频信号强度图可以判定裂纹缺陷纵向中心是在 z=7mm，即标准面上方 7mm 处，通过该调频连续太赫兹系统检测成功获取到这些缺陷的尺寸以及位置。

类似地，对于其他类别的缺陷如分层、空鼓等，经由试验验证表明，调频连续太赫兹系统对其检测都具有较高的检出成功率，检测结果如图 8−25 及图 8−26 所示。

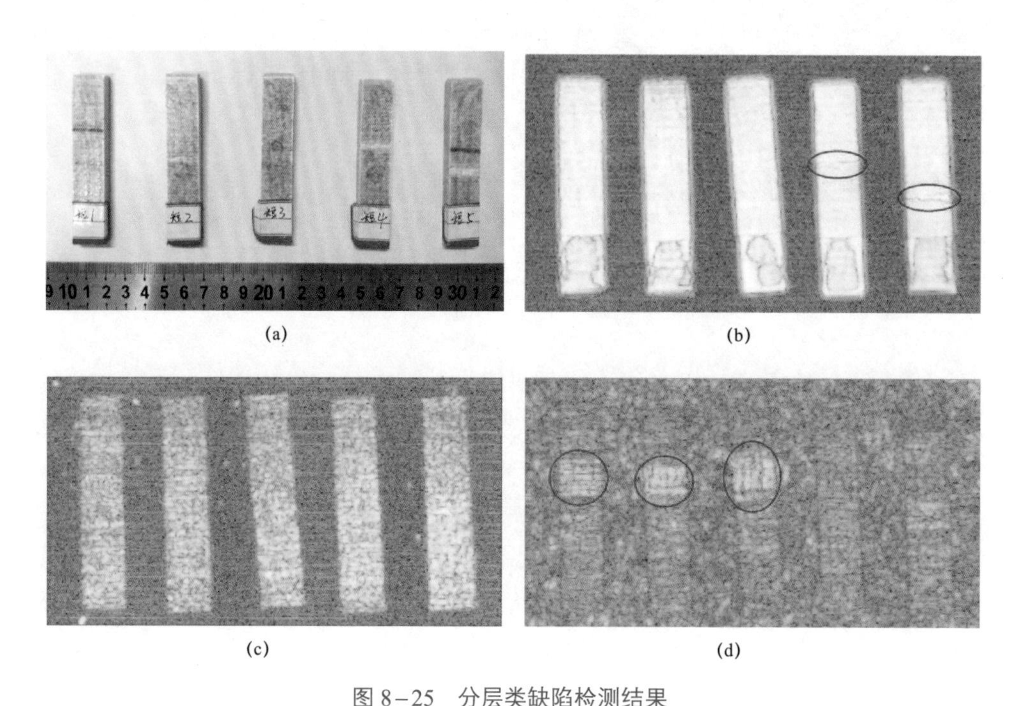

图 8−25　分层类缺陷检测结果

（a）原始图；（b）z=8mm 处检测结果；（c）z=3mm 处检测结果；（d）z=−3mm 处检测结果

由检测结果可以看出，分层类缺陷制作过程中也出现了裂纹，处于距离标准面 z=8mm 处，预先制备的分层缺陷处于标准面下方 z=−3mm 处，且大小能够依据比例计算获得，空鼓缺陷以纵向空鼓为主，表面处分布较均匀，样品表面较平整，但是在 z=−2mm 处空鼓程度严重，一直扩展到 z=−7mm 处还仍然存有一部分。这些结果充分表明了调频连续太赫兹无损检测技术在电力玻璃钢复合材料领域中的检测能力以及独特优势。

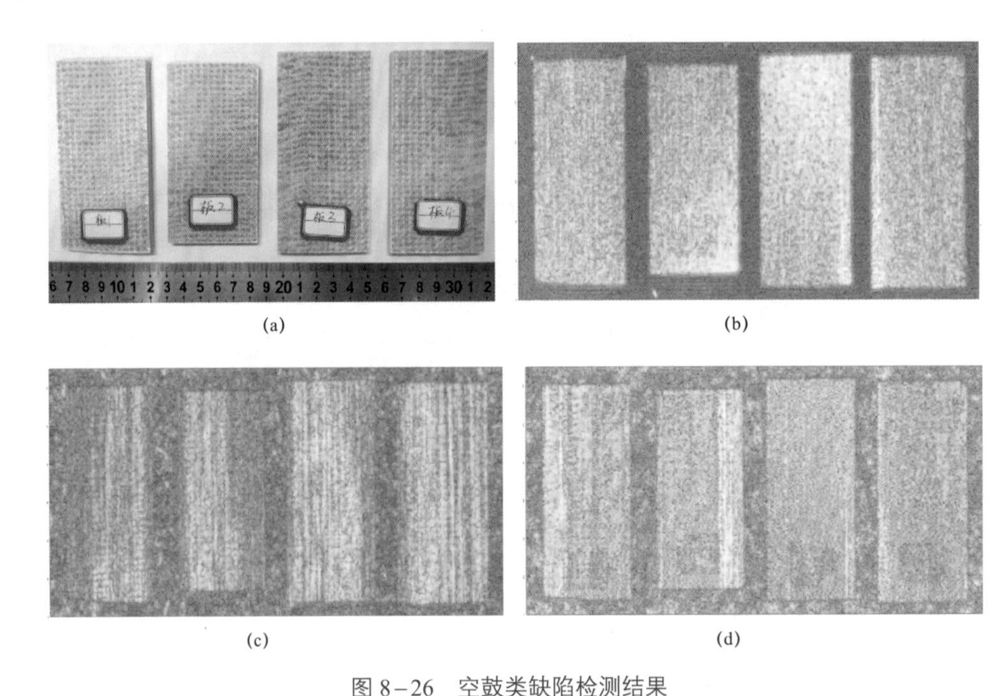

图 8－26　空鼓类缺陷检测结果

（a）原始图；（b）$z=3$mm 处检测结果；（c）$z=-2$mm 处检测结果；（d）$z=-7$mm 处检测结果

调频连续太赫兹检测系统不论是相比于脉冲太赫兹检测系统还是单频连续太赫兹检测系统都具有一定的应用优势，这也是基于前两者的技术原理发展起来的，而太赫兹无损检测技术作为一种新型检测手段，还有很大应用潜力等待被挖掘。近年来许多国家和地区都致力于对太赫兹无损检测技术的研究，包括中国国内也有许多科研团队重视其相关研究，对于太赫兹检测的基础理论与各种能够试验应用均不断有新的研究成果得出，这些都充分说明了太赫兹无损检测技术作为一种新型无损检测技术的重要应用价值。但尽管如此，由于发展时间相对较短，太赫兹无损检测技术还是处于发展初期，相较于已经趋于成熟的传统无损检测技术它仍需要进一步完善才能得到更广泛的应用，如太赫兹信号产生的硬件设备目前还稍显笨重，实际使用受限，若要达到方便快捷的检测目的还需要研发更为先进的产生设备。虽然太赫兹无损检测技术还不够成熟，但是因为其具有传统无损检测技术难以取代的作用，所以在无损检测领域还是具有非常广阔的应用前景，而且目前对于太赫兹相关技术的研究团队越来越多，相关技术和系统的研发成果也不断丰富，同时结合检测理论分析和图像处理等技术手段，太赫兹无损检测技术必将会给无损检测领域带来巨大的突破性成果。

8.3 运行寿命评估

复合材料的运行寿命预测问题比较复杂，根据描述老化过程的出发点与描述参数的不同，寿命预测方法可归结为 3 大类：老化动力学模型；剩余强度模型；应力松弛时间模型。

8.3.1 老化动力学模型

Dakin 最早提出用线性关系动力学模型预测材料的寿命。他认为在一定老化温度下，材料性能残余值 p 与老化时间 f 有如下关系

$$f(p)=Kt \tag{8-24}$$

式中　K——反应速率常数，再结合阿仑尼乌斯（Arrhenius）公式

$$K=A_0e^{-E/(RT)} \tag{8-25}$$

式中　A_0——前因子；

E——活化能；

R——气体常数；

T——热力学温度。

推出线性关系动力学模型

$$\lg t=\lg[f(p_e)A_0]+E/(2.303RT)=a+bT^{-1} \tag{8-26}$$

此式即著名的 Dakin 寿命方程。直线法在原理上简单明了，但是此法要求每一老化温度下的变化均需正好达到临界值才能进行同归处理，这不仅延长了试验时间，而且不易准确，并且不能表现性能随时间的变化关系，应用起来有一定的困难。针对直线法的缺点，数学模型法综合了直线法、动力学曲线直线化法和作图法的优点，将老化机理和宏观性能变化、环境试验和计算机模拟有效结合在一起，是目前既可靠又可行的材料性能变化预测研究方法。该模型多采用动力学方程 $p=F(t)$（p 是性能残余率，t 是老化时间），方程的具体表达式依赖于材料老化机理，因此研究高分子材料在模拟实验条件下的微观结构变化与宏观性能变化的对应关系是建立数学模型的基础。动力学表达式明确后，通过反应速率常数与 Arrhenius 方程结合起来，得到 $p=F(t, T)$的表达式（T 为老化温度），然后利用试验数据，在计算机上进行数值处理，最终拟合出式中各系数。

8.3.2 剩余强度模型

俄罗斯 M. 古尼耶夫等人认为，复合材料在老化过程中存在强度增强和损伤两个过程。对于在无负荷下暴露于环境中的热固性复合材料，假设增强过程和损伤是相互独立的，式（8－27）可确定复合材料老化寿命和剩余强度之间的关系

$$S = S_0 + \eta(1 - e^{-\lambda t}) - \beta \ln(1 + \vartheta t) \tag{8-27}$$

式中　η——材料参数，反映材料的固化程度；

λ——材料和外部环境参数，反映强化速率特征；

β——材料抵抗裂纹扩展的能力；

ϑ——外部环境的侵蚀性参数；

S——材料老化 t 时间后的强度；

S_0——材料初始强度；

参数η和β——与材料特性有关，可经一系列加速老化试验来确定，而且可以用来确定方程中的λ和ϑ，并外推到自然环境。

工程应用表明，上述公式可较好地描述聚合物基复合材料老化规律。但公式给出的是剩余强度的均值，其曲线是中值曲线，即它的可靠度为 50%，而在工程结构设计中需要用到的是老化剩余强度的 A 基值（对应于 95%置信度、99%可靠度的老化剩余强度最小值）和 B 基值（对应于 95%置信度、90%可靠度的老化剩余强度最小值），以及估算复合材料高置信度、高可靠度的老化寿命。为此，肇研、梁朝虎等人在上述公式的基础上，建立了改进的聚合物基复合材料加速老化寿命与剩余强度之间的数学关系式

$$S_R = S_0 + \eta(1 - e^{-\lambda t}) - \beta \ln(1 + \vartheta t) - K_R(t)\sigma \tag{8-28}$$

式中　S_R——复合材料老化 t 时间后的强度；

$K_R(t)$——置信度为γ、可靠度为 R 的二维单侧容限系数；

σ——老化剩余强度的标准差。

针对复合材料自然老化数据少、老化周期短的情况，还提出了确定高置信度、高可靠度自然老化方程中参数的百分回归分析方法。该法使不同时间老化数据相互提供的“横向信息”可以被充分利用，相同统计量下，其可利用的信息量远大于传统的对不同时间的自然老化数据只能分别进行处理的成组试验法，大大提高了预测精度。预测复合材料的寿命的两种模型均可较好应用，相

比而言，第二种模型精度更高、更为贴近实际。

8.3.3　应力松弛时间模型

外场作用下，高聚物从一种平衡状态通过分子运动而过渡到与外场相适应的新的平衡状态，这个过程为松弛过程。完成此过程所需的时间称为松弛时间。松弛时间模型认为，材料的松弛时间依赖于环境因素，老化时间到达松弛时间τ时，材料丧失使用性能。Wiederhorn 在研究玻璃纤维复合材料的破坏动力学过程中最早注意到材料的破坏速率由材料与环境介质之间的相互作用参数和材料表面微裂纹的大小两个因素决定，并且根据大量的试验结果给出了材料在湿度和应力两种环境因素协同作用下老化速率v的经验公式

$$v = ax^{f}\exp[-E/(RT)]\exp[bk/(RT)] \tag{8-29}$$

式中　x——相对湿度；

f——材料与环境介质之间的相互作用参数；

E——不受外力时材料的内聚能；

R——气体常数；

T——热力学温度；

k——应力因数；

a、b——常数。

上式变形可得 Wiederhorn 老化寿命公式

$$t = ax^{-f}\exp[E/(RT)]\exp[-bk/(RT)] \tag{8-30}$$

刘观政、张东兴等在 Wiederhorn 老化寿命公式的基础上结合玻璃态高聚物大应力作用下松弛时间与应力之间关系式，分离湿度与应力，得出纯湿度对材料寿命τ的影响

$$\tau = ax^{-f} \tag{8-31}$$

式中　a——常数。

根据橡胶弹性理论，橡胶溶胀理论并结合应力松弛时间公式，推导出纯溶胀对材料寿命的影响

$$\tau = \left(-\frac{1}{3}\ln V_2\right)\tau_0 \tag{8-32}$$

式中　τ_0——溶胀后应力松弛时间；

τ——溶胀前应力松弛时间；

V_2——溶胀后高分子体积膨胀率。

考虑时间因素并结合高聚物自由体积膨胀理论、Arrhenius 规律推导出纯温度对老化寿命影响

$$\Delta\ln\tau=\frac{[B/(2.303f_0)](T-T_0)}{(f_0/a_\mathrm{f})+(T-T_0)} \tag{8-33}$$

综合式（8-31）、式（8-32）、式（8-33）得出溶胀体积变化率的应力松弛时间模型

$$\tau=\tau_0 a x^{-f}\exp\left(-\frac{b\sigma}{RT}\right)(\ln V_2^{-1/3}) \exp\left\{\frac{[B/(2.303f_0)](T-T_0)}{(f_0/a_\mathrm{f})+(T-T_0)}\right\} \tag{8-34}$$

式中 B——常数。

该模型在老化动力学方程和 Wiederhorn 经验公式的基础上，结合橡胶弹性理论、自由体积膨胀理论和应力松弛等基础理论，以及 Arrhenius 规律和 Fick 扩散定律，较系统地解释了温度、湿度、水和应力 4 个环境因素对高聚物及其复合材料的老化作用规律。但由于模型是将温度、湿度、应力、溶胀诸因素对老化寿命的影响简单叠加后得到，未考虑各因素间的相关性，而影响复合材料性能的各个环境因素间的相互作用如何明确还需深入研究，因而具有一定的局限性。

8.3.4 灰色模型

除上述三种预测模型，还有一种灰色模型（grey model，GM）预测方法，该法是利用我国学者邓聚龙教授提出的灰色系统理论中的数列预测原理进行的。

灰色预测是指根据过去及现在已知的或非确知的信息建立一个从过去引到将来的 GM 模型，从而确定系统在未来发展变化的趋势。在灰色系统理论的研究中，将各类系统分为白色、黑色和灰色系统，“白”指信息已知，“黑”指信息完全未知，“灰”则指信息部分已知、部分未知，或者说信息不完全。以上述电力用复合材料 4000h 多因子老化试验为例，复合材料的弯曲模量与高湿、高低温、紫外线、盐雾、振动、电压等因素有关，在这些因素中有些是已知的（紫外线光强、电压幅值等），有些是未知的（实时温度、实时盐密等），因此多

因子老化试验可看做灰色系统。当复合材料出现缺陷时，特别是长年累月逐渐扩展而形成的缺陷（突发性故障大多数是外界原因引起的，一般不能预测），复合材料的弯曲模量受高湿、高低温、紫外线、盐雾、振动、电压等诸因素的影响而发生变化，其数值并不都是线性下降的，但总的来说这种变化呈下降趋势，而这种变化是适用 GM（1，1）来进行预测的。

1. GM（1，1）模型

GM（1，1）模型的含义为一个变量、一阶微分方程的模型。

设给出原始数据序列：$X^{(0)}=\{X^{(0)}(i)|\ i=1,2,\cdots,N\}$，对 $X^{(0)}(i)$ 作一次累加（1–AGO），得到生成数列：$\left\{X^{(1)}(i)|\ i=1,2,\cdots,N\right\}$。

其中，$\left\{X^{(1)}(i)=\sum_{k=1}^{i}X^{(0)}(k)\right\}$，则 $\{X^{(1)}(k)\}$ 的 GM（1，1）模型的白化形式的微分方程为

$$\frac{\mathrm{d}X^{(1)}}{\mathrm{d}t}+aX^{(1)}=u \tag{8-35}$$

其中，系数 a、u 由已知序列通过最小二乘法拟合确定

$$\hat{a}=\begin{bmatrix}a\\u\end{bmatrix}=(B^{\mathrm{T}}B)^{-1}(B^{\mathrm{T}}Y) \tag{8-36}$$

其中

$$B=\begin{bmatrix}-\frac{1}{2} & [X^{(1)}(2)+X^{(1)}(1)] & 1\\ -\frac{1}{2} & [X^{(1)}(3)+X^{(1)}(2)] & 1\\ \vdots & \vdots & \vdots\\ -\frac{1}{2} & [X^{(1)}(N)+X^{(1)}(N-1)] & 1\end{bmatrix} \tag{8-37}$$

$$Y=[X^{(0)}(2),X^{(0)}(3),\cdots,X^{(0)}(N)]^{\mathrm{T}} \tag{8-38}$$

把 $\hat{a}$ 代入微分方程，进行求解，最后得

$$\hat{X}^{(1)}(k+1)=\left[X^{(0)}(1)-\frac{u}{a}\right]e^{-ak}+\frac{u}{a} \tag{8-39}$$

或

$$\hat{X}^{(0)}(k+1)=\hat{X}^{(1)}(k+1)-\hat{X}^{(1)}(k) \tag{8-40}$$

$$k=0,1,2,\cdots,N$$

以上两式称为 GM（1，1）模型的时间响应函数，它是 GM（1，1）模型灰色预测的具体计算公式。它要求原始序列最好是等时空距的观测结果，一般以最新数据为参考点取定邻域，历史数据不得少于 4 个。

2. 数据处理

GM（1，1）模型是以等间隔原始序列为基础的，在实际工作中所得到的原始数据往往是非等间隔的，这时必须把非等间隔序列变换成等间隔序列，首先采用弱随机性非等间序列等间处理方法对原始序列进行处理，再对新生成序列经过一次累加生成近似地拟合成一阶微分方程，即 GM（1，1）模型。然后对该模型用后验差方法进行模型精度检验，若模型精度可信度不高，则再用最小二乘法进行第二次参数拟合。

3. 非等间隔序列弱随机性等间处理

设有非等间隔原始数列

$$X_1^{(0)}(t)=(X_1^{(0)}(1),X_1^{(0)}(2),\cdots,X_1^{(0)}(n)) \tag{8-41}$$

各段的实际间隔为

$$\Delta t_{\mathrm{i}}=t_{\mathrm{i+1}}-t_{\mathrm{i}}，\quad \Delta t_{\mathrm{j}}=t_{\mathrm{j+1}}-t_{\mathrm{j}} \tag{8-42}$$

$$i\neq j，i，j\in\{1, 2, \cdots, n-1\} \text{ 且有 } \Delta t_{\mathrm{i}}\neq\Delta t_{\mathrm{j}}$$

这表示各段间隔不相等，则其建模步骤如下。

第一步：求平均时间间隔 Δt_0

$$\Delta t_0=\frac{1}{n-1}\sum_{i=1}^{n-1}\Delta t_i=\frac{1}{n-1}(t_{\mathrm{n}}-t_1) \tag{8-43}$$

第二步：求各时段与平均时段的单位时段差系数 $\mu(t_{\mathrm{i}})$

$$\mu(t_{\mathrm{i}})=\frac{t_{\mathrm{i}}-(i-1)\Delta t_0}{\Delta t_0} \tag{8-44}$$

$$i\in\{1, 2, \cdots, n\}$$

第三步：求各时段总的差值 $\Delta X_1^{(0)}(t_{\mathrm{i}})$

$$\Delta X_1^{(0)}(t_{\mathrm{i}})=\mu(t_{\mathrm{i}})[X_1^{(0)}(t_{\mathrm{i}}+1)-X_1^{(0)}(t_{\mathrm{i}})] \tag{8-45}$$

第四步：计算等间隔点的灰数值$\otimes_{\mathrm{i}}$

$$\otimes_{\mathrm{i}}=X_1^{(0)}(t_{\mathrm{i}})-\Delta X_1^{(0)}(t_{\mathrm{i}}) \tag{8-46}$$

于是得到等间隔序列为

$$\otimes X_2^{(0)}(t)=\{X_2^{(0)}(1),X_2^{(0)}(2),\cdots,X_2^{(0)}(n)\} \tag{8-47}$$

4. GM（1，1）模型精度检验

灰色模型的精度通常用后验差方法检验，即根据模型计算值与实际值之间的统计情况进行检验的方法。这是从概率预测方法中移植过来的，在一般情况下，该方法称为先验检验法，因为它是将模型所得数据与过去已获得的数据即先验信息做比较进行检验，在灰色预测模式中检验的数不是一次算出来的，而是根据前面的数据算出后一个数据这样依次递推地检验，每一个检验值对模型来说都是后验的，因此称作后验差检验。

设按 GM 建模法已求出式（8−47），并将 $\hat{X}^{(1)}$ 按式（8−47）转化为 $\hat{X}^{(0)}$，即

$$X(0)=\{\hat{X}^{(0)}(1),\hat{X}^{(0)}(2),\cdots,\hat{X}^{(0)}(N)\} \tag{8-48}$$

计算残差

$$e(k)=X^{(0)}(k)-\hat{X}^{(0)}(k) \tag{8-49}$$

得残差向量

$$e=\{e(1),e(2),\cdots,e(N)\} \tag{8-50}$$

记原始数列 $X^{(0)}$ 及残差数列 e 的方差分别为 S_1 和 S_2，则

$$S_1=\frac{1}{N}\sum_{k=1}^{N}(X^{(0)}(k)-\overline{X}^{(0)})^2 \tag{8-51}$$

$$S_2=\frac{1}{N}\sum_{k=1}^{N}(e(k)-\overline{e})^2 \tag{8-52}$$

式中

$$\overline{X}^{(0)}=\frac{1}{N}\sum_{k=1}^{N}X^{(0)}(k) \tag{8-53}$$

$$\overline{e}=\frac{1}{N}\sum_{k=1}^{N}e(k) \tag{8-54}$$

然后，计算后验差比值

$$C=\frac{S_2}{S_1} \tag{8-55}$$

和小误差概率

$$p=P\{|e(k)-\overline{e}|<0.674\,5S_1\} \tag{8-56}$$

模型精度由 C 和 P 共同刻画。一般地，将模型的精度分为四级，见表 8−7。

表 8-7　　模型精度的划分

模型精度等级	P	C
一级（好）	$P>0.95$	$C<0.35$
二级（合格）	$P>0.8$	$C<0.5$
三级（勉强）	$P>0.7$	$C<0.45$
四级（不合格）	$P\leqslant 0.7$	$C\geqslant 0.65$

于是，模型精度级别＝Max{P 所在的级别，C 所在的级别}，如设某 GM（1，1）模型，按 P 其精度为 1 级；而按 C 其精度为 3 级，则该模型的精度为 Max（1，3）=3，即为 3 级。

5. GM（1，1）二次参数拟合

将时间响应方程（8-39）或（8-40）写成

$$X^{(1)}(k+1)=Ae^{-ak}+C \tag{8-57}$$

根据第一次估计的 a 值及原始序列一次累加生成数列 $X^{(1)}(i)$ 对 A 和 C 进行估计。

$$\begin{aligned} X^{(1)}(1) &= Ae^{0}+C \\ X^{(1)}(2) &= Ae^{-a}+C \\ &\vdots \\ X^{(1)}(n) &= Ae^{-a(n-1)}+C \end{aligned}$$

写成矩阵形式即为

$$X^{(1)}=G\begin{pmatrix}A\\C\end{pmatrix} \tag{8-58}$$

式中

$$X^{(1)}=[X^{(1)}(1),X^{(1)}(2),\cdots,X^{(1)}(n)]^{\mathrm{T}}$$

$$G=\begin{bmatrix} e^{0} & 1 \\ e^{-a} & 1 \\ \vdots & \vdots \\ e^{-a(n-1)} & 1 \end{bmatrix}$$

由最小二乘法，有

$$\begin{pmatrix}A\\C\end{pmatrix}=(G^{\mathrm{T}}G)^{-1}G^{\mathrm{T}}X^{(1)} \tag{8-59}$$

则经过二次拟合，GM（1，1）预测模型可写为

$$\hat{X}^{(1)}(k+1)=Ae^{-at}+C \tag{8-60}$$

6. 预测值范围

后验差方法虽然可以衡量灰色模型的精度，但不能用来评估模型的预测值精度。由于预测值的精度同原始数列本身的随机性以及与传递误差的系统特性有关，因此对它的估计应以误差在系统内的传播方式与程度来进行。用推算预测值的均方差作为评定预测值精度的方法。

设原始数列与模型计算值之间的误差的均方差为 σ_0。

对式（8–39）求导，有

$$\frac{\mathrm{d}\hat{X}(1)}{\mathrm{d}k}=(u-aX^{(0)}(1))e^{-ak} \tag{8-61}$$

对 $\mathrm{d}\hat{X}^{(1)}/\mathrm{d}k$ 作中值近似处理，有

$$\frac{\mathrm{d}\hat{X}^{(1)}}{\mathrm{d}k}=\hat{X}^{(1)}(k+1)-\hat{X}^{(1)}(k)=X^{(0)}(k+1) \tag{8-62}$$

则

$$\hat{X}^{(0)}(k+1)=[u-aX^{(0)}(1)]e^{-ak} \tag{8-63}$$

按传播理论，其预测值方差为

$$\sigma^2_{\hat{X}^{(0)}(k+1)}=\left(\frac{\partial\hat{X}^{(0)}}{\partial a}\right)^2\sigma^2_{a}+\left(\frac{\partial\hat{X}^{(0)}}{\partial u}\right)^2\sigma^2_{u}+2\left(\frac{\partial\hat{X}^{(0)2}}{\partial a}\cdot\frac{\partial\hat{X}^{(0)}}{\partial u}\right)\sigma_{au}+\left(\frac{\partial\hat{X}^{(0)}}{\partial X^{(0)}(1)}\right)^2\sigma^2_{0} \tag{8-64}$$

其中，σ^2_{a}、σ^2_{u}、σ^2_{au} 分别为 $\hat{a}$ 的方差和协方差。

因为

$$\hat{a}=(a,u)^{\mathrm{T}}=(B^{\mathrm{T}}B)^{-1}B^{\mathrm{T}}Y_{\mathrm{N}} \tag{8-65}$$

令

$$Q=(B^{\mathrm{T}}B)^{-1}$$
$$I_1=(1,0)^{\mathrm{T}}$$
$$I_2=(0,1)^{\mathrm{T}}$$

则

$$a=I_1^{\mathrm{T}}\hat{a}=I_1^{\mathrm{T}}QB^{\mathrm{T}}Y_{\mathrm{N}} \tag{8-66}$$

$$u=I_2^{\mathrm{T}}\hat{a}=I_2^{\mathrm{T}}QB^{\mathrm{T}}Y_{\mathrm{N}} \tag{8-67}$$

于是

$$\sigma_{\mathrm{a}}^2 = (I_1^{\mathrm{T}}QB^{\mathrm{T}})(I_1^{\mathrm{T}}QB^{\mathrm{T}})^{\mathrm{T}} \bullet \sigma_0^2$$

$$\sigma_{\mathrm{u}}^2 = (I_2^{\mathrm{T}}QB^{\mathrm{T}})(I_2^{\mathrm{T}}QB^{\mathrm{T}})^{\mathrm{T}} \bullet \sigma_0^2 = I_2^{\mathrm{T}}QI_2\sigma_0^2 \qquad (8-68)$$

$$\sigma_{\mathrm{au}}^2 = (I_1^{\mathrm{T}}QB^{\mathrm{T}})(I_2^{\mathrm{T}}QB^{\mathrm{T}})^{\mathrm{T}} \bullet \sigma_0^2 = I_1^{\mathrm{T}}QI_2^{\mathrm{T}}\sigma_0^2$$

又设

$$Q = (B^{\mathrm{T}}B)^{-1} = \begin{pmatrix} Q_{11} & Q_{12} \\ Q_{21} & Q_{22} \end{pmatrix} \quad （其中\ Q_{12}=Q_{21}）$$

则

$$\sigma_{\mathrm{a}}^2 = Q_{11}\sigma_0^2$$

$$\sigma_{\mathrm{u}}^2 = Q_{22}\sigma_0^2 \qquad (8-69)$$

$$\sigma_{\mathrm{au}}^2 = Q_{12}\sigma_0^2 = Q_{21}\sigma_0^2$$

代入式（8-64）中，并略去对误差较小影响的第三项，于是

$$\sigma_{\hat{\mathrm{X}}^{(0)}(\mathrm{k}+1)} = \{[akX^{(0)}(1) - X^{(0)}(1) - ku]^2 Q_{11} + Q_{22} + 2[akX^{(0)}(1) - X^{(0)}(1) - ku]Q_{12}\}^{\frac{1}{2}} e^{-ak}\sigma_0 \qquad (8-70)$$

σ_0 用残差估计，即

$$\sigma_0 = \pm\sqrt{\frac{e^{\mathrm{T}}e}{N-1}} \qquad (8-71)$$

其中

$$e = [e(1), e(2), \cdots, e(N)]^{\mathrm{T}} \quad e(i) = X^{(0)} - \hat{X}^{(0)} \qquad i=1, 2, \cdots, N$$

7. 预测流程图

在预测过程中输入弯曲模量及时间后，调用 GM（1，1）模型进行预测。由于在整个过程中计算量较大，采用计算机编程对其进行计算，其具体流程框图如图 8-27 所示。

8. 预测

（1）原始数据。考虑到测量误差，剔除部分不合理的数据。如某复合材料多因素老化原始数据见表 8-8。

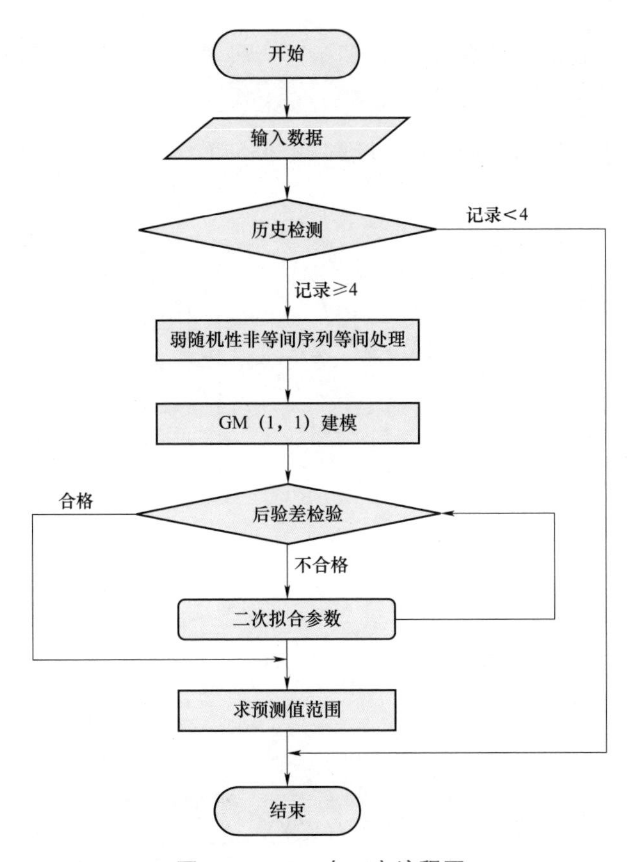

图 8–27　GM（1,1）流程图

表 8–8　　弯曲模量原始数据

t（h）	0	1500	2000	2500	3000	4000
弯曲模量（GPa）	18.380	17.515	17.490	17.150	17.310	17.202

因此原始数据序列为

$$X^{(0)}=\{18.380\quad 17.515\quad 17.490\quad 17.150\quad 17.310\quad 17.202\}$$

（2）数据等间处理。经式（8–41）进行非等间隔序列弱随机性等间处理（见表 8–9），等间序列为

$$X^{(0)}=\{18.380\quad 17.515\quad 17.447\quad 17.235\quad 17.210\quad 17.180\}$$

表 8–9　　弯曲模量等间处理数据

t（h）	0	800	1600	2400	3200	4000
弯曲模量（GPa）	18.380	17.515	17.447	17.235	17.210	17.180

（3）生成灰数据，计算参数 a 和 u。一次累加（1–AGO）后，得到生成数列

$$X^{(1)}=\{18.38 \quad 35.895 \quad 53.342 \quad 70.577 \quad 87.787 \quad 104.967\}$$

矩阵 B 为

$$B=\begin{bmatrix} -\frac{1}{2}\left(X^{(1)}(2)+X^{(1)}(1)\right) & 1 \\ -\frac{1}{2}\left(X^{(1)}(3)+X^{(1)}(2)\right) & 1 \\ \vdots \quad \vdots & \vdots \\ -\frac{1}{2}\left(X^{(1)}(N)+X^{(1)}(N-1)\right) & 1 \end{bmatrix}=\begin{bmatrix} -27.1375 & 1 \\ -44.6185 & 1 \\ -61.9595 & 1 \\ -79.182 & 1 \\ -96.377 & 1 \end{bmatrix}$$

向量 Y 为

$$Y=\left[X^{(0)}(2),X^{(0)}(3),\cdots,X^{(0)}(N)\right]^{T}=\begin{bmatrix} 17.515 \\ 17.447 \\ 17.235 \\ 17.21 \\ 17.18 \end{bmatrix}$$

$$\hat{a}=\begin{bmatrix} a \\ u \end{bmatrix}=(B^{T}B)^{-1}(B^{T}Y)=\begin{bmatrix} 0.005245 \\ 17.64185 \end{bmatrix}$$

把 $\hat{a}$ 代入微分方程，进行求解，最后得

$$\hat{X}^{(1)}(k+1)=\left(X^{(0)}(1)-\frac{u}{a}\right)\mathrm{e}^{-ak}+\frac{u}{a}=\begin{bmatrix} 18.38 \\ 35.87951 \\ 53.28746 \\ 70.60435 \\ 87.83063 \\ 104.9668 \end{bmatrix}$$

（4）累减生成历史数据预测序列。一次累减（1–IAGO）后，得到生成数列

$$\hat{X}^{(0)}(k+1)=\hat{X}^{(1)}(k+1)-\hat{X}^{(1)}(k)=\begin{bmatrix} 18.38 \\ 17.49951 \\ 17.40796 \\ 17.31688 \\ 17.22629 \\ 17.13616 \end{bmatrix}$$

（5）后验差检验。计算残差，并绘制误差计算表，见表 8–10。

$$e(k)=X^{(0)}(k)-\hat{X}^{(0)}(k)=\begin{bmatrix}0\\3.064\,187\\-5.958\,98\\-0.337\,51\\3.879\,377\\0.792\,957\\-3.725\\1.697\,751\\2.003\,919\\-1.093\,33\\-0.820\,4\end{bmatrix}$$

表 8–10　　误 差 计 算 表

老化时间（h）	原始数据	预测数据	残差 e
0	18.380	18.380	0
800	17.515	17.499 51	−0.015 49
1600	17.447	17.407 96	−0.039 04
2400	17.235	17.316 88	0.081 883
3200	17.210	17.226 29	0.016 287
4000	17.180	17.136 16	−0.043 84

根据表 8–10 绘制历史数据预测图，如图 8–28 所示。

原始序列方差为

$$S_1=\frac{1}{N}\sum_{k=1}^{N}\left(X^{(0)}(k)-\overline{X}^{(0)}\right)^2=0.172\,3$$

残差方差为

$$S_2=\frac{1}{N}\sum_{k=1}^{N}(e(k)-\overline{e})^2=0.001\,8$$

后验差比值

$$C=\frac{S_2}{S_1}=0.101\,5<0.35$$

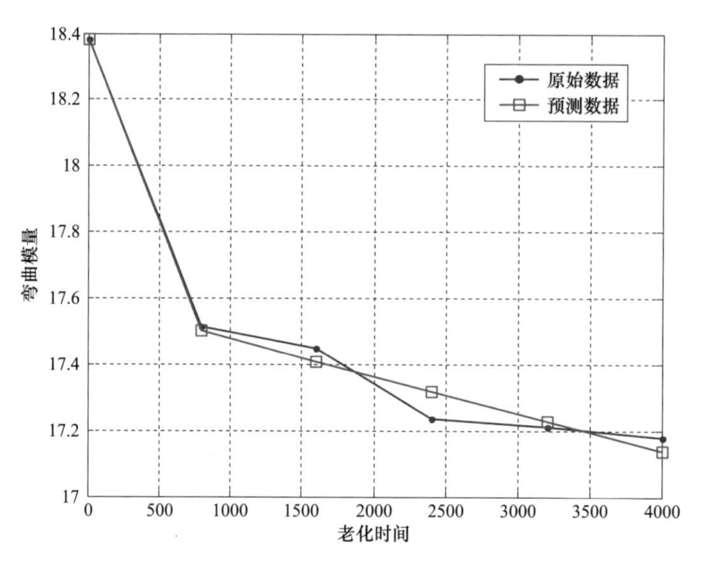

图 8-28　弯曲模量历史数据预测曲线

小概率误差

$$p = P\{|e(k) - \bar{e}| < 0.6745S_1\} = 1 > 0.95$$

可知该模型属于一级精度，准确度较高，可以进行预测。

（6）弯曲模量预测（见图8-29）。将图8-29的坐标换算成弯曲模量保留率和老化时间，如图 8-30 所示。

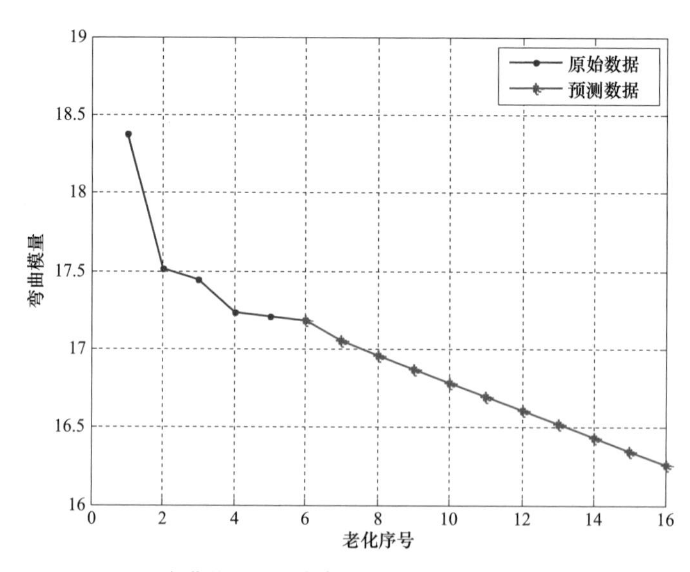

图 8-29　弯曲模量原始数据及 GM（1，1）预测数据曲线

GM（1，1）模型的计算结果如图 8-30 所示，其中蓝线为原始数据，红线为预测数据，绿线为弯曲模量保留率 90%基准线。据日本电力研究院横须贺研究所研究认为，凡是按 IEC 在“模拟气候条件下和运行电压的老化试验”规定的试验程序，通过 5000h 试验的复合绝缘子在自然界气候条件下运行的寿命可超 25 年。电力用复合材料采用了改进 IEC 62217：2005/FDIS 中推荐的 5000h 多因子老化试验方法。

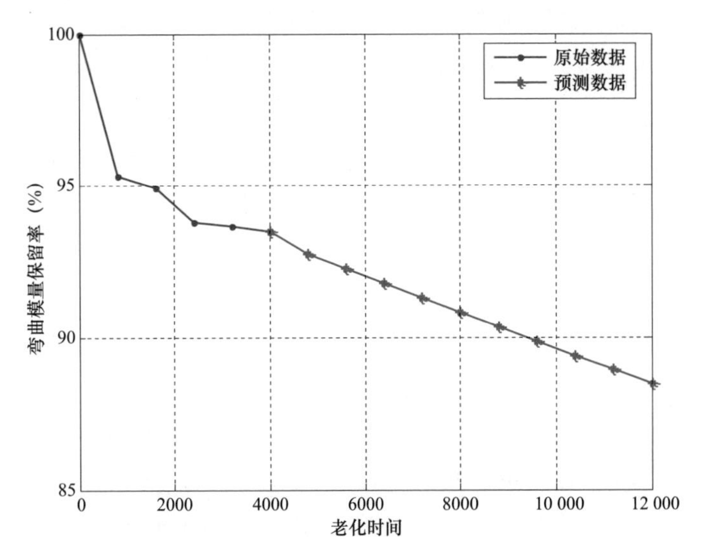

图 8-30　弯曲模量保留率原始数据及 GM（1，1）预测数据曲线

按此方法，当模量为 90%时，其预测老化时间约为 9400h。同比情况下，可认为试验复合材料的寿命将超过 9400/5000×25=47 年。

复合材料在户外运行环境下会受到自然条件及其他因素的影响，并且外界因素可能会影响材料的其他性能，至于更长期的预测，需进行进一步的研究。

参 考 文 献

[1] 肖纪美. 材料的定义及材料学的划分 [J]. 材料科学与工程学报，2006（24）：481－483.

[2] 张楚. 高分子材料的诞生 [J]. 中国科技博览，2008（18）：92.

[3] 探索人类文明发展进程中的“材料密码”[J]. 新材料产业，2016（1）：65.

[4] 刘雄亚，郝元恺，刘宁. 无机非金属复合材料及其应用 [M]. 北京：化学工业出版社，2006.

[5] 赵玉涛，戴起勋，陈刚. 金属基复合材料 [M]. 北京：机械工业出版社，2007.

[6] 祖群，赵谦. 高性能玻璃纤维 [M]. 北京：国防工业出版社，2018.

[7] 张彦飞，刘亚青，杜瑞奎，等. 复合材料液体模塑成型技术（LCM）的研究进展 [J]. 塑料，2005（34）：31－35.

[8] 姚卫星，宗俊达，廉伟. 监测复合材料结构剩余疲劳寿命的剩余刚度方法 [J]. 南京航空航天大学学报，2012，44（5）：677－682.

[9] 李辰砂，张博明，武湛军，等. 光纤传感器监测复合材料成型过程的技术 [J]. 功能材料（增刊），2001，10：301－310.

[10] 黄家康. 复合材料成型技术及应用 [M]. 北京：化学工业出版社，2010.

[11] 贾立军，朱虹. 复合材料加工工艺 [M]. 天津：天津大学出版社，2007.

[12] 夏开全. 复合材料在输电杆塔中的研究与应用 [J]. 高科技纤维及应用，2005（5）：19－23.

[13] 方东红，韩建平，曹翠玲. 复合材料输电杆应用进展 [J]. 玻璃纤维，2008，（6）：31－35，39.

[14] 杨敏祥，陈原，李卫国，等. 复合材料杆塔研究现状及关键技术问题 [J]. 华北电力技术，2010，27（10）：48－50.

[15] 李喜来，吴庆华，吴海洋，等. 复合材料杆塔压杆稳定计算方法研究 [J]. 特种结构，2010，27（6）：1－5.

[16] 李志军，陈维江，戴敏，等. 110kV 双回线路管型复合材料避雷线架设与接地方案研究 [J]. 电网技术，2014，38（11）：3230－3235.

[17] 何昌林，朱晓东，沈帆，等. 10kV 复合材料电杆在大风作用下的安全可靠性研究 [J]. 玻璃钢/复合材料，2016（11）：81－86.

[18] 朱轲，何昌林，马晓敏. 插接式复合材料单杆塔的有限元分析 [J]. 玻璃钢/复合材

料，2013（6）：31－86.

［19］ 蔡新，潘盼，朱杰，等．风力发电机叶片［M］．北京：中国水利水电出版社，2014.

［20］ 詹姆斯 F. 曼韦尔，乔恩 G. 麦高恩，安东尼 L.罗杰斯．风能利用—理论、设计和应用（第2版）［M］．陕西：西安交通大学出版社，2015.

［21］ 王同光，李慧，陈程，等．风力机叶片结构设计［M］．北京：科学出版社，2015.

［22］ 陶宇鸥，朱玥，刘思畅，等．2019 风电行业深度报告［R］．北极星风力发电网，2019.

［23］ Wood Mackenzie.中国风电市场展望 2019［N］．中国能源报，2019－08－12（09）.

［24］ Wind Turbine blades［Z］．STD.IEC 61400－5，2020.

［25］ Wind energy generation systems－Part 1：Design requirements［Z］．STD.IEC 61400－1，2019.

［26］ 沈观林，胡更开．复合材料力学［M］．北京：清华大学出版社，2006.

［27］ 李嘉禄．用于结构件的三维编制复合材料［J］．航天返回与遥感，2007，28（2）：53－58.

［28］ 刘云鹏，梁英，王胜辉，等．硅橡胶复合绝缘子——材料、设计及应用［M］．北京：机械工业出版社，2018.

［29］ 沈功田，王尊祥．红外检测技术的研究与发展现状［J］．无损检测，2020，42（04）：1－9＋14.

［30］ 葛邦，杨涛，高殿斌，等．复合材料无损检测技术研究进展［J］．玻璃钢/复合材料，2009（06）：67－71.

［31］ 唐桂云，王云飞，吴东辉，等．先进复合材料的无损检测［J］．纤维复合材料，2006（01）：33－36.

［32］ 于筱然．浅析各种无损检测技术的优缺点［J］．电子测试，2019（19）：86－88.

［33］ 于海滨，柳迎春．主动红外热波技术在复合材料检测中的应用研究［J］．中国设备工程，2017（09）：94－96.

［34］ 陆荣林，费云鹏，白宝泉．微波检测原理及其在复合材料中的应用［J］．玻璃钢/复合材料，2001（02）：40－41.

［35］ 江海军，陈力．红外热波成像技术在复合材料无损检测中的应用［J］．无损检测，2018，40（11）：37－41.

［36］ 刘晶晶．碳纤维增强树脂基复合材料结构的超声检测［J］．无损检测，2016，38（10）：64－66.

［37］ 王伏喜，郭会丽，付鲲鹏．钛合金铸件 X 射线检测［J］．铸造技术，2017，38（05）：1241－1243.

［38］ 马海桃，杨晨，段滋华．金属表面缺陷微波检测技术［J］．无损检测，2010，32（10）：820-821.
［39］ 韩方勇，李金武，王一帆，等．玻璃钢管的微波无损检测技术［J］．石油规划设计，2019，30（03）：7-10+50.
［40］ 董玉刚，张传元．电力电缆无损检测工艺技术研究［J］．智能城市，2020，6（03）：70-71.
［41］ 李玉齐，朱琦文，张健．发电厂带电设备红外检测与故障诊断应用研究［J］．电气技术，2020，21（01）：78-82+85.
［42］ 张曼，王明泉，杨顺民，等．基于空耦超声的聚合物锂离子电池缺陷检测［J］．电池，2020，50（02）：196-199.
［43］ 李海涛，王新柯，牧凯军，等．连续太赫兹波在安全检查中的实验研究［J］．激光与红外，2007（09）：876-878.
［44］ 张雯，雷银照．太赫兹无损检测的进展［J］．仪器仪表学报，2008（07）：1563-1568.
［45］ 徐小平，刘建新，韩宇，等．FMCW 测距雷达数字信号处理器设计仿真［J］．信息与电子工程，2004（02）：133-135.
［46］ 杨振刚，刘劲松，王可嘉．连续太赫兹成像系统对多层蜂窝样件无损检测的实验研究［J］．光电子．激光，2013，24（06）：1158-1162.
［47］ 沈京玲，张存林．太赫兹波无损检测新技术及其应用［J］．无损检测，2005（03）：146-147.
［48］ 杨昆，赵国忠，梁承森，等．脉冲太赫兹波成像与连续波太赫兹成像特性的比较［J］．中国激光，2009，36（11）：2853-2858.
［49］ 邸志刚，姚建铨，贾春荣，等．太赫兹成像技术在无损检测中的实验研究［J］．激光与红外，2011，41（10）：1163-1166.
［50］ 张紫茵，邢砾云，张瑾，等．太赫兹复合材料无损检测技术及其应用［J］．太赫兹科学与电子信息学报，2015，13（04）：562-568.
［51］ 陈奇，李丽娟，任姣姣，等．基于太赫兹时域光谱技术的橡胶材料无损检测［J］．太赫兹科学与电子信息学报，2019，17（03）：379-384.
［52］ 吴雄，邹开刚，王可嘉．复合材料内部缺陷的太赫兹无损检测技术研究［J］．光学与光电技术，2020，18（5）：10-15.
［53］ 杨睿．聚合物复合材料老化研究的现状及挑战［J］．高分子材料科学与工程，2015，31（02）：181-184.
［54］ 陈跃良，刘旭．聚合物基复合材料老化性能研究进展［J］．装备环境工程，2010，7

（4）：49－56.

［55］ 左晓玲，张道海，罗兴，等. 长玻璃纤维增强复合材料老化研究进展及防老化研究［J］. 塑料工业，2013，41（1）：18－21.

［56］ 吴雄，胡虔，彭家顺，等. 复合材料杆塔及材料多因子老化特性［J］. 高电压技术，2016，42（03）：908－913.

［57］ 柯锐，杜挺，何昌林，朱晓东，等. 配网用复合材料绝缘横担老化特性研究［J］. 绝缘材料，2016（08）：36－40.

［58］ 李姗姗，王力农，方雅琪，等. 基于布拉格光纤光栅传感技术的复合材料杆塔老化寿命预测［J］. 电工技术学报，2018（08）：36－40.

［59］ 王力农，方雅琪，马亚运，等. 复合材料杆塔及样品的多因子老化性能［J］. 高电压技术，2016，42（12）：3881－3887.

［60］ 李姗姗，王力农，方雅琪，等. 输电杆塔用复合材料的多因素老化分析和寿命评估［J］. 绝缘材料，2016，49（11）：80－84.

［61］ 邓鹤鸣，蔡炜，刘明慧. 植入光纤光栅复合材料横担的应力监测可行性分析［J］. 电瓷避雷器，2013，1：7－11.

［62］ 李余增. 热分析［M］. 北京：清华大学出版社，1978.

［63］ 叶宏军，詹美珍，M 古尼耶夫，等. T300/4211 复合材料的使用寿命评估［J］. 材料工程，1995（10）：3－5.

［64］ 肇研，梁朝虎. 聚合物基复合材料加速老化规律的研究［J］. 航空工程与维修，2001（6）：37－39.

［65］ 刘观政，张东兴，吕海宝，等. 复合材料的腐蚀寿命预测模型［J］. 纤维复合材料，2007（1）：34－36.

索　　引

F

G

H

J

W

X

Y

Z